快速建立物聯網架構與智慧資料擷取應用

蔡明忠、林均翰、研華股份有限公司　編著

全華圖書股份有限公司

序言

工業 4.0 一詞最早出現在德國漢諾威工業博覽會(Hannover Messe, 2011 年 4 月 4～8 日)。其又稱為第四次工業革命，2013 年德國聯邦教育及研究部(BMBF)與聯邦經濟及科技部(BMWi)，將其納入「高技術戰略 2020」的十大未來專案，預計投資達 2 億歐元，希望透過新一代革命性技術的研發與創新，以提升製造業的電腦化、數位化和智慧型化。工業 4.0 常提到的相關技術領域包括物連網(IoT)、機連網(M2M)、虛實系統(CPS)，甚至跨及智慧商務如智慧物流/智能營運/大數據分析雲端運算等。

近年來政府為加速產業升級轉型，打造以「創新、就業、分配」為核心價值，追求永續發展的經濟新模式。並透過「連結未來、連結全球、連結在地」三大策略，提出 5+2 產業創新計畫。其中智慧機械計畫即是迎接工業 4.0 時代來臨所推動的方案之一，透過智慧設備/智慧製造技術發展，激發產業創新風氣與研發能量，落實產業發展目標。而設備連網(網路層)基層之全面感知(感知層)與智慧感測，更是關鍵技術之一。

本書為整合物聯網架構與智慧資料擷取應用，內容分為三篇，第一篇(第 1 到第 4 章)介紹常用自動化感測元件(如近接、光電開關與智慧感知器等)、數位類比轉換與智慧資料擷取的一些基本概念，以因應工業 4.0 全面感知之趨勢發展，另有各領域都會用到的感測器，可參閱第一篇後之參考資料。第二篇(第 5 到第 14 章)為針對 ADAM 4000 系列(RS485)/6000 系列(Ethernet)及基於 IoT 所設計出來的 WISE-4000 系列(Wifi)進行功能介紹，從介面規格、驅動軟體到應用均以實例進行解說，讓讀者可以一步一步快速地建立物聯網架構與 Modbus 應用。第三篇(第 15 章)則規劃十八個實驗，讓讀者動手做做看，將感測器與 ADAM 相關模組/雲端控制器進行軟硬體整合，可以實際體驗快速建立物聯網架構與智慧資料擷取應用。每項實習所需時間約為半小時到一個小時不等，透過此篇動手做做看，讀者將可了解如何使用研華 Advantech 的 ADAM-6217、ADAM-6224、ADAM-6250、WISE-4012 和 WISE-4051 等遠端資料擷取 I/O 模組，且可依不同的使用環境，選用適當的遠端 I/O 模組與感測器，來實現所需情境與規劃人機整合應用。另第一篇各章結尾與第三篇各實驗後均提供問題與討論，讓讀者作學習回顧與練習。

在致謝方面，首先要感謝教育部推動跨領域專業技術人才培育方案-工業 4.0 智能營運及智慧製造跨領域學程(2016-2017)及教育部智慧製造跨校跨域教學策略聯盟計畫-臺灣科技大學聯盟(2017-2018)之經費補助與本校之配合款支援。而在感測器方面，也要感謝臺灣歐姆龍股份有限公司(田中 安德總經理)應允提供刊載工業自動化感測器相關技術資料與應用；宇田控制科技股份有限公司支援 RS485 Modbus 感測器。另外要感謝研華股份有限公司提供書中實作需用到的智慧資料擷取模組一批(含 ADAM 系列與雲端控制器/人機等)與相關技術支援、國策機電有限公司及岑名有限公司則配合製作-整合式物聯網智慧感測與雲端監控應用之實驗設備，還有本研究室團隊(亞樵、翊凱、書豪等)與全華編輯團隊之協力合作，使得本書得以順利出版，特予致謝。

蔡明忠 林均翰

於國立臺灣科技大學 自控所

2018 年 10 月

編輯部序

「系統編輯」是我們的編輯方針，我們所提供給您的，絕不只是一本書，而是關於這門學問的所有知識，它們由淺入深，循序漸進。

智慧機械計畫是迎接工業 4.0 時代推動的方案之一，透過智慧設備／智慧製造技術的發展，激發產業創新風氣與研發能量，落實產業發展目標。而設備連網基層之全面感知與智慧感測為關鍵技術之一。

本書內容分為三篇，在第一篇介紹常用自動化感測元件、數位類比轉換與智慧資料擷取的一些基本概念;第二篇說明 ADAM-4000 系列、ADAM-6000 系列及 WISE-4000 系列的功能，並瞭解與 Modbus 應用；第三篇為綜合應用篇，提供 18 個實習項目，實際體驗快速建立物聯網架構與智慧資料擷取應用，並讓讀者瞭解如何使用研華公司遠端資料擷取 I/O 模組，來實現所需情境與規劃人機整合應用。本書適合大學、科大、技術學院之資工、電子、電機、自控系「物聯網概論與實作」、「物聯網概論與應用」課程使用。

目錄

第一篇　自動化感測與智慧資料擷取應用

第二篇　快速建立物聯網架構與 Modbus 應用 (ADAM-4000、ADAM-6000 與 WISE-4000)

第三篇 綜合應用篇

第一篇
自動化感測與智慧資料擷取應用

目錄

Chapter 1

自動化感測與智慧資料擷取簡介

1.1 緒論

由於微電腦的發展迅速，近年來已成自動化設備與感測裝置之主要控制器。因其所使用的訊號為數位訊號，而外界的致動裝置如馬達及感測元件等裝置所使用的訊號很多是類比訊號。因此如想要使用微電腦來控制這些類比裝置或擷取接受感測訊號，就必須利用特定 PC 界面卡或通訊 DAQ 模組，將數位訊號和類比訊號進行轉換如圖 1-1。所以熟悉類比數位轉換(A/D)、數位類比轉換(D/A)及數位輸入輸出 I/O 介面及程式撰寫，是微電腦自動化感測和控制應用必備之技能。一般 PC I/O 卡（含 A/D 及 D/A）使用上，可直接插在電腦主機的擴充 I/O 槽中或透過通訊模組，再透過專用輸入輸出介面轉接板，以方便外部裝置之接線使用。有關自動化設備控制介面如 DI/DO，類比/數位轉換器及數位/類比轉換器之基本原理與應用將於 1.3 節介紹。

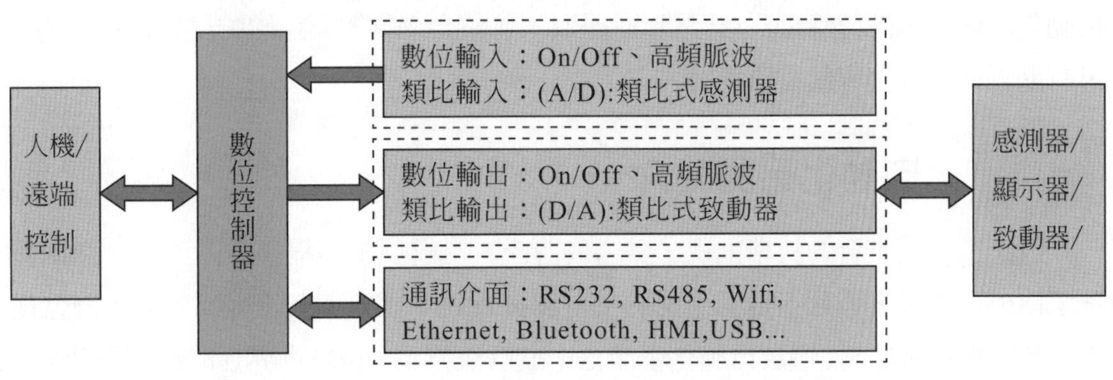

圖 1-1　自動化設備控制介面與感測裝置

自動化系統中所謂資料包括物理現象、狀態資訊、生產資訊等，其中狀態資訊或生產資訊如系統啓動/停止、警報狀態等，乃是由控制處理器根據輸入輸出訊號與運算產生。而物理現象如位移、速度、溫度、濕度、壓力、流速、物流定位等，需由感測器/轉換器將其轉換為電氣訊號，再由控制處理器產生其他狀態資訊或生產資訊供其他系統使用。這些外部訊號通常經由資料擷取器進到控制系統中，資料擷取(Data Acquisition：DAQ)具有下列功用：

(1) **系統量度(System Measurement)**：將感測器輸出的信號作轉換及前置處理，透過控制電腦運算出物理量的數值，透過人機介面或輸出介面送出訊息，如一般的線上品管檢測如 CMM/AOI 等。

(2) **系統控制(System Control)**：擷取回授（反饋）訊號，除了與系統量度同樣進行感測外，還必須具備控制器的邏輯運算與決策功能，決定適當的輸出，命令驅動致動器來進行目標控制。像傳統之機電整合/自動化/智慧化/工業 4.0 之虛實整合/物聯網/大數據/人工智慧/智慧製造/智慧設備等，均需仰賴具智慧檢知之感測器與智慧資料擷取。

(3) **監督控制與資料擷取(Supervisory Control And Data Acquisition：SCADA)**：包括系統資訊監視（含警報與顯示）、控制、記錄作業等，一般是經通訊介面傳輸資料，可進行遠端或雲端監督控制與資料儲存分析。

因此，感測器為自動化系統之基本要素，為自動化程序控制重要元件。尤其在迴授控制、伺服控制與所謂智慧型系統，均需感測器才能將受控制狀態或相關物理量整合到自動化系統。感測器亦可作為機台安全監控、各種物理量量測或警報應用。自動化系統如具備智慧感測/智慧資料擷取，並整合物聯網與遠端監控實作之能力，可有助提升產業之智慧製造能力。

1.2 自動化感測簡介

近年來，因工資的持續上漲，勞力的匱乏，品質要求的提高等因素，一直衝擊著國內外產業界。因此，為了產業的生存與提升競爭能力，必須提高產能，降低成本，增進產品品質。而發展自動化生產是一個解決方案，也是世界性的潮流與趨勢。一個自動化生產系統結合了許多電機與機械的技術，在控制技術的融合之下，出現了相當多的技術關連性，再加上人性因素之後，一個包含有電力、控制、電子、電腦、致動、機構與感測等技術領域於焉產生，這種技術就被稱為機電整合技術(Mechatronics)。在產業中常聽到的產業機器人、無人搬運車、自動化倉儲、電腦數值控制(CNC)工作母機、綜合加工機、無人化工廠等，均是機電整合技術的一環。

如果將機電整合機器比擬智慧人類系統，則有所謂的決策（思考）、動作（執行）及感覺三大部份。在人類的自身系統中決策、思考、判斷均是在大腦中所完成，如同機電整合系統中的控制器或控制中樞（控制中心）。而動作執行機構則爲四肢肌肉、骨骼、筋脈等，它們負責執行大腦所送出的命令，如同機電整合系統中各個動作機構，例如：各種電動機、油壓缸、氣油壓馬達、閥門等。而這些動作是否均正確的作動，並無法知悉，所以必須依靠感測器做察覺（感覺）的工作，它用來感測外界的情形及機構動作的情形，如同人體中觸覺、視覺、嗅覺、聽覺等，以作爲下一個動作命令的參考。機電整合系統大致可分爲控制器、致動器、機構、感測器等四大部份，其關係如圖 1-2 所示。

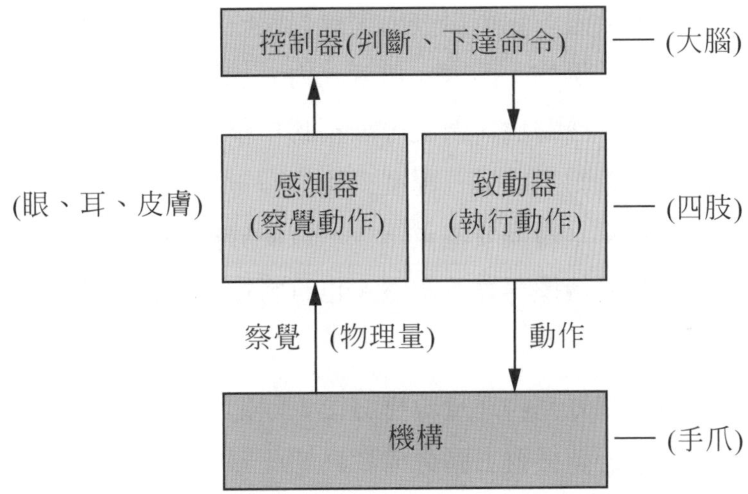

圖 1-2 自動化系統中控制器、致動器、機構與感測器間的關係

1.2.1 感測器與換能器

感測器(Sensor)與轉換器(Transducer)乃是將物理現象轉換電氣訊號，如熱電偶將溫度轉換電壓大小，即可以類比-數位轉換器量測，或應變規、流速儀與壓力錶等轉換器，分別可以量測力量、流速與壓力。

感測器與換能器在機電整合與自動化感測上佔有絕對必要的地位，因爲感測器與換能器在機電整合技術之下，一如人類的覺察器官，像手、眼、鼻、耳皮膚等，沒有這些裝置則自動化是無法精確辦到的。因此要進行自動化則必須先了解感測器與換能器。

所謂感測器爲一種裝置，它可以被用來感覺某一物理量的變化情形，所謂物理量則指一定會改變的量，例如：溫度、角度、力、加速度、壓力、流速、流量、電壓、電流、亮度、長度、酸鹼值、濃度等等不勝枚舉。而換能器則是一種裝置，它可以將一種型式的物理量轉換成另一種型式的物理量。換句話說，它是作一個能量轉換，而非察覺，且通常是轉換成電氣訊號，以便於控制器使用，例如，壓力至電氣的轉換、力量至電壓的轉換等等。當然，也有將電氣訊號換成其他種訊號的，像喇叭、蜂鳴器及電磁開關等。

然而，很多感測器察覺到物理量改變之後，隨即以電氣訊號表現出來，因此也具有換能的效果，所以目前很難去區分何者爲感測器，何者純爲換能器，現在均很籠統的稱之爲感測器/換能器/傳感器。

感測器的感測原理一般可分爲以下六類：

- 機械式(Mechanical)：位置、速度、力量。
- 電氣式(Electrical)：電壓、電流、電阻、電容等。
- 電磁式(Magnetic)：磁場強度、磁通密度。
- 幅射式(Radiant)：電磁波、光學式、超音波、視覺。
- 熱能式(Thermal)：溫度、熱焓、熱容。
- 化學式(Chemical)：濃度、酸鹼度、分子結構。

一般感測元件或模組為方便控制系統使用，無論外加或內建換能器，感測訊號處理後，會提供工業用標準之數位、類比與通訊輸出介面等如圖 1-3 所示。

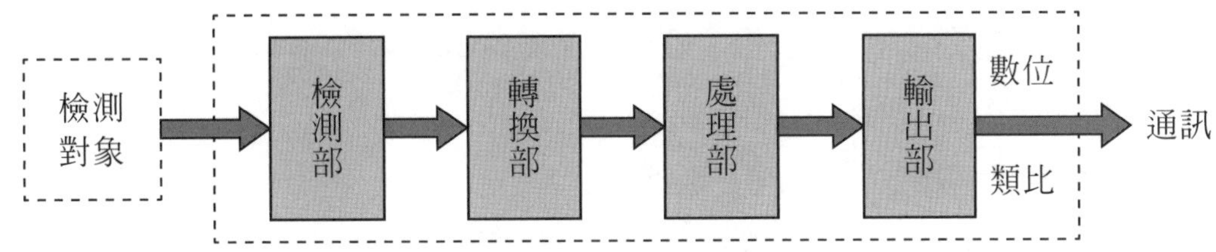

圖 1-3 感測器之一般架構與輸出介面

1.2.2 感測器的分類

感測器的分類可從不同觀點來分類，如依感測原理、感測特性、感測功能、用途等來分類，茲分述如後：

1. 依感測原理：如上所述可分為機械式、電氣式、電磁式、幅射式、熱能式、化學式等六大類。
2. 依外加能源需求：可分為直接式（被動式 passive）與間接式（主動式 active）兩種。
   (1) 直接式：感測時並不需外加電源即有電氣訊號輸出之元件，像
   - 機電元件(Electro mechanical element)，如轉速發電機。
   - 光電元件(Photo electrical element)，如太陽能電池。
   - 熱電元件(Thermal electrical element)，如熱電偶。
   - 壓電元件(Piezo electrical element)，如壓電計。
   - 焦電元件(Pyro electrical element)，如焦電型紅外線感測器。

   (2) 間接式：感測時需要外加電源，像近接感測、雷射感測等。
3. 依感測特性：可分為接觸式如微動開關及非接觸式如光電開關兩種。
4. 依感測功能：通常是物理量感測與運算，可依下列功能加以區分
   - 位移/位置：直線、角度、一維、二維、三維、ON/OFF。
   - 速度：直線、角速度、流量。

- 加速度：振動。
- 度量：尺寸大小、面積、体積、粗度等。
- 其他：像質量、力量、扭拒、硬度、黏度等物理量。

5. 依輸出型態：與感測功能有關如 ON/OFF 或計量感測。
   - 類比輸出：連續式、電流型/電壓型。
   - 數位輸出：間斷式、ON/OFF。
   - 頻率型輸出：連續式(sin/cos)或脈波式（編碼器）。
   - 調整型輸出：AM/FM、PWM。
   - 通訊型：RS-232、RS-422、RS-485、USB、Ethernet、CAN、wifi 等。
6. 依性能：如依準確度、線性度、靈敏度、重現性度、感測範圍、感測器、大小、通訊能力、智慧化等。

1.2.3 感測器應用介面電路

目前許多感測元件，爲了應用方便，大都已設計成模組形式，其輸入/出界面均容易和現行控制系統連結整合，通常只需驅動電源即可輕易使用。其計量型輸出範圍爲電流型：4～20 mA 或電壓型：－5 V～+ 5V/－10V～+ 10V，當使用的感測元件無法直接匹配使用，則需加以轉換，下列爲常見之感測電路：

1. 電源驅動電路：應用於主動式元件，通常是定電壓（交直流）或定電流電路。
2. 放大電路：應用於輸出訊號較小的感測元件，一般可用電晶體電路或運算放大器(OPAM)電路，需依精度要求選用不同等級的電子元件。
3. 線性化電路：應用於非線性輸出感測元件，通常使用專用 IC 或分離元件組合。如圖 1-4 爲非線性感測器之線性輸出校正，即可採用多項式函數針對所採集之 10 個量測點，進行內插法校正以提升感測器之準確性。
4. 功率放大電路：應用於需要驅動電驛或其他負載時，一般可用雙極電晶體。
5. 顯示電路：常用的有七段顯示或液晶顯示等。
6. 其他特殊電路：像平衡電橋電路、調變/解調電路、A/D、D/A、計數/計時等。

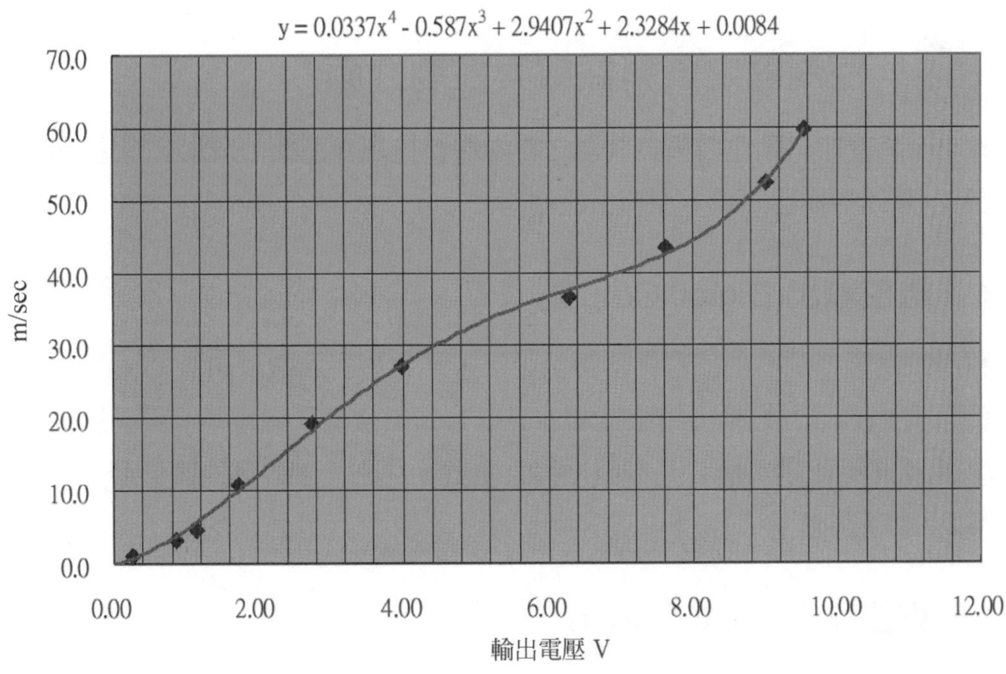

圖 1-4 非線性感測器之線性輸出校正

1.2.4 自動化感測器選用要點

自動化設備系統建置時，對於感測器的選用，除功能需符合系統需求外，還需考慮下列因素：

1. 安全性
2. 耐久性
3. 耐振性、耐蝕性、防塵性、防水性（戶外環境）
4. 重現性、靈敏度、準確度、線性度、範圍、尺寸
5. 動作特性、響應速度、溫度效應、應用電路（電氣特性）
6. 經濟性（成本）、替代/相容性

1.3 控制器之資料擷取與控制介面

本小節將介紹自動化設備控制器之料擷取與控制介面如 DI/DO，類比/數位轉換器及數位/類比轉換器之基本原理與應用。

1.3.1 數位輸出(Digital Output)

利用微電腦控制器內部暫存器數值設定，產生相對的數位訊號(ON/OFF)輸出，其中低頻訊號(ON/OFF)輸出用來控制外界低頻的數位型（繼電器）致動裝置。高頻訊號(Pulse out)輸出則可配合高頻回授輸入訊號，用來控制外界的數位型受控裝置如伺服驅動/致動裝置。

1.3.2 數位輸入(Digital Input)

利用微電腦控制器讀取內部暫存器輸入數值，轉變成相對的數位(ON/OFF)訊號輸入，其中低頻訊號(ON/OFF)輸入用來感測外界低頻的數位感測訊號（如開關型）。高頻訊號(Pulse in)輸入，用來檢知外界高頻的數位型裝置如高速編碼器/計速器等。

1.3.3 數位類比轉換器(Digital/Analog Converter)

一個數位類比轉換器（D/A 或稱類比輸 AO）的工作就是將控制器（或 PC）所送出的數位控制指令轉換成一般類比式系統可接受的類比式訊號如電壓(V)、電流(mA)。在使用 DAC 時必須了解一些基本概念，例如：

1. 輸出頻道(Channels)：例如 1, 2, 4。
2. 輸出範圍(Vro)：Bipolar：+ / − 10V, + / − 5V；Unipolar：0～10V, 0～5 V. output current：+ / − 5 mA, Vro =（最大輸出 Vh − 最小輸出 Vl）。
3. 輸出解析度(Resolution)：解析度(= Vro / (2^n − 1))爲可以識別的最小輸出類比值，Vro 爲輸出範圍，n 爲解析位元數（如 10、12、14、16 bits 等），解析位元數 n 愈高，則解析度 = Vro / (2^n − 1)也跟著提高；相同位元數時，輸出範圍越小，解析度越高。
4. 存取頻率(Max. data throughout)：如 30 kHz to 200k Hz 或更高。

5. 準確度(Accuracy)：例如絕對準確度 0.01% of full scale range，線性誤差有±1/2 LSB 或±1 LSB 等不同。
6. 轉換時間：例如 25 μs。
7. 工作環境：如工作溫度/濕度、參考電壓、消耗功率等。
8. 應用：類比物理量控制元件如電流、電壓、馬達轉速、LED 亮度顯示、蜂鳴器等，須設定 AO 類比值數據。

D/A 轉換之運算公式：

例如：以 n = 12 bits 之 D/A，輸出範圍：− 10V(Vl)～+ 10V(Vh)，類比輸出值 Vo 與數位命令 Do 之線性關係如圖 1-5。

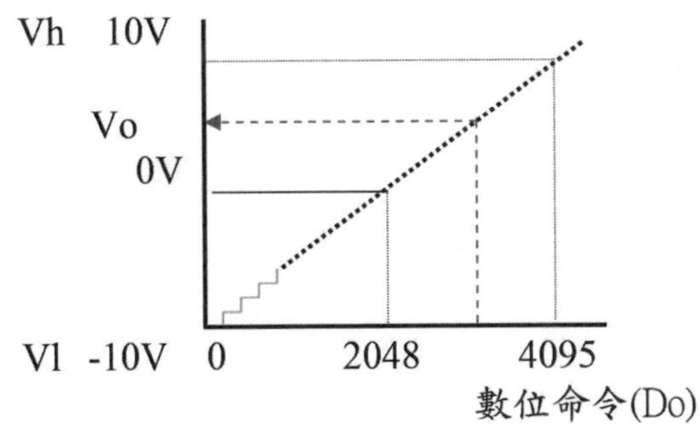

圖 1-5 數位類比輸出值之線性關係

其一般轉換關係式如式(1-1)或式(1-2)所示

$Vo = Do(Vh - Vl) / (2^n - 1) + Vl$ (1-1)

或 $Do = (2^n - 1)^* (Vo - Vl) / (Vh - Vl)$ (1-2)

因解析度 $Ro = (Vh - Vl) / (2^n - 1)$

則 $Vo = Do^* Ro + Vl$ (1-3)

或 $Do = (Vo - Vl) / Ro$ (1-4)

若要輸出類比電壓 Vo = 5V，求數位命令 Do =？

Vro = Vh − Vl = 20 V

⇒ Ro = 20 / 4095 = 0.004884V = 4.884 mV

故可得

Do = (Vo + 10) / 0.004884 (1-5)

= (5 + 10) / 0.004884

= 3071

1.3.4 類比/數位轉換器(Analog/Digital Converter)：

一個類比/數位轉換器（A/D 或稱類比輸入 AI）的工作就是將類比式訊號如電壓(V)、電流(mA)轉換成數位式訊號。在 ADC 方面，ADC 轉換又可以分爲兩大類(1)電壓-時間(V/T)轉換，及(2)電壓-頻率(V/F)轉換。在控制系統中大多使用電壓-時間型的轉換。在作類比/數位轉換時除輸入訊號型式爲電壓(V)或電流(mA)，以下是使用時必須了解的一些基本概念：

1. 輸入頻道(Channels)：例如 16single ended or 8 differential，通常採多工式，如多頻道一起使用，將分享所有頻寬，如最大 1M Hz，4 頻道一起使用，則每頻道平均頻寬爲 250 kHz。
2. 輸入範圍(Vri)：Bipolar：+ / − 10V, + / − 5V；Unipolar：0～10V, 0～5 V, Vri =（最大輸出 Vh − 最小輸出 Vl)。
3. 輸入增益(Gain)：Gain = 1, 2, 4, 8, …；1, 10, 100 則實際輸入範圍 = Vri / Gain
4. 解析度(Resolution)：解析度(= Vri / (2^n − 1))爲可以識別的最小輸入類比值，Vr 爲輸入範圍，n 爲解析位元數（如 10、12、14、16 bits 等），解析位元數 n 愈高，則解析度= Vro / (2^n − 1)也跟著提高；相同位元數時，輸入範圍越小，輸入增益越高，解析度越高。
5. 資料傳輸方式：Software, interrupt, DMA(直接記憶體存取)。
6. 存取頻率(Max. data throughout)：如 20 kHz to 330 kHz 或更高。
7. 轉換時間(Conversion time)：指開始轉換命令下達後到全部數位輸出轉換完成爲止所需要的時間，如 10 μs / channel。
8. 準確度(Accuracy)：例如絕對準確度 0.01% of full scale range，線性誤差有±1/2 LSB 或±1 LSB 等不同。

9. 工作環境：如工作溫度/濕度，參考電壓，消耗功率等。

10. 應用：類比物理量感測如溫度、濕度、壓力、流速、位置等。

A/D 轉換之運算公式：

例如以 n = 12 bits 之 A/D，輸入範圍：− 5V～+ 5V；輸入增益 gain = 1 類比輸入值 Vi 與數位輸入 Di 之線性關係如圖 1-6 所示。

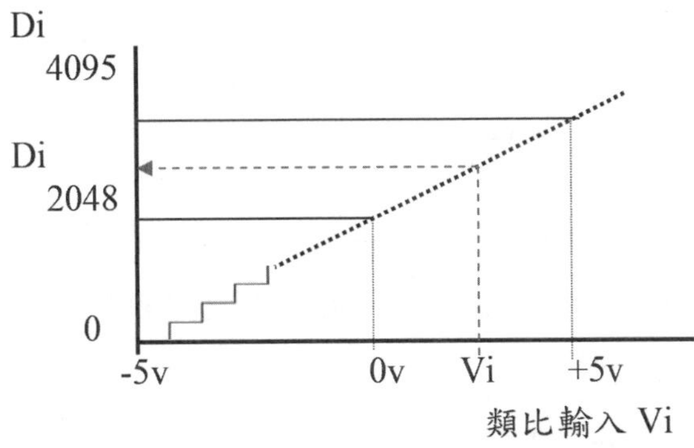

圖 1-6 類比輸入與數位值之線性關係

其一般關係式類似 D/A 如式(1-6)或式(1-7)所示

$Di = (2^n - 1) * (Vi - Vl) / (Vh - Vl)$ (1-6)

或 $Vi = Di * (Vh - Vl) / (2^n - 1) + Vl$ (1-7)

因輸入解析度 $Ri = (Vh - Vl) / (2^n - 1)$

則 $Di = (Vi - Vl) / Ri$ (1-8)

或 $Vi = Di * Ri + Vl$ (1-9)

若有輸入 Di = 3000，求輸入電壓 Vi = ?

$Vri = Vh - Vl = 5 - (-5) = 10$ V

$\Rightarrow Ri = 10 / 4095 = 0.002442V = 2.442$ mV

故可得 $Vi = Di * 0.002442 - 5$ (1-10)

$= 2.326$ V

假設改變輸入增益 Gain，相當於 Vh'= Vh / Gain；Vl'= Vl / Gain

則相當於實際輸入範圍 VRi’ = VR / Gain、實際輸入解析度 Ri’ = Ri / Gain

若輸入增益 Gain = 1　　VRi’ = − 5V～+ 5V　　解析度 Ri’ = 2.442 mV

若輸入增益 Gain = 2　　VRi’ = − 2.5V～+ 2.5V　　解析度 Ri’ = 1.221 mV

若輸入增益 Gain = 10　　VRi’ = − 0.5V～+ 0.5V　　解析度 Ri’ = 0.2442 mV

因此，當類比輸入訊號比輸入範圍小很多，除變更輸入範圍，可知亦可透過改變輸入增益，當輸入增益越高，解析度越高。

1.3.5　AD / DA 應用計算案例

一、已知有一線性類比電壓輸出之位移感測模組，解析度爲 0.01 mm，其輸出範圍 0V～+ 4V 代表 0 mm～80 mm，若訊號未經放大即由 12 bits AD（輸入範圍= − 10V～+ 10V)進行量測。則

1. 其感測解析度爲多少 mm？
2. 若要獲得較佳解析度應如何進行？如電壓範圍和放大倍率各爲何？

解答：感測訊號未經放大時

1. 感測輸出靈敏度 S = 80 mm / 4 V = 20 mm/V
   AD 解析度 Ri = (10 − (− 10)) / 4095 = 0.004884 V
   感測解析度　= 20*0.004884 = 0.09768 mm >> 0.01 mm
2. 若要獲得較佳解析度，有以下三種方式：
   (1) 訊號放大或調整 gain：將輸出範圍 0～4V 線性放大到− 10V～10V 的範圍，相當於放大倍率 Gc = 5。
   使用輸入電壓範圍= − 10V～10V
   則位移解析度= 80 mm / 4095 pulse = 0.019536 mm / pulse
   解析度改善= 0.09768 mm / 0.019536 mm = 5 倍（相當於 Gc）
   (2) 變更輸入範圍爲 0V～+ 5V
   AD 解析度 Ri = (5 − (0)) / 4095 = 0.001221 V 爲原 1 / 4(5V / 20V)
   位移解析度= 20*0.001221 = 0.02442 mm
   解析度改善= 0.09768 mm / 0.02442 mm = 4 倍

(3) 使用高階 AD ⇒ 16 bits

位移解析度= 20 mm / V*20 / (2^{16} − 1) = 0.0061 mm / pulse

使用輸入電壓範圍= 0V～4V，相當於 Gain = 2^{16} / 2^{12} = 16

解析度改善 = 0.09768 mm / 0.0061 mm ≈ 16

二、若有一線性 DA(10 bits)，其輸出電壓範圍 Vo 爲− 5.0V(Do = 0)～+ 5.0V(Do = 2^n − 1)，Do 爲 DA 之數位命令值。

1. 輸出解析度（最小可輸出之電壓變化）爲多少 V？
2. 數位命令值是 200 時，其輸出電壓應多少 V？
3. 欲輸出電壓+ 3V 時之數位值應多少？
4. 續上，此 DA 應用於控制一類比式 DC 伺服馬達驅動系統(− 5V～5V 對應− 5000～5000 rpm)時，其馬達轉速爲多少 rpm？
5. 續上，有效之控制解析度爲多少 rpm？
6. 續上，若有效之控制解析度需達 1 rpm，如何改善？

解答：

1. 最小可輸出之電壓變化=解析度 Ro = (5.0 + 5.0) / (2^{10} − 1) = 0.009775 V
2. 數位命令值是 200 時，其輸出電壓 Vo = − 5 + 0.009775*200 = − 3.045 V
3. 欲輸出電壓+ 3V 時之數位值 D0 = (3 + 5) / 0.009775 = 818
4. 馬達轉速= 3V / 5V*5000 rpm = 3000 rpm
5. 有效之控制解析度= 5000 rpm / 5V*0.009775 = 9.775 rpm

   9.775 rpm / 1 rpm～= 10 < 2^4 解析度須提升約 10 倍

   ⇒ 固可選擇 10 + 4 = 14 bit DA

   則有效之控制解析度= (5000 + 5000) / (2^{14} − 1) = 0.61 rpm

練習 1：若有一線性 AD(10 bits)，其最大輸入電壓範圍 Vi 爲− 5.12V(Di = 0)～+ 5.11V（線性關係）。擬用於一類比式感測模組，若其電壓輸出− 4V～+ 4V 表示 − 40 mm～+ 40 mm 之線性變位，有效解析度 Ra 爲 0.02 mm：

1. 繪出輸入類比電壓與數位讀出值之線性關係圖及關係式。

2. 最小可測得之電壓變化爲多少 mV（輸入解析度 Ri）？實際有效解析度爲多少 mm？
3. 輸入電壓－2.56 V 和＋2 V 時之數位讀出値應各多少？
4. 若數位讀出値爲 312 和 712，其對應之輸入電壓應各爲何？
5. 使用此 AD 讀入値爲 312 和 712 時之變位分別爲多少 mm？如何可提升檢測解析度？

練習 2： 若有一變頻器與 AC 馬達轉速控制模組，變頻器之電壓輸入－10 V～＋10V 表示 AC 馬達之轉速爲－3000 rpm～＋3000 rpm（線性關係），若其精確度爲 Ra = 1 rpm，擬選用一 D/A 模組進行馬達轉速控制。則

1. 此 D/A 模組之輸出電壓範圍 Vr 應選爲多少 V 到多少 V？
2. 爲獲得 Ra 輸出解析度 1 rpm，須選用解析位元 n 爲多少 bit（偶數）？
3. 續上，透過此 D/A 模組之電壓輸出解析度 Ro 爲多少 V？
4. 續上，馬達轉速控制解析度 Ra 爲多少 rpm。（小數點 2 位）
5. 若要馬達轉速爲 1200 rpm 時，輸出電壓 Ao 應爲多少 V？數位命令値 Do 爲多少？

1.4 智慧感測器與通訊介面

感測器除傳統的開關型與計量型類比輸出外，感測器也逐漸多元化，像將傳感器導入微處理器控制，並整合更多週邊與感測元件，形成智慧感測器。可以透過通訊方式(RS23/Rs422/Rs485 等）進行電子化數位化資料傳輸，甚至網路化功能介面(Ethernet/Wifi)，以提供近端智慧資料擷取與遠端或雲端監控功能，如圖 1-7 所示爲基於 RS485 感測器與 Modbus 無線 Wifi 路由器之智慧資料擷取與雲端監控示意圖。

目前感測器常見之半雙工式 RS485 通訊介面乃是由 RS232 / RS422 串列通訊介面演變而來，可並聯提供一對多通訊使用。一般利用 Modbus RTU(Ethernet 網路式爲 Modbus TCP)通訊協定，Modbus RTU 通訊時兩邊之 RS-485 硬體參數設置仍需一致，如常用之鮑率爲 9600、資料位元長度爲 8、停止位元爲 1、奇偶檢查碼爲 None 等。

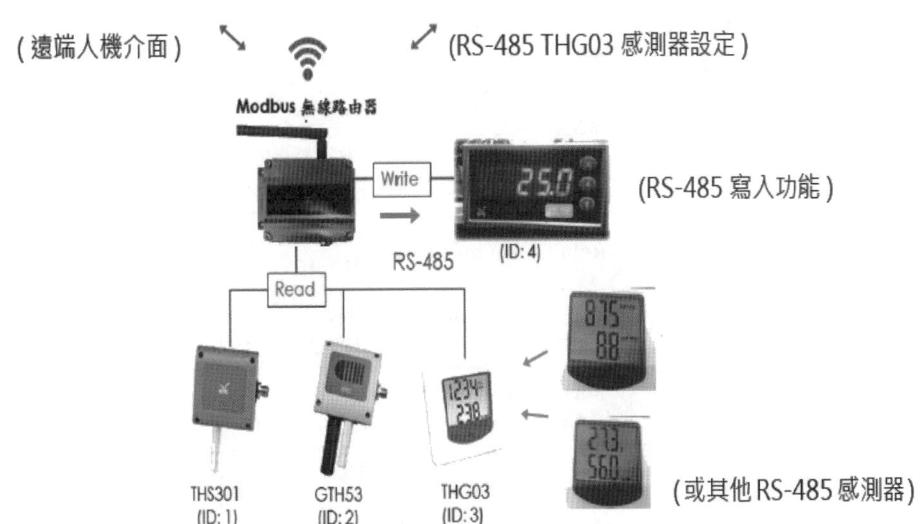

圖 1-7 基於 RS485 感測器與 Modbus 無線 Wifi 路由器之智慧資料擷取與雲端監控示意圖

RS485 感測器之暫存器配置範例如表 1-1 室內型空氣品質監測器，提供六個浮點物理量（各 4 Bytes），即可供一般控制器透過通訊指令讀取所需物理量。例如功能碼 0x03 的功能為讀取多個暫存器，功能碼 0x06 的作用，在於寫入單一個暫存器資料。而表 1-2 多功能 PM2.5 室內空氣品質監測器(eYc TGP03_THP03)4 個浮點物理量（各 4 Bytes），另提供 3 個整數輸出暫存器（各 2 Bytes），提供使用者更多選擇 。使用時可參見第 2 部份第 2 章之 Modbus TCP/RTU 基礎介紹與 DAQ 應用。

表 1-1 eYc GTH53 室內型空氣品質監測器 Modbus 暫存器

Start Address		Parameter	Data Bytes	Data Type	Unit
Hi byte	Lo byte				
00	00	Temperature	4 bytes	IEEE 754 Floating Pt.	℃
00	04	Relative Humidity			%
00	08	Carbon Dioxide (CO2)			PPM
00	0C	Carbon Monoxide (CO)	4 bytes	IEEE 754 Floating Pt.	PPM
00	10	Volatile Organic Compound (VOC)			PPM
00	14	Formaldehyde (HCHO)			PPM
00	40-4F	Model Name	16 Bytes	ASCII	
00	50-5F	Serial Number			
00	60-6F	Firmware version			

Source：宇田控制科技 https://www.yuden.com.tw/

表 1-2　eYc TGP03 THP03 多功能 PM2.5 室內空氣品質監測器 Modbus 暫存器

Item No.	Address	Address HEX	Parameter	Point Type	Data Type	Unit
1	01	0001H	Temperature	HOLDING REGISTER	Floating Pt.	℃
2	05	0005H	Relative Humidity	HOLDING REGISTER	Floating Pt.	%
3	09	0009H	Carbon Dioxide (CO2)	HOLDING REGISTER	Floating Pt.	PPM
4	13	000DH	Particulate Matter Measurement	HOLDING REGISTER	Floating Pt.	ug/m3
5	564	0234H	Temperature	HOLDING REGISTER	Integer	℃x10
6	566	0236H	Relative Humidity	HOLDING REGISTER	Integer	% x10
7	568	0238H	Particulate Matter Measurement	HOLDING REGISTER	Integer	ug/m3 x10

Source：宇田控制科技 https://www.yuden.com.tw/

1.5 章節簡介

本書第一部份之第 2 章將介紹接觸式開關 ON/OFF 感測元件如像按鈕開關、掀動開關、切換開關、機械式微動開關等，因機械式接觸式開關最簡單，使用容易，價格相對便宜。

第 3 章介紹近接感測元件之近接感測原理、規格特性如檢測動作領域圖、種類如靈敏度可調式及應用。一般常用有電磁近接及電容式近接感測等，電容式近接感測則可適用於非金屬類，像塑膠、玻璃、紙張等。

第 4 章介紹光電開關感測元件如光敏電阻、光二極體、光電晶體、光遮斷器及穿透式與反射式光電開關等，另可透過受光亮作動(Light ON)或是暗作動(Dark ON)模式選擇，達到常開或常閉功能設定。光電開關除用於一般位置感測，亦可應用於其他感測裝置如煙霧感測、顏色感測及許多工業產品等。

除上述開關型感測元件外，其他尚有許多類比式感測器作爲計量型物理量如溫度、濕度、壓力、流速、位置等。像位移感測可以電阻式製成之類比式電位計，磁阻式類比變位計、線性可變差動變壓器(LVDT)或三角雷射變位計、超音波變位計等；力量感測可以應變計與惠斯登電橋電路製成之感測器或壓電計等；

各式類比式感測器輸出訊號如電壓(V)、電流(mA)分別代表對應之物理量，可在第 3 篇實作時與各種 DAQ 裝置進行整合與靈敏度設定及前述之 AD 運算，以獲取外界物理量。當然使用時，範圍選擇、解析度選擇、線性度差異、動態響應速度等皆應納入考慮。

第 2 部份將介紹快速建立物聯網架構與 Modbus 應用，包括 Modbus TCP/RTU 基礎介紹、ADAM-4000 系列、ADAM-6000 系列與 WISE-4000 系列模組之功能與設備聯網應用。

第 3 部份將介紹智慧資料擷取與物聯網應用動手做做看，包含 18 個實習，需搭配相關 DAQ 設備如圖 1-8 與 1-9 與週邊感測器。每項實習所需時間約爲半小時到一個小時不等，除明列學習目標/使用設備/實驗步驟/實驗結果與記錄，並提供問題與討論供學生課後學習。

實習一到實習七將介紹 ADAM-6000 系列產品之 DAQ，如何使用 ADAM-6000 系列產品透過有線網路將接收到的類比和數位輸入訊號傳輸到電腦，及如何透過電腦控制輸出類比和數位訊號，爲此實習的重點。

實習八到實習十四則介紹 WISE-4000 系列產品之 DAQ，如何使用 WISE-4000 系列產品，透過無線網路將接收到的類比和數位輸入訊號傳輸到電腦或行動設備，及如何透過電腦或行動設備控制輸出數位訊號，爲此實習的重點。

實習十五到實習十八將介紹 ADAM-6000 系列產品的其他功能，例如 Peer to Peer、GCL、Data Stream 等，使用者可依照需求來選擇想要的功能，以達到想要的應用情境。

附錄則介紹如何將 ADAM 與 WISE 系列設備整合並製作成可用於遠端監控的人機介面。

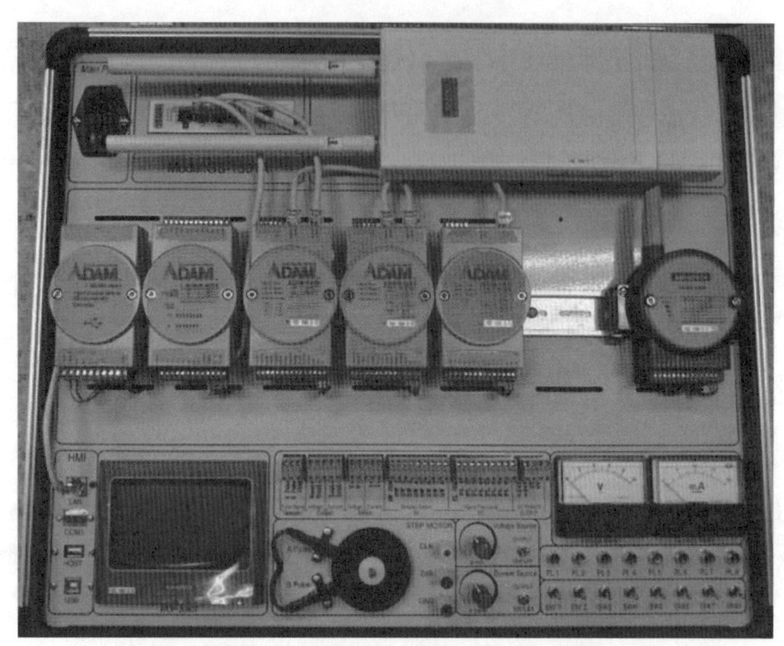

圖 1-8　整合式智慧感測與雲端監控應用模組(1)

Source：國策機電有限公司/台科大

圖 1-9　整合式智慧感測與雲端監控應用模組(2)

Source：岑名有限公司/台科大

Chapter 2

接觸式開關型感測元件

2.1 簡介

在控制系統中，使用感測開關(ON/OFF)作爲輸入的情形非常普遍，像升降機定位、輸送帶中拖盤感測、機器定位或過行程極限保護等。雖然只有(1)或無(0)的狀態感測，卻是一種由外部輸入感知訊號至控制器進行邏輯控制的重要元件，往往是自動控制系統正確運轉不可或缺的。

常用的控制系統輸入感測元件，有接觸式及非接觸式兩種，接觸式如按鈕開關、掀動開關、切換開關、機械式微動開關、薄膜開關、水銀開關等；非接觸式如磁簧開關、近接開關、光電開關、壓力開關等。其中以接觸式開關最爲簡單，使用容易，價格亦相對便宜；缺點是機械式動作，機械接點易有火花，壽命較短，且動作響應頻率較低。而機械式微動開關(Micro switch 簡稱 MS)，也常常用來作爲自動化機器之行程極限感測，這時也俗稱爲極限開關(Limit switch 簡稱 LS)。微動開關隨使用差異，從體積較小元件供低功率負載使用，到提供較高功率之大型化元件皆有，如圖 2-1 所示，接觸式微動開關之構造、工作原理及應用將敘述如後。

(a)常見微動開關實物外觀

(b)機械式微動開關內部結構實體圖

圖 2-1 微動開關

2.2 微動開關之構造及工作原理

機械式微動開關基本上是由一組含精密彈簧片之作動機構、作動按鈕、接點輸出及保護外殼等所組成。其作動原理乃利用彈片變形特性及槓桿動作原理，如圖 2-2 所示。若是非記憶型微動開關，當作動按鈕因外力受到微小位移，使板式彈片受到壓力迅速變形，進而使接點狀態進行改變(即常開接點 Com-NO 變成導通狀態，常閉接點 Com-NC 變成斷路狀態)；當外力消失後，板式彈片迅速回復原狀，接點狀態亦隨即復歸(即常開接點 Com-NO 變成斷路狀態，常閉接點 Com-NC 變成閉路狀態)，達到微動開關 ON/OFF 的切換功能。此外，為配合實際應用時，空間和施力方向之差異，大部分微動開關在按鈕處大都附有圓形轉輪或各種不同延伸桿。如此，即可感測到來自不同方向，如水平、垂直及旋轉之位移變化，並可透過延伸機構調整感測之靈敏度與定位，這些可能的使用作動方式，如圖 2-3 所示。安裝時，須注意其受力方向之正確性及最大位移量，以免延伸桿甚至開關本身受到不當外力作動而受損。

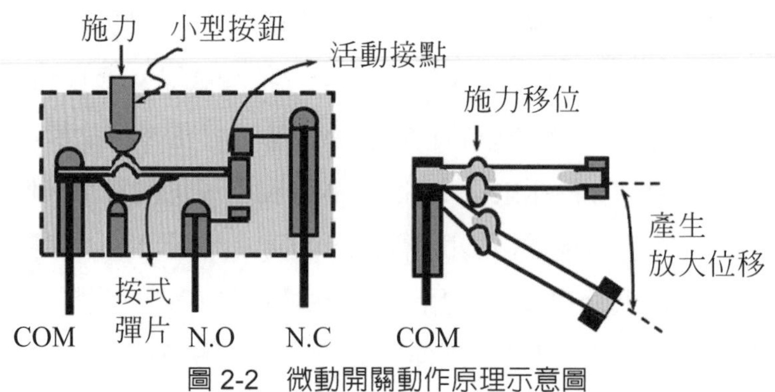

圖 2-2　微動開關動作原理示意圖

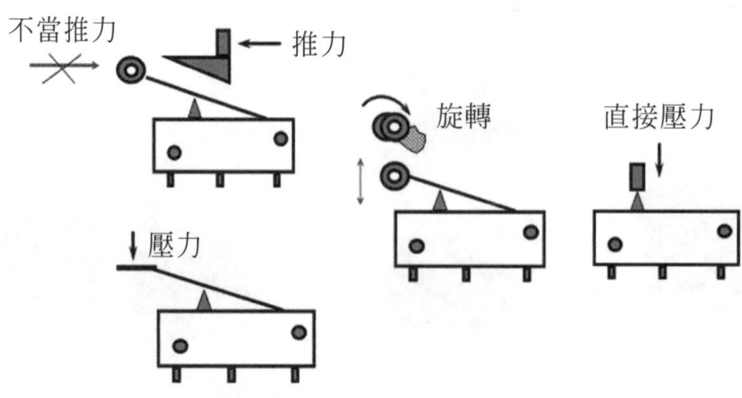

圖 2-3　微動開關可能的作動方式

爲了滿足應用電路需求，微動開關或極限開關通常提供兩組交替式輸出接點，即常開接點(NO：Normally Open)，電氣上或稱 **a 接點**，取動作接點(Arbeit contact)之意，表示未作動前此接點與共同接點(COM)是在開啓狀態(open)，作動時即與共同接點變成閉路狀態(close)；而另一組接點剛好相反，平時爲常閉接點(NC：Normally Close)，或稱 **b 接點**，取切斷接點(Break contact)之意，表示作動前與共同接點爲閉合狀態，作動時與共同接點即變成開路狀態。這兩組接點通常會有一共同點(COM)或稱 C 接點，有些微動開關或按鈕開關亦可採用兩個獨立的共同接點，如圖 2-4 所示。

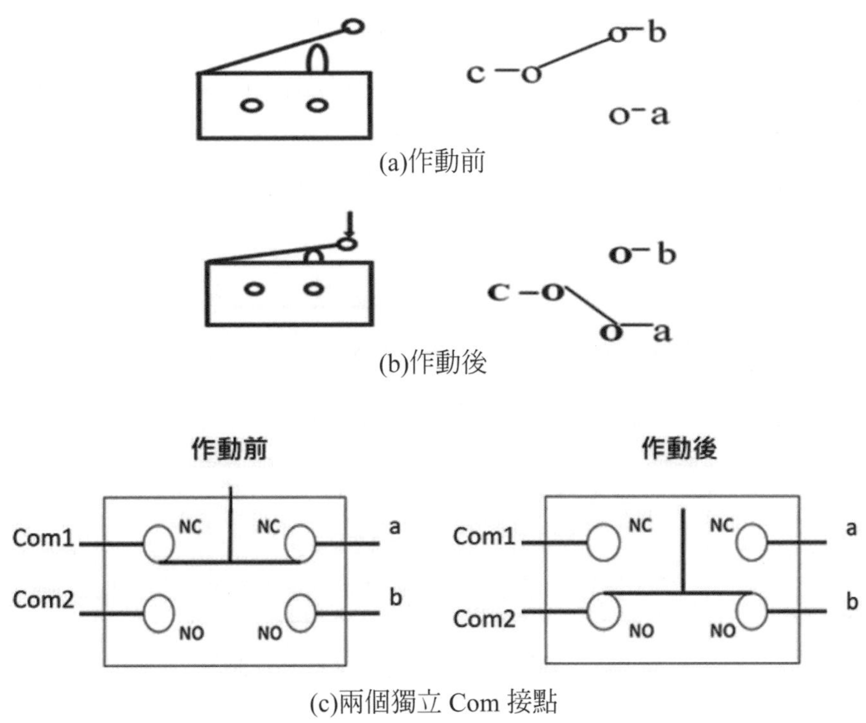

圖 2-4 微動開關的接點符號

至於應用於控制迴路中，由於機械式微動開關並不需要外加電源，只是提供開與關接點，因其接點不帶電，俗稱乾接點。在使用上無論 AC 或 DC，大至數百伏特以上的電壓及數伏特以下均可使用，但需注意不能超過其接點最大容量，通常從數百毫安培到數十安培不等。此外，由於是機械式動作，接點經多次開閉使用後，在開關切換瞬間，可能會產生閉合不全之跳動狀態，稱爲彈跳現象。此現象，可應用電路處理，如：低通或數位濾波器來改善，使每次作動只產生一個有效閉合狀態(單一脈衝)，避免造成控制上之誤動作。

2.3 微動開關的應用

由於微動開關雖可在「低作用力」下使用，普遍應用在許多允許機械碰觸之自動控制場合，使用微動開關來當做物體偵測，比一般的非接觸型感測器具有價格低、線路簡單等優點，可作爲加工系統進出料檢測及各種順序控制使用。例如：工廠自動化裝配定位、偵測運送工件的拖盤定位、自動化機器之機台行程感測或安全裝置、物流定位感測控制系統、計數、蓄水/抽水馬達控制等。

微動開關使用時，直接將常開輸出或常閉接點接至控制裝置(如可程式控制器 PLC)輸入端，及連接共同接地端即可，如圖 2-5 所示，微動開關輸出之常開接點 a 接至 PLC 之輸入點 X0，常閉接點 b 接至 PLC 之輸入點 X1，Com 接點至 PLC 之 Com 點。

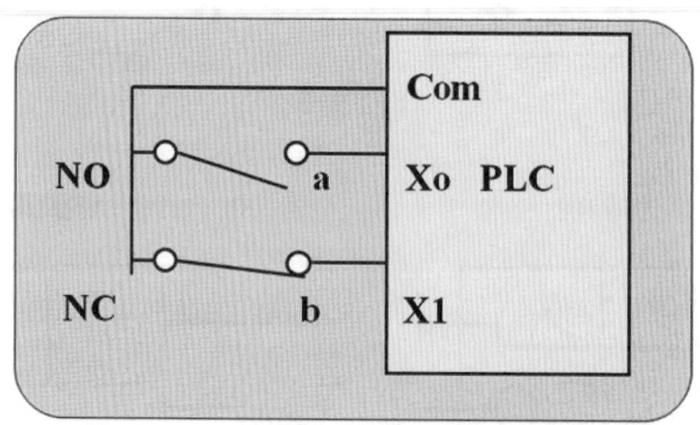

圖 2-5 微動開關之應用於可程式控制器

一般自動化機器均有過行程保護裝置，如圖 2-6 所示，通常使用微動開關來偵測過行程現象。機台之運動機構裝有適當的檔塊，當機台抵達行程極限，即檔塊觸發微動開關作動，以供控制系統使用。至於常開、常閉的選用方向，由於常開型，如遇接觸不良或斷線，即失去感測效用。因此以安全考量，應以常閉接點爲之，如遇斷線即可事先作檢知。此外在過行程處理方式，亦可將微動開關和緊急停止開關串接，過行程發行時，可直接將主電源自動關閉，達到急停目的，以保護機器。

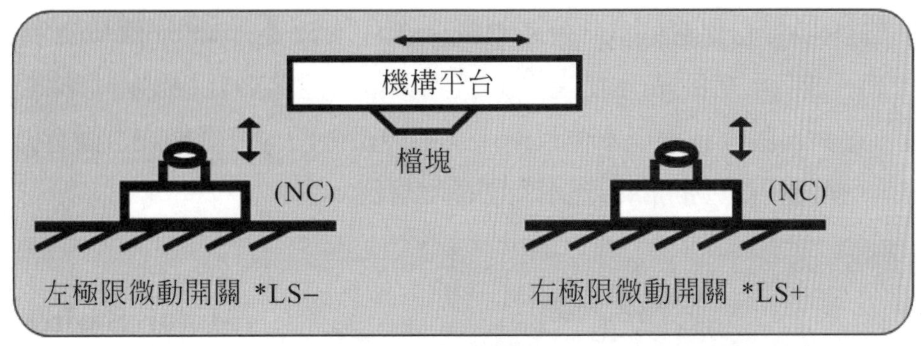

圖 2-6 微動開關在機器軸向過行程感測之應用

具馬達驅動器之控制系統，在過行程處理，亦可將過行程微動開關接至馬達驅動器(步進型或伺服型)，作爲馬達的正逆轉限制控制或左右行程控制如圖 2-7 所示。此種方式可有效進行單向限制功能，即另一方向還可動作，使軸向控制更加方便。以安全考量，微動開關應以常閉接點(NC)爲之。

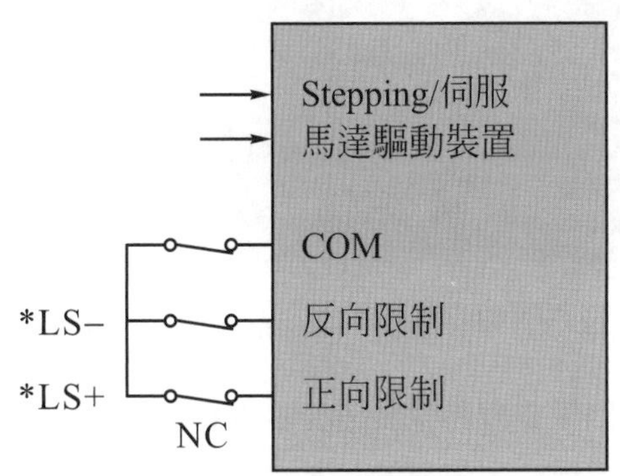

圖 2-7 微動開關在步進或伺服馬達正逆轉控制之應用

2.4 微動開關的其他應用

微動開關的其他應用，如汽車的中控鎖，即可利用微動開關作動之上升緣觸發訊號來控制電鎖。水塔或抽水站馬達的自動控制亦常使用兩個浮球(重約 200 g)，由液面的高低使微動開關作動，達到自動進水或抽水的目的。如圖 2-8 所示，提供一組記憶型常開 A 接點供水塔端自動進水控制使用，低水位時兩個浮球因懸空(受力 400 g)觸發(A 接點 ON，B 接點 OFF)，並自保直到高水位，兩個浮球皆浮起(受力 ＜200 g)使微動開關復歸(A 接點 OFF，B 接點 ON)；另一組記憶型常閉 B 接點則剛好相反，則供蓄水池或抽水站使用，高水位時兩個浮球皆浮起(受力 ＜200 g)觸發作動(A 接點

OFF，B 接點 ON)，並自保直到低水位時兩個浮球因懸空(受力 400 g)觸發(A 接點 ON，B 接點 OFF)。若將兩組接點(水塔端之 A 接點與蓄水池端之 B 接點)串聯來控制水塔進水馬達，達到自動控制水塔水位目的。其他像鐵捲門、升降梯或自動倉儲存取機的定位等，均可運用微動開關，應用範圍極為廣泛。

(a)自保式微動開關與浮球

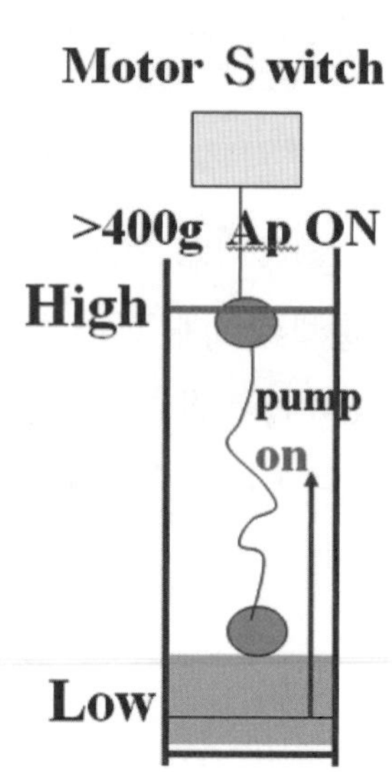

(b)水塔端之 A 接點作動示意圖

圖 2-8 自保式微動開關在水塔進水馬達自動控制之應用

除了微動開關，其他接觸式機械開關有水平開關、水銀開關等。機械式的水平開關是利用微動開關感測物体的傾斜狀態。另外有一種水平開關亦可當成角度偵測。水銀開關是以接著電極的小巧容器儲存著一小滴水銀，容器中可注入惰性氣體或直接眞空。工作時，利用水銀導電性將接點從短路到開路作切換，從開路到短路所形成的角度被稱為位差角或位移角，通常在 10～150 間，精密型可從 0.10～1.50，水銀開關接點負荷一般為 2～10A 的電流；而陀螺儀(Gyroscope)感測器則是測量角速度的元件，與加速度 G 感測器皆是現今智慧型行動裝置或加工機械智慧化常用的。

Chapter 3

近接感測元件

3.1 簡介

接觸式感測元件，雖然有動作簡單、應用容易的優點，但缺點是機械式接觸，除了接觸點的火花、金屬疲勞問題，對於許多較輕、較脆弱物體，仍不適合作接觸式感測，必須使用非接觸式感測。

一般常用之非接觸式感測元件有光電式、電磁近接及電容式近接感測及超音波感測等。而近接感測方式的優點爲小型化，價格低且密封性高，故使用極爲普遍，可分計量型及開關型二種。計量型係量測距離使用，而開關型則使用在偵測物體之有無。電磁式近接元件精度最高可達 1μm 以下，使用之待測物體必須爲金屬，且使用之特性與待測物體之種類有很大關聯。而電容式近接感測則可適用於非金屬類，像塑膠、玻璃、紙張等。本章將介紹近接感測的原理、特性，種類及其應用。

3.2 近接感測原理

近接式感測原理，主要是利用待測物體與感測器相隔一段距離，但不相接觸的「近接」動作，達到感測待測物體目的，近接感測通常運用下列近接感測原理：

(1) 由感測器不斷發出探測訊號，當碰到物體時即反射回來，再經由感測器之接收部接收訊號，進行待測物檢知或遠近判別。如光電開關、超音波元件或雷射測距裝置等。

(2) 利用物體之存在會影響空間中存在之某種物理現象，再由感測器偵測而得知待測物體之遠近。如某些物體發出熱度或發出音波、產生磁場(霍爾效應感測元件)等，便可利用能偵測到熱紅外線、聲波或磁場的感測元件，經過訊號處理而輸出電氣訊號。

而目前產業常用之近接感測元件，不管是開關型或計量型，乃指電磁式(電感式)與電容式，其感測原理分述如後：

3.2.1 電磁式近接感測原理

電磁式近接感測是利用電磁感應現象，來檢測物體接近或距離的一種裝置，專門使用於偵測金屬性物體。主要的原理是因爲一般金屬材質通常具有導磁性(導磁率遠大於 1 的金屬材料如鐵、鈷、鎳等)，或抗磁性(導磁率小於 1 的金屬材料如金、銀、銅等)。因此，當待測體接近一電感元件時，此電感可由 LC 振盪電路所產生。若金屬性物體介入磁場中，而影響電感導磁係數，利用振盪訊號的衰減，或振盪頻率的偏移或變化，即可感測物體的接近程度。

圖 3-1(a)所示爲一個電磁式近接感測的電路方塊圖，包括了振盪電路、檢波電路和輸出電路。此一電路以振盪電路的振盪線圈做爲檢測線圈，也就是近接感測元件前端的檢測線圈，利用它產生高頻磁場。發射數十 kHz 的磁力線，若在此磁場內有金屬性檢測物接近時，因受到檢測線圈的磁力線之影響，而在金屬體內感應發生渦流(eddy current)效應，如圖 3-1(b)所示，使得振盪線圈的電阻變大而降低振盪訊號的振幅或停止振盪。此振盪變化再經檢定電路變成直流電壓訊號，然後由輸出電路作計量型或開關型輸出，如圖 3-2 所示。

一般直流型之近接開關主要以直流電壓(5～30V)供給電源，而輸出則爲 NPN 或 PNP 之電晶體界面，並以集極開路(O.C.：open collector)爲輸出。應用時，可以集極輸出端(V–)與電源 V+推動負載如直流繼電器(Relay)；而一般交流型之近接開關，則以 SCR 或 TRIAC 爲輸出，可以直接推動交流繼電器。

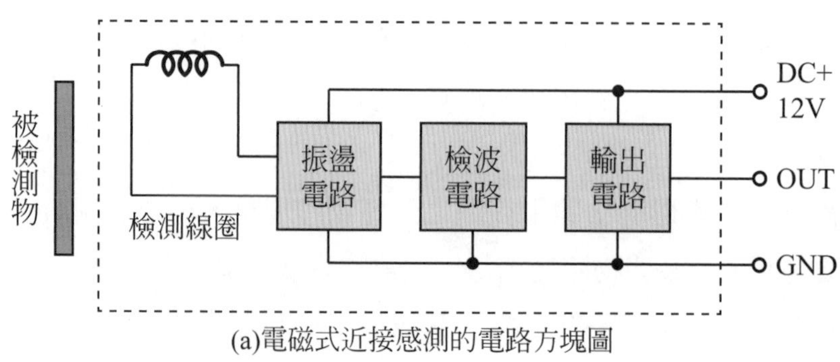

(a)電磁式近接感測的電路方塊圖

圖 3-1

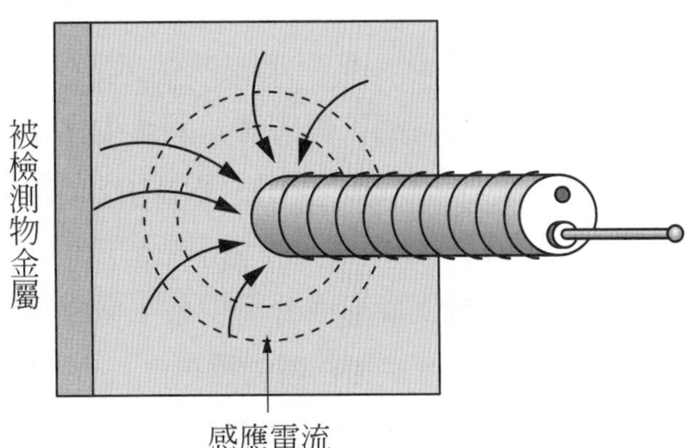

(b)金屬性檢測物之感應渦流(eddy current)效應

圖 3-1(續)

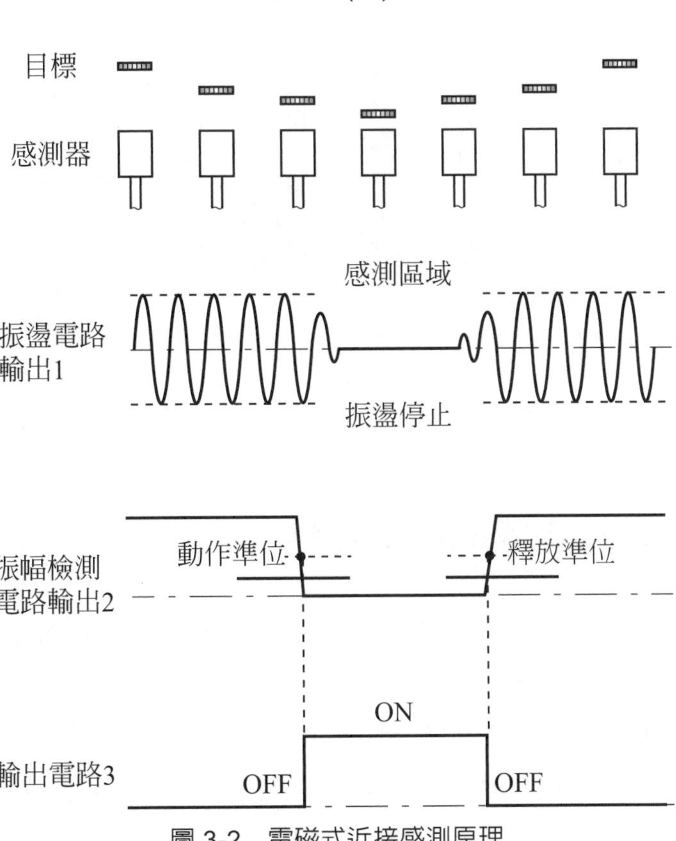

圖 3-2 電磁式近接感測原理

3.2.2 電容式近接感測原理

電容式近接感測之動作原理為待測物與感測器間產生之雜散電容效應所致，圖3-3 為電容型近接開關的檢出電路。將數百 kHz～數 MHz 的高頻率振盪電路的一部分引出到檢出電極板(檢出頭)，經於極板產生高頻率所形成的電場。若有待測物接近此電場時，物體表面和檢出電極板表面形成分極現象，造成極板的距離變小，使得電容增大，因而增加輸出振幅，即可檢知物體的遠近。

電容式近接感測器可以用來檢測金屬和非金屬物體如塑膠、木材與紙張等，只要是具有介電物質(dielectrics)材料都可以檢出。

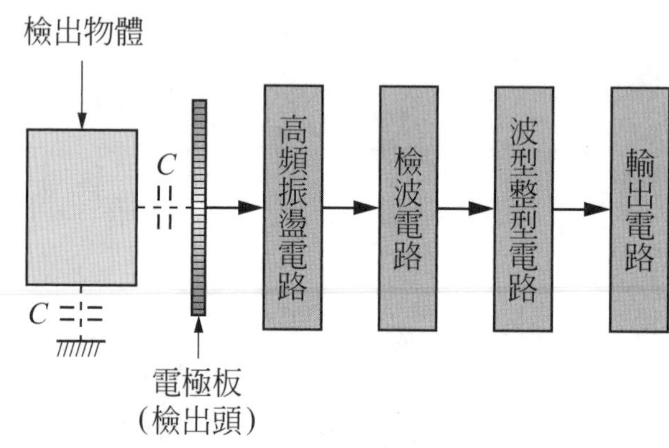

圖 3-3 電容型近接開關的檢出電路

3.3 近接感測器的檢測特性

近接感測器的感度隨著待測物的大小、材質、距離而有所不同，可從圖 3-4 中，可知感測器的動作距離會隨接近物體(即偵測物)材質及大小而改變。若以 OMRON E2E-X3D 為例，標準檢測距離為 3 mm，鐵的檢測距離係數為 1(即 100%)，則不銹鋼約為 0.7(70%)，黃銅約為 0.5(50%)，鋁約為 0.4(40%)，此係數和感測器特性有關。對於相同大小的磁性體及非磁性體而言，感測磁性體的動作距離較非磁性體為大。而採用水平檢測應用時，有效的動作領域，則如圖 3-5(a) 所示，檢出物與測頭軸心距離和檢出距離約成拋物線關係；採用垂直檢測應用如圖 3-5(b)所示，同時須注意動作曲線與復歸曲線之差異，其水平距離差稱為**應差**，使輸出得以保持穩定。

另外，材料直徑與感測面直徑比值對最大有效感測距離的關係可由圖 3-4 看出，當待測物直徑小於感測直徑時，最大感測距離亦隨之下降。

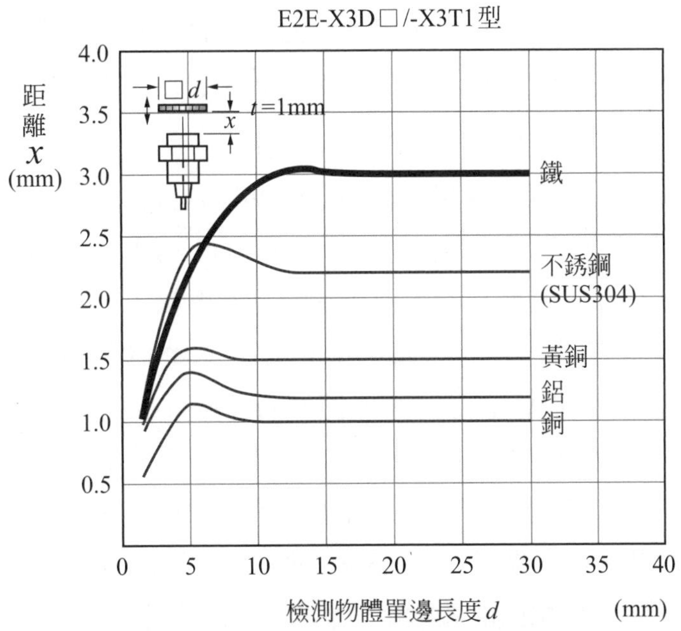

圖 3-4 近接物體材質與大小和檢出距離的關係(來源：OMRON)

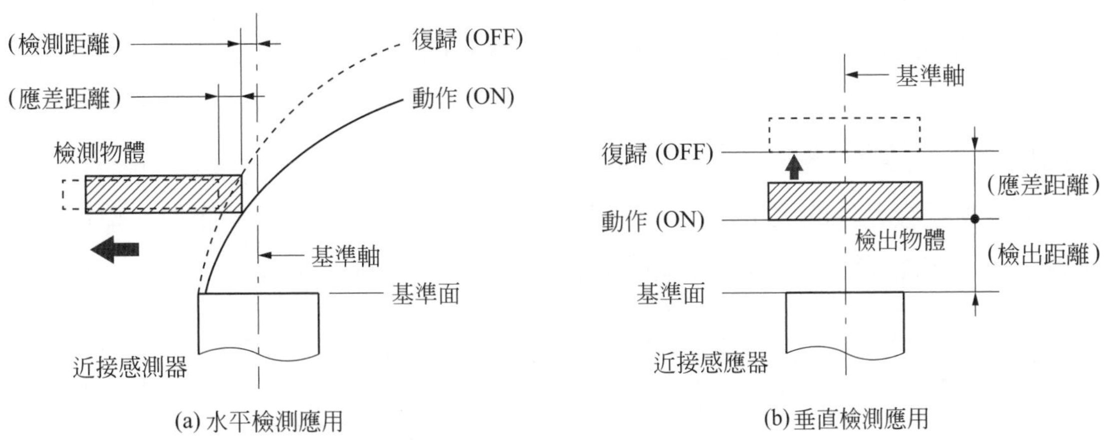

圖 3-5 近接開關之檢測動作領域圖(來源：OMRON)

3.4 近接感測之應用

近接感測元件應用時，應注意安裝之空間安排，以避免相互干擾及周圍金屬的影響。並留意隔離型與非隔離型使用差異，如安裝於金屬盤內時，須注意預留足夠空間。並注意檢測方向、動作範圍、環境溫度範圍等。(實際尺寸參見所選用之感測元件規格)

近接開關之輸出電路通常採用 NPN 或 PNP 開集極(open collector)電路方式，NPN 式之接收電路須有負載及供應電源，其輸出有兩線式或三線式之分，輸出及應用電路如圖 3-6 所示。其輸出端可直接接至控制器輸入界面如 PLC 之輸入端(其內部負載接收電路已接+24V)，接地端則接 PLC 之 COM 端或 0V。而一般多組近接開關同時使用，尚可透過 AND 或 OR 電路，將多個近接開關一起使用。另外還有 AC 輸出界面或 AC 與 DC 兩用界面，使用者可依需要選用。近接開關輸出不管是 NPN 界面或 PNP 界面均屬帶電性質，故稱濕接點，與微動開關之乾接點不同，使用須留意其極性及與控制器之配合。如圖 3-6(c)與(d)分別爲近接開關 NPN 與 PNP 型輸出界面之使用案例，其與微動開關輸出有明顯不同，故選用時須確認控制器界面或 DAQ 模組可接受的電路型態，決定採用 NPN 輸出界面或 PNP 輸出界面，這些輸出界面亦適用於其他電子式界面之感測器，如光電開關等。

近接開關的檢測距離或定位，除可用圖 3-5 之曲線來設定，有些提供靈敏度調整功能旋鈕，可以用以調整其感測距離，尤其在感測物需要有變化時(如充填量或高度設定)，更具方便性，如圖 3-7 所示。

開關型近接元件的應用在自動化工廠中，極爲普遍。包括物體定位、輸送帶中拖盤定位、液面偵測、計數、裝配確認等，可以取代機械式開關。

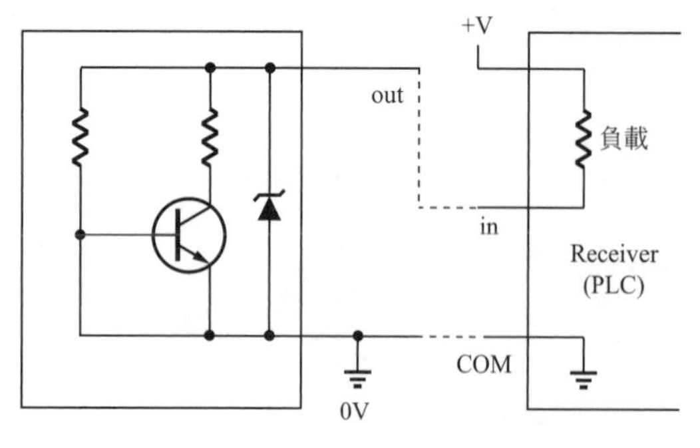

(a) NPN二線式輸出及應用

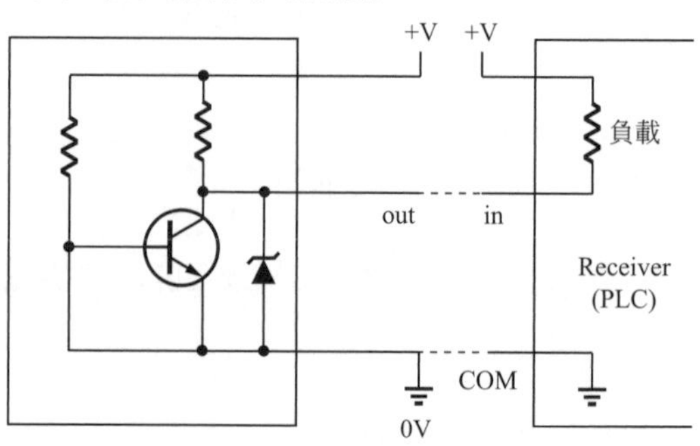

(b) NPN三線式輸出及應用

圖 3-6 近接開關之輸出及應用電路

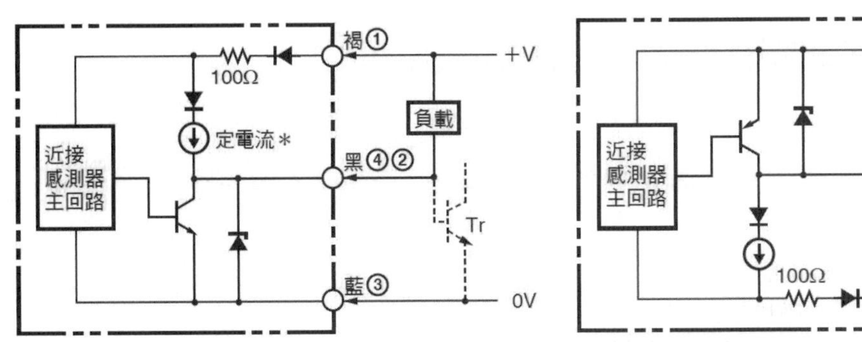

(a) NPN 型界面及應用例(來源：OMRON E2E 系列)

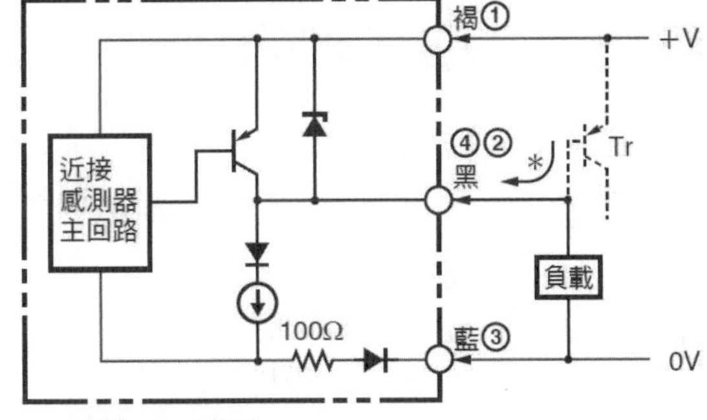

(b) PNP 型輸出與應用例(來源：OMRON E2E 系列)

圖 3-6　近接開關之輸出及應用電路(續)

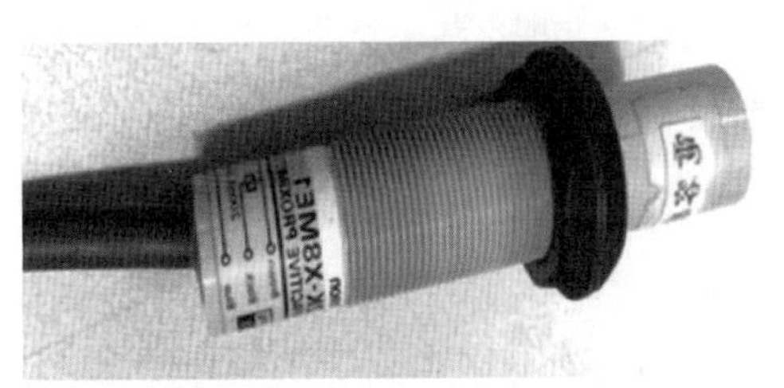
(a)非隔離型&靈敏度固定型電容式近接感測器

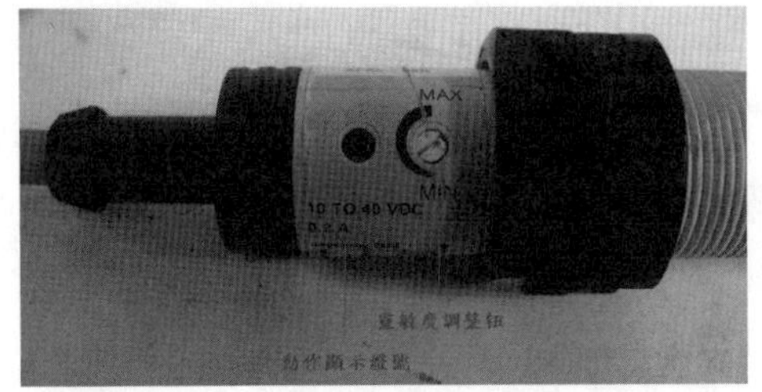

(b)隔離型&靈敏度可調整型電容式近接感測器

圖 3-7　電容式近接感測開關元件的比較

另外，計量型近接感測元件的應用亦很廣，例如：物體的厚薄、物體靜態距離、眞圓度、同軸度量測亦可作雙軸的排列方式，如圖 3-8 所示。

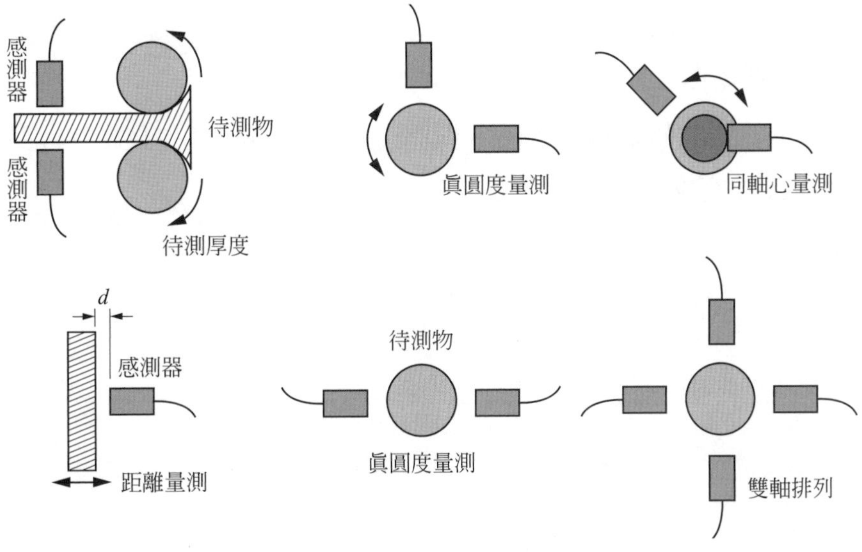

圖 3-8　計量型近接感測元件之應用

3.5 磁簧開關(Magnetic Reed Switch)

磁簧開關亦為近接感測元件之一，其構造包含：一組磁性簧片，充有惰性氣體(如 N2 等)之玻璃管。接點部分為抗磨耗，則是由鉑、金、銠等貴金屬所構成，磁簧開關型式有下列三種：

1. 常開型(Normally Open Type)。
2. 常閉型(Normally Closed Type)。
3. 交換型(Switching Type)。

磁簧開關之動作原理乃利用外部有磁極經過時，則接點會因吸引力或排斥力而產生開啓或閉合的動作，且接點的動作依其型式及磁極極性及接近方向而定。磁簧開關特性包括：

1. 頻率響應：0～500 Hz。
2. 最大電流：0.3A(一般)。
3. 最高電壓：10 kV。
4. 屬近接開關之一種。
5. 型小、質輕、價廉。

磁簧開關之應用包括：

1. 壓氣壓缸前進後退死點位置。
2. 液位指示：在貯液槽(塔)中依適當間隔設置磁簧開關若干，以磁性浮子作動磁簧開關，則 LED 亮處即為液面高度。
3. 電磁鎖。

Chapter 4

光電感測元件與開關

4.1 簡介

光電感測器乃是與光學有關的半導體電子裝置，通常包括發光元件及受光元件。其感測原理乃利用光學與電氣之能量轉換，及光的直線條反射與折射特性。隨著光電半導體的迅速發展，自動化控制領域使用光電感測元件與開關已相當普遍，故必須熟知光電元件之基本特性（含光學特性與電氣特性）。其中光感測器光學特性包括分光感測特性，亦即對不同波長的感測敏感度會隨材質而異；而指向特性乃指可接受角度（方向性）之範圍。本章將介紹光敏電阻、光二極體、光電晶體、光電開關（光遮斷器）等自動化控制領域常見之光電元件，因其具有諸多優點，除可取代機械式或近接式開關，應用於一般位置感測；亦可應用於其他感測裝置，像火災煙霧感測、顏色感測、防盜警報器及許多工業裝置或 OA 產品等。

4.2 光敏電阻元件

光敏電阻(Light Dependent Resistor，LDR)爲一種利用光導電效應(Photo-conductive Effect)的半導體光感測器元件。其基本原理爲當光敏電阻接受較強的光照射時，其電阻值會下降，反之光較弱時，電阻值則上升。這是因受光時電子一電洞對，將由禁帶遷移至傳導帶並獲得能量，進而使其導電率增加，亦即阻抗會下降。其作用猶如一種光可變電阻器，而具有此種特性之半導體材料除了硫化鎘(CdS)外，尚有硒化鎘(CdSe)和硫化鉛(PbS)等材質。一般包裝分金屬型及樹脂型，通常以樹脂型較普遍，圖 4-1 即爲光敏電阻的基本構造與外觀(Hamamatsu P722-7R)。圖 4-2 爲光敏電阻之照度一電阻特性曲線(Hamamatsu CdS)，當照度在 10 Lux 以下時，電阻約 5k 歐姆以上，當照度在 100 Lux 以上時，電阻值會下降至約 1k 歐姆以下，但其變化並非理想的線性關係。

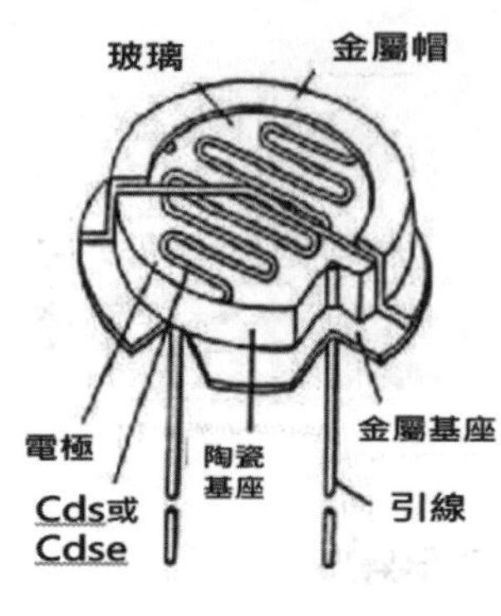

(a)金屬包裝型

(b)樹脂包裝型(Hamamatsu P722-7R)

圖 4-1　光敏電阻之構造

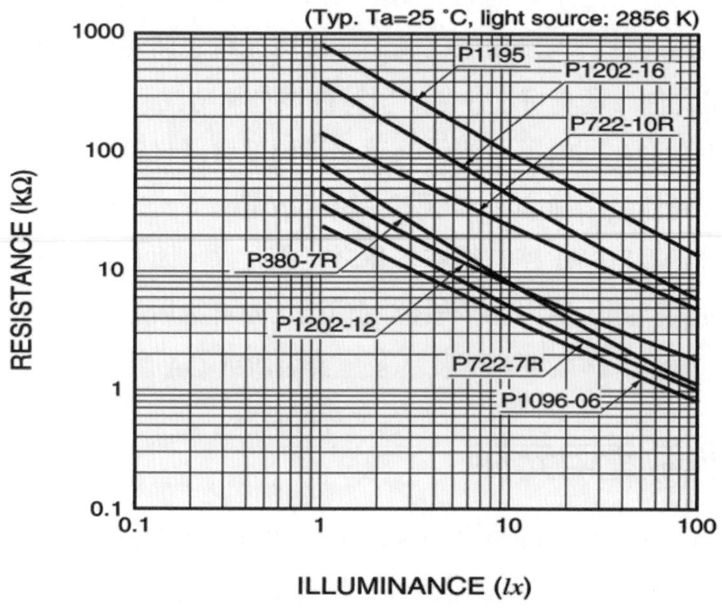

圖 4-2　光敏電阻之照度—電阻特性曲線(Hamamatsu CdS)

光敏電阻值的測定應用，可將光敏電阻放置於黑暗中，加電壓所測得微小的電流稱爲暗電流(Dark Current)；若此電流很小，表示光敏電阻在此照度下是呈現高電阻（數拾 k 歐姆以上）；若有光照射到至光敏電阻的光導電體時，便會有△I 的電流流動，此稱爲光電流(Light Current)。其電阻值（歐姆）和 d/l 成反比，故使用時注意流通電流不宜過多，否則產生之熱量可能會破壞光敏電阻的結晶構造。

對於光感測系列元件而言，光敏電阻在響應特性方面，其響應時間是比較慢的一種材料，如照度在 10 Lux(Lm/m^2)以上時（一般室內標準照度約為 200 Lux 以上），約為 30～100 msec，比光電晶體的響應速度還慢，故不適合高速動作場合。常見兩種光敏電阻材料為硫化鎘(CdS)與硒化鎘(CdSe)，又以硒化鎘(CdSe)的響應速度比較快(30 msec)。使用光敏電阻時，照度越低，響應時間越長，也會受環境的濕度與溫度所影響。

光敏電阻可應用於照度計、自動照明裝置、自動警報裝置、煙霧警報裝置等如圖 4-3 之感測應用電路所示。

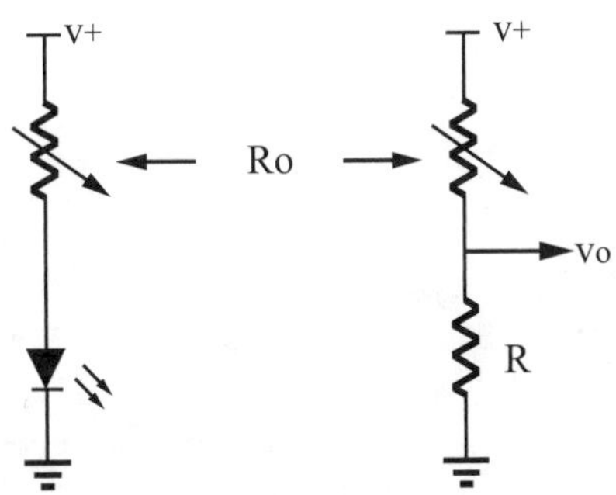

圖 4-3 光敏電阻之感測應用電路

4.3 光二極體

4.3.1 光二極體簡介

光二極體(Photodiode)為一種將光轉換為電氣訊號之一種受光元件，如圖 4-4(a)所示，具有下列特性：

1. 輸出電流量與入射光量成比例（線性），反應速度快，常被用在高速檢測的場合；但缺點是輸出的電流量較小（μA 等級），如圖 4-4(b)。當照度在 0.1 Lux 以下時，電流小於 10^{-3}μA；當照度在 1000 Lux 以上時，電流上升至約 10 μA，其變化約為理想的線性關係。
2. 隨著照度的增加，P-N 接合的電壓-電流特性曲線會向下移動，造成暗電流(Dark Current)之增加，所謂的暗電流是指沒有光照射所產生的電流。

3. 將光二極體兩端短路，輸出電流會與光照度成正比，此電流稱短路電流。若將光二極體兩端開路，以光照射所產生之電壓，稱為開路電壓。

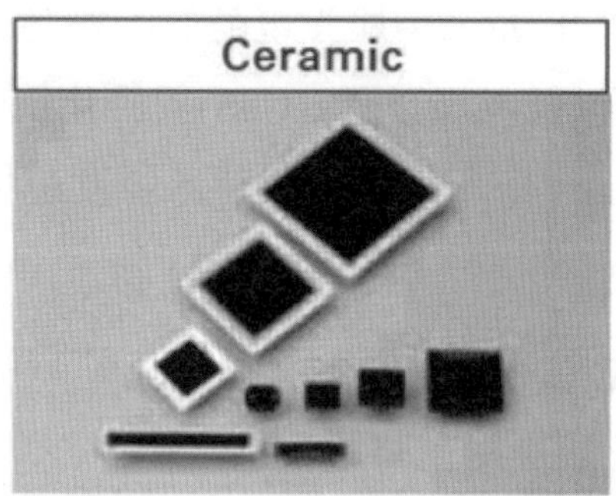

(a)光二極體實體圖例

圖 4-4 光二極體實體圖例與特性曲線(來源：Hamamatsu)

4. 光二極體反應速度與負載電阻 RL 及 P-N 接合電容量有關，對同一種元件所加負載不同，反應速度也會改變，上升時間隨負載電阻增加而增加。另接合電容量會隨所加的逆向偏壓增加而減少，因此在高速度場合，均使用逆向偏壓。

5. 光二極體輸出除與照度強弱有關，也會受到照射光之波長影響，如圖 4-4(c)之分光感度曲線圖。例如 S1133 之感應波長峰值為 560 nm，最大波長為 700 nm，適用於可見光；而 S1133-01 之感應峰值為 960 nm，最大波長為 1100 nm，適用於紅外光。

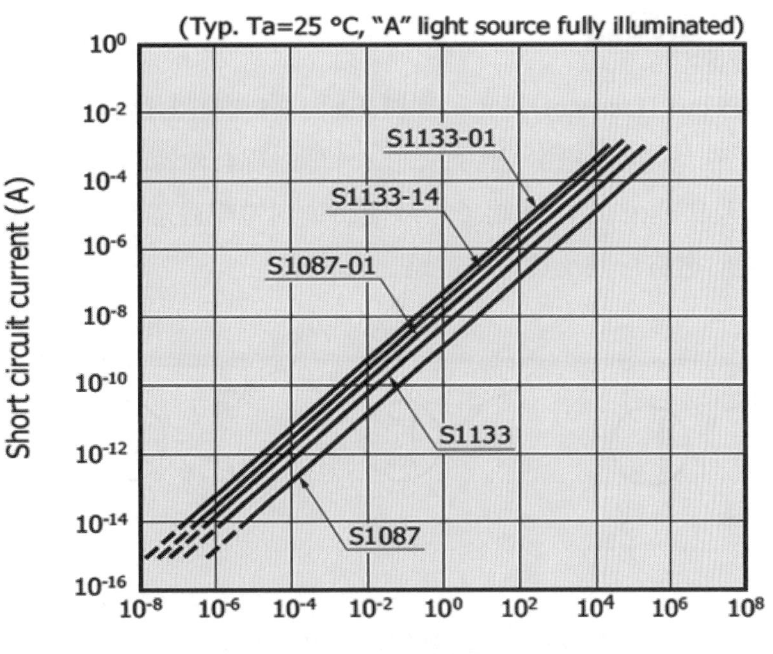

(b)光二極體之照度與電流輸出特性曲線

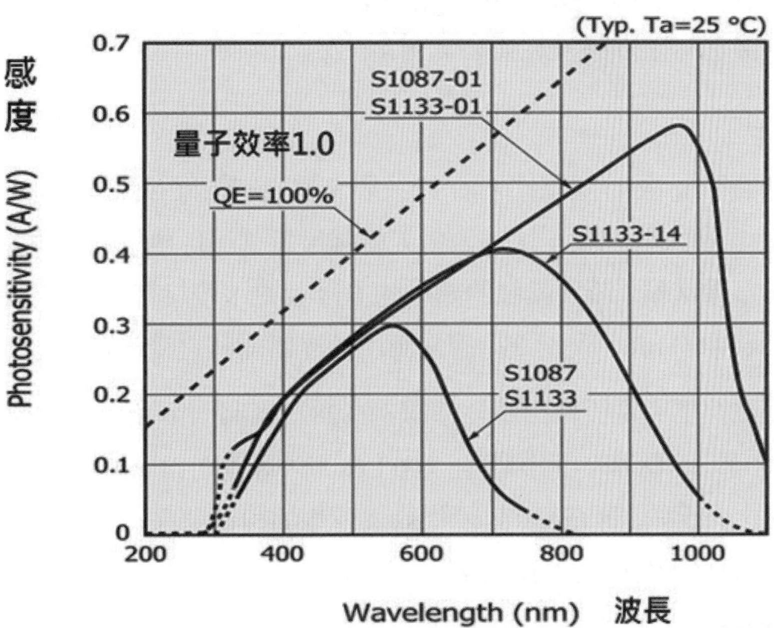

(c)分光感度曲線圖

圖 4-4　光二極體實體圖例與特性曲線(來源：Hamamatsu)(續)

4.4 光電晶體

光電晶體(Photo Transistor)和光二極體類似，爲一種將光轉換爲電氣訊號之一種受光元件，一般在基極(B)開路狀態下使用（外部引線有兩條的情形較多），而將電壓施加於射極(E)及集極(C)之兩個端子，以便將逆向電壓施加至集極的接合部份，圖 4-5 爲光電晶體的電路符號及其等效電路。

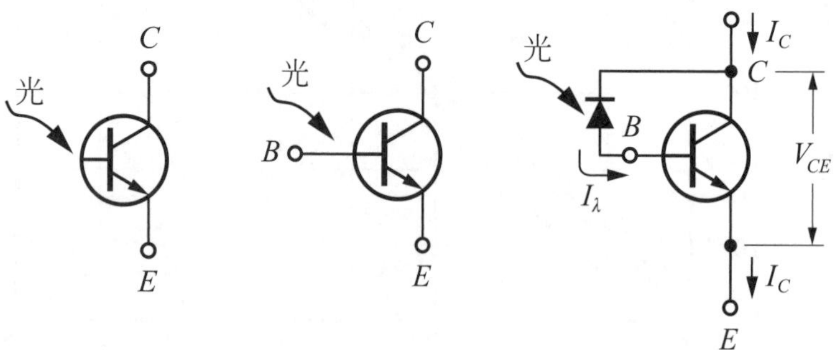

圖 4-5 光電晶體電路符號及等效電路

當沒有光線進入光電晶體集極電流 I_C 非常小，但當光電晶體的受逆向偏壓之集-基極接合面受到光照射時，即有一股光電流(I_λ)流動，並經電晶體放大（放大率 h_{FE}）的後，便成爲流經光電晶體之外端的光電流(I_C)，其可表示爲下式

$$I_C = h_{FE} \times I_\lambda \tag{4-1}$$

即光電晶體的 I_C 與 I_λ 成正比，而 I_λ 又與入射光的強度（照度）成正比，因此光電晶體的電流 I_C 和入射光成正比，入射光的強度愈強，I_C 也就愈大直到飽和，並會使電晶體的 V_{CE} 端電壓下降，就像開關中的 on；反之，若沒有光線照射時 IC 將趨近於零，就像開關中的 off，故光電晶體常應用於光電開關之受光電路中。

光電晶體之照度與電流輸出特性曲線例(S2829)如圖 4-6 所示，當照度在 10 Lux 以下時，電流小於 0.018 mA；當照度在 100 Lux 時，電流 0.18 mA；當照度在 1000 Lux 以上時，電流上升至約 1.8 mA，其變化約爲理想的線性關係，光電晶體 S2829 之電流輸出約爲光二極體 S1133 之 180 倍。

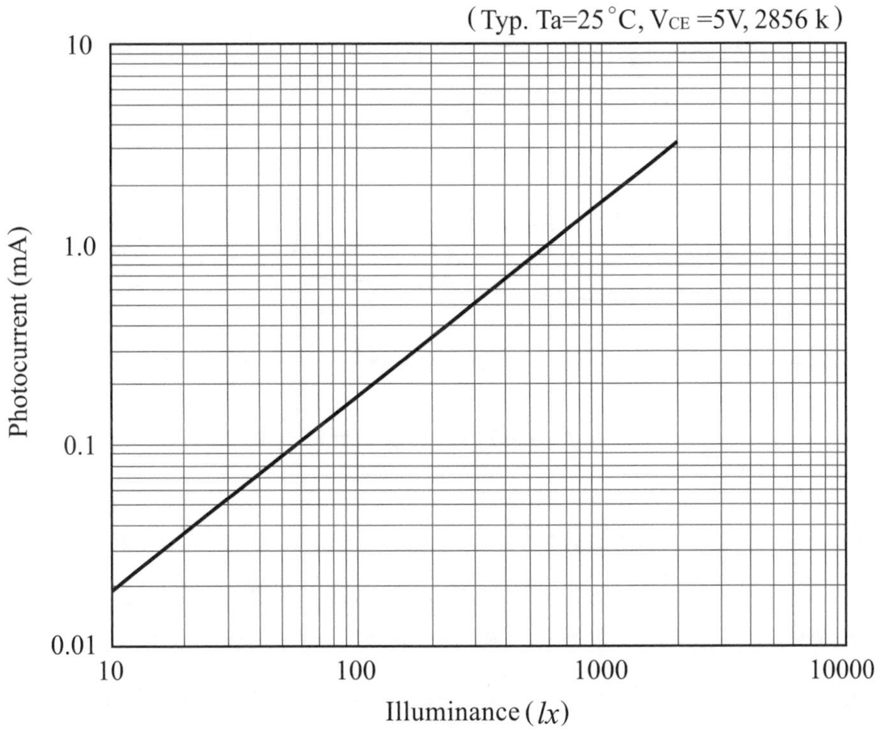

圖 4-6 光電晶體之照度與電流輸出特性曲線例(來源：Hamamatsu S2829)

4.5 光電開關

光電開關主要由發光元件（如 LED，IR LED）和受光元件（如光電晶體）所組成。其工作原理乃藉由發光元件不斷發出光訊號，再利用待測物遮斷或反射光訊號，並根據受光元件所接收訊號之強弱，將光訊號轉變爲電氣訊號，轉換爲 ON 或 OFF 輸出訊號，以用來檢查物件之靠近或通過的一種非接觸式裝置。

光電開關一般分成兩大類，包括**穿透型**與**反射型**，如圖 4-7 所示。

1. 穿透型光電開關：或稱對照型，有分離式和固定式，其差異分述如后。

   (a) 分離式之發光元件和受光元件是以面對面的型式配置，但發/受光元件之距離可以任意調整，適合於非透明較大型物體或範圍較大之感測，不易受待測物體表面光澤、顏色、角度所影響，但須注意發光元件和受光元件之正確安裝（如發受光之對準與避免其他反射光之干擾），如圖 4-7(a)所示。

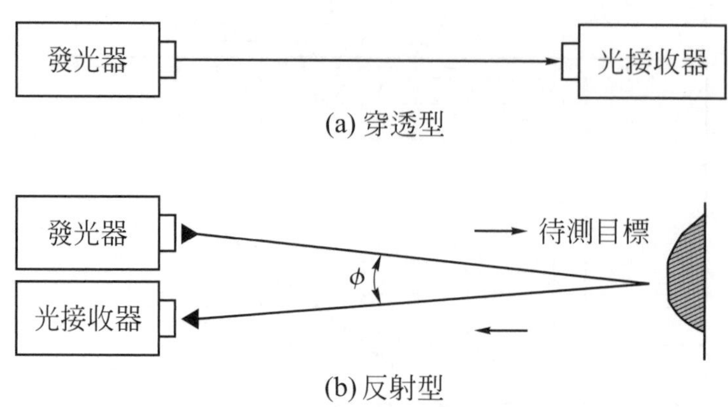

圖 4-7 **穿透型**與**反射型**光電開關

(b) 固定式穿透型光電開關或稱光遮斷器，發光元件和受光元件是以相對的型式包裝，且固定於同一底座般。發受光元件之距離不能任意調整，如圖 4-8(a) 爲溝槽連接器型，適合用於較小型物體或感測片之檢測，常用於運動平台定位或左右行程極限檢測。光遮斷器的遮光距離（單位 mm）與相對輸出電流 I_C（單位爲%）的特性曲線如圖 4-9，光遮斷器受光間隙越小，受光元件相對輸出電流變化越靈敏，感測定位性越佳。

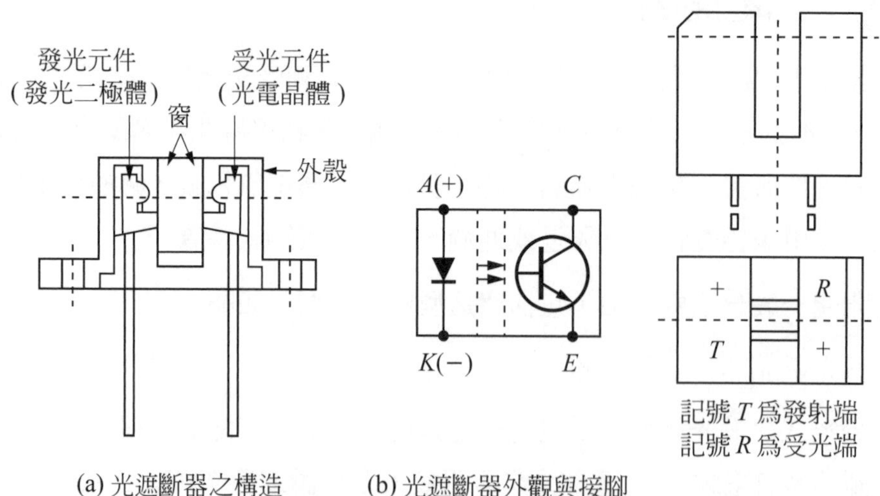

圖 4-8 光遮斷器之構造與原理

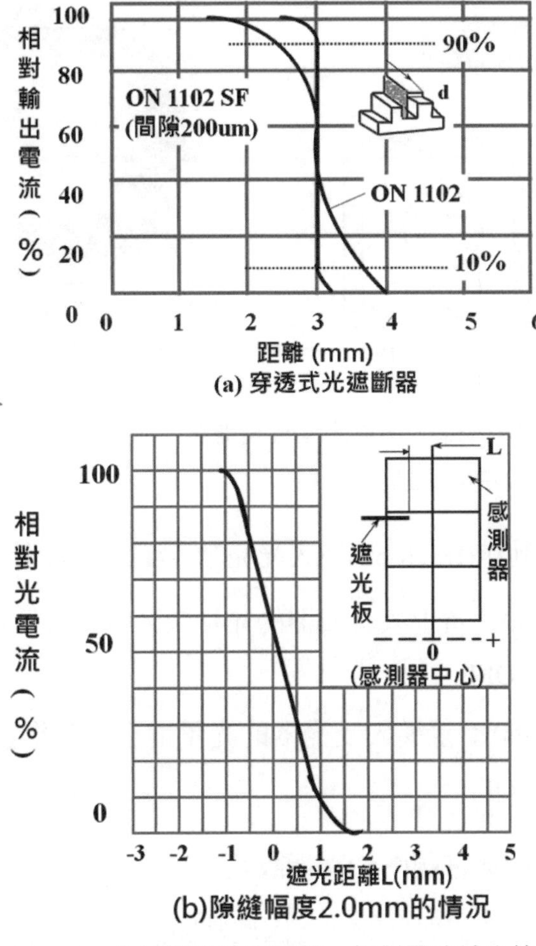

圖 4-9 光遮斷器遮光距離—相對電流輸出特性

2. 反射型光電開關：發光元件和受光元件以並列形式包裝，如圖 4-10 所示。當發光元件發射光源之後，並由受光元件檢測碰到物體（一般爲擴散反射型，如以特定反射板則爲回歸反射型）後之反射光，以辨識物體之存在。此種擴散反射式常應用在較近距離之檢測如物體近接檢知、光學掃描辨識、光筆輸入、光學條碼機等。而回歸反射式則在待測物體上裝置較易反光之物質（如加裝鏡面反射板或螢光板），可以增加檢測距離或靈敏度。

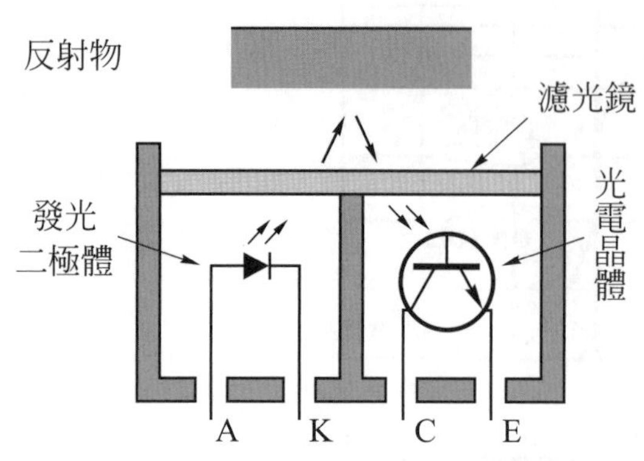

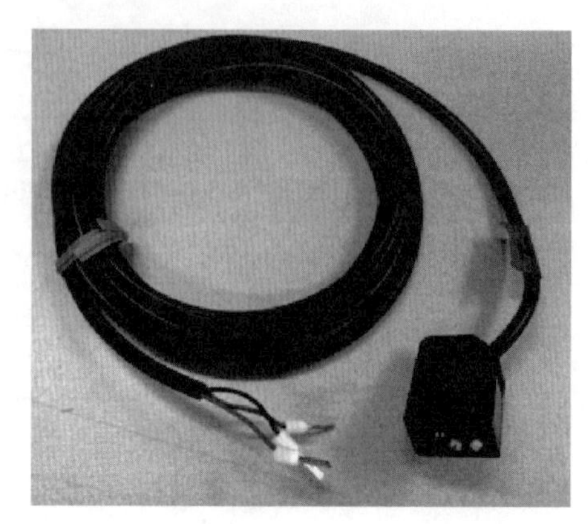

圖 4-10　(a)反射型光電開關之構造　(b)反射型光電開關（Omron E3Z-D61Series 褐色：V+、藍色：0V、黑色：NPN 輸出）

光電開關之遮光暗動作(Dark on)與入光亮動作(Light on)比較：

(1) 遮光暗動作(Dark on)：當進入受光器的光量減至暗基準值以下，此時輸出動作 ON，反之輸出動作 OFF。

(2) 入光亮動作(Light on)：當進入受光器的光量增至亮基準以上，此時輸出動作 ON，反之輸出動作 OFF。

光電開關的常開(NO)與常關(NC)功能設定：

因為光電開關分為穿透式與反射式，因此常開(NO)與常關(NC)功能係透過暗動作或亮動作方式來設定。通常可以開關切換如 Omron E3z 之選擇 D 表示遮光動作(Dark on)、選擇 L 表示入光動作(Light on)或提供外部接線控制（例如 Omron 四線式之粉紅色接地為暗動作，粉紅色接 V+則為亮動作）。

以對照型光電開關為例，若選擇 Dark ON 動作，表示未遮光時 OFF，遮光時 ON。當投光光束被遮蔽時，進入受光器的光量會減至基準值以下，此時輸出 ON 即為常開(NO)模式；如輸出為常閉(NC)模式；表示未遮光時 ON，遮光時 OFF，則需選擇 Light on 動作。

而反射型光電開關則相反，若選擇 Dark ON 動作，輸出為常閉(NC)模式；若選擇 Light ON 動作，則輸出為常開(NO)模式，如圖 4-11 所示。

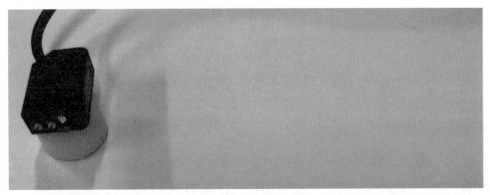

(a)無物體接近有效感測區，無反射光故輸出為 OFF，只有電源燈亮(右上方)

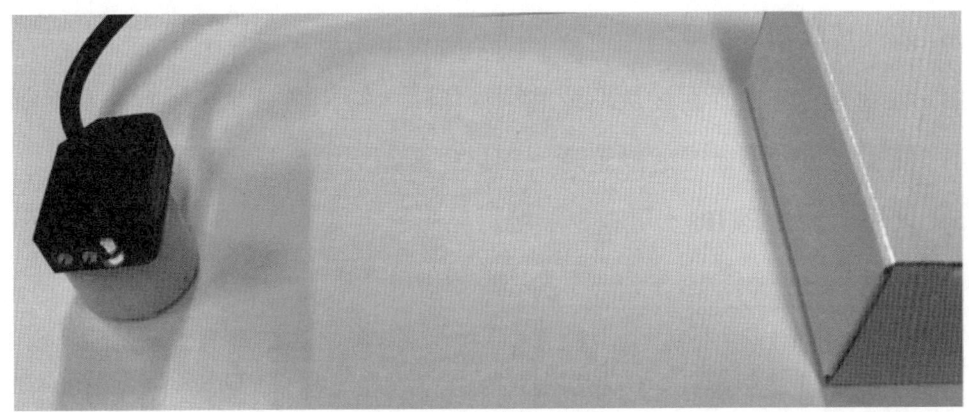

(b)有物體接近有效感測區，有反射光故輸出為 ON，動作燈亮(右下方)

圖 4-11 選擇 Light ON 動作之反射型光電開關-常開(NO)模式

另有小型放大器內建光電感測器之小型低成本光電開關（或稱光電素子如 Omron EE Series），常用於內藏於客戶機器之物件檢測或定位功能，通常提供不同輸出選擇如對照型/反射型、入光時 ON／遮光時 ON、NPN／PNP、各種安裝外型等，選用時可參考相關技術手冊。

光電開關之特點：

(1) 屬非接觸型之檢測裝置。

(2) 體積小、重量輕、可靠度高、使用壽命長。

(3) 對於待測物體的差異，可透過感度調整，精確度高。

(4) 輸入、輸出的反應速度快。

(5) 輸出界面有彈性（NPN 輸出或 PNP 輸出）易和控制器之數位電路連結。

(6) 輸出模式可設定 NO 或 NC；暗動作(Dark On)或亮動作(Light On)

(7) 若採用光纖式發受光模組，可提供更細微的感測應用。

光電開關之應用：

可取代接觸式微動開關，通常應用於物體通過或定位感測、計數、編碼器、機台行程限制等，如圖 4-12 所示。惟使用時之注意事項：

(1) 外加電壓、電流及溫度必須在規定之範圍內。

(2) 擴散反射型之待測物顏色或表面狀態會影響穩定性。

(3) 發受光元件之表面受灰塵或油漬汙染時，輸出會衰減，穩定度會受影響。

(4) 使用可見光型之光遮斷器時，應避免週圍環境可見光源的干擾。

(5) 使用紅外光型(IR)，可減少環境可見光之干擾。

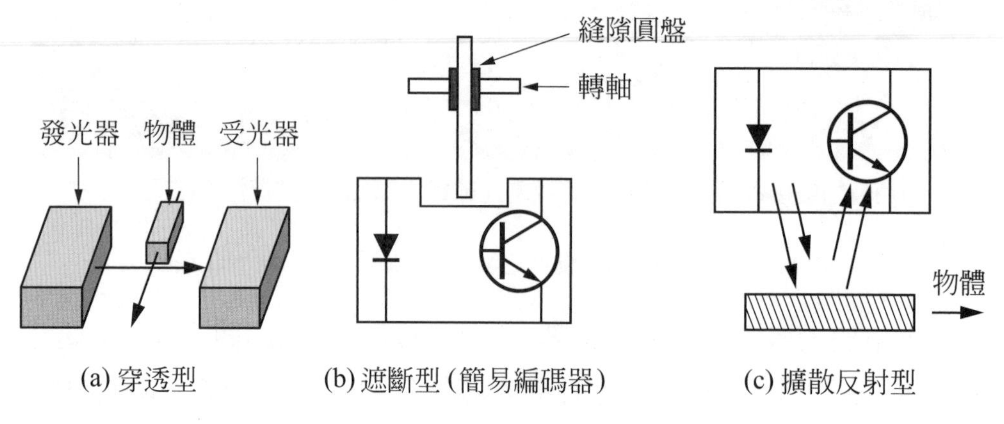

圖 4-12 光電開關之應用情境例

參考資料

1. 國家發展委員會，5 + 2 產業創新計畫，http://www.ndc.gov.tw/。
2. 許淑珮，“迎向智慧機械大未來”，工業技術與資訊月刊 305 期，2017 年 3 月號，P.3。
3. 陳瑞和，感測器，全華圖書股份有限公司(02074)，2008。
4. 許桂樹、陳克群、李怡銘, 感測器原理與應用, 全華圖書股份有限公司(05936)，2007。
5. 羅煥茂，感測器，全華圖書股份有限公司(E026)，1995。
6. 楊善國，感測與度量工程，全華圖書股份有限公司(02534-76)，2016。
7. 羅仕炫、林獻堂，感測器原理與應用(含實驗)，新文京開發出版有限公司(C094)，2003。
8. 趙中興，感測器，全華圖書股份有限公司，2006。
9. 蔡明忠、蔡裕祥、李敏凡，自動化工程導論，台達磨課師線上課程，http://tech.deltamoocx.net
10. 台灣歐姆龍股份有限公司，OMRON 感測器技術資料，http://www.omron.com.tw/
11. Hamamatsu Photonics, photo sensors , http://www.hamamatsu.com/
12. 台灣基恩斯股份有限公司，感測器技術資料，http://www.keyence.com.tw/
13. 宇田控制科技股份有限公司，485 Modbus 感測器技術資料，http://www.yuden.com.tw/
14. 研華股份有限公司，IOT & ADAM 技術資料，http://www.advantech.tw/
15. Clarence W. de Silva , *Sensors and Actuators: Engineering System Instrumentation*, Second Edition, TF-CRC, 2015.

第二篇

快速建立物聯網架構與 Modbus 應用(ADAM-4000、ADAM-6000 與 WISE-4000)

目錄

Chapter 5

ADAM / WISE 家族介紹

ADAM 爲研華品牌最具代表性的產品之一，ADAM 似乎已經成爲遠端 IO 模組的代名詞，在 ADAM 家族裡面分別有 Serial 介面的 ADAM4K 系列，網路介面的 ADAM6K 系列，還有集成型的 ADAM5K 系列，**大部分的模組都支援 Modbus RTU(Serial)或 Modbus TCP(Ethernet)**，只有少數的舊模組支援 ASCII Command，本書會在此部分分別一一介紹，並且以簡易的教學方式來呈現。

5.1 ADAM-4000 系列(Serial)

目前 ADAM-4000 有分爲兩大類，一種爲 **ADAM-4000 標準型模組**，一種爲 **ADAM-4100 強健型(Robust)模組**，兩個**主要功能一樣**就**規格面有些許差異**，主要差別在防護等級與規格，以最熱賣的 ADAM-4017+與 ADAM-4117 做比較，如表 5-1 所示。

表 5-1 ADAM-4017+與 ADAM-4117 規格比較表

	ADAM-4017+	ADAM-4117
Power Supply	10～30 VDC	10～48 VDC
Channels	8 differential	8 differential
Voltage Range	±150 mV, ±500 mV, ±1 V, ±5 V, ±10 V	0～150 mV, 0～500 mV, 0～1V 0～5 V, 0～10 V, ±150 mV, ±500 mV, ±1 V, ±5 V, ±10 V, ±15 V
Current Input	±20 mA, 4～20mA	±20 mA, 0～ 20 mA,4～20 mA
Burn-out Detection	No	Yes (4～20 mA)
Channel Independent Configuration	Yes	Yes
Sampling Rates	10 samples/second(Total)	10/100 samples/second (total)
Resolution	16-bit	16-bit
Temperature (Storage)	−25～85°C (−13～185°F)	−40～85°C (40～185°F)
High Common Mode	No Data	200 VDC

5.2 ADAM6000 系列(Ethernet)

目前 ADAM-6000 系列有分兩大類，為 **ADAM-6000 系列標準型**，與 **ADAM-6200 系列網路串接型(Daisy Chain)**。這兩個系列最大的差異就是，標準型只有**一個網路孔**，而網路串接型有**兩個網路孔**。以圖 5-1 為例，上方為標準型 ADAM-6000 系列網路的接法，下方為網路串接型的接法，使用 ADAM-6200 系列可以省去佈線的成本與機房的網路接口，但是在此時必須注意一點：**此串接方式並不會省去 IP 位址，每一顆 ADAM-6200 系列產品，還是需要一組 IP 位址**。上方的兩個網孔，就是 Switch 的功能，但是必須注意一點，**此 switch 只能給 ADAM-6200 或 ADAM-6000 系列使用，只適用於小封包 IO 資料傳輸**，此接線方式叫做 Daisy Chain。以中文意思來看叫做菊花鍊，此接線方式確實會讓人擔心，假如前面的模組壞掉，後面的模組也可能因此受難。研華 ADAM-6200 系列有做 **Auto bypass 機制**，也就是當模組壞掉時，還可以維持傳輸**兩到**三天，原理是裡面設備內部具有超級電容的機制來供電，假如臨時找不到 ADAM-6200 的替代品，也可以使用一般的 Switch 先代替。

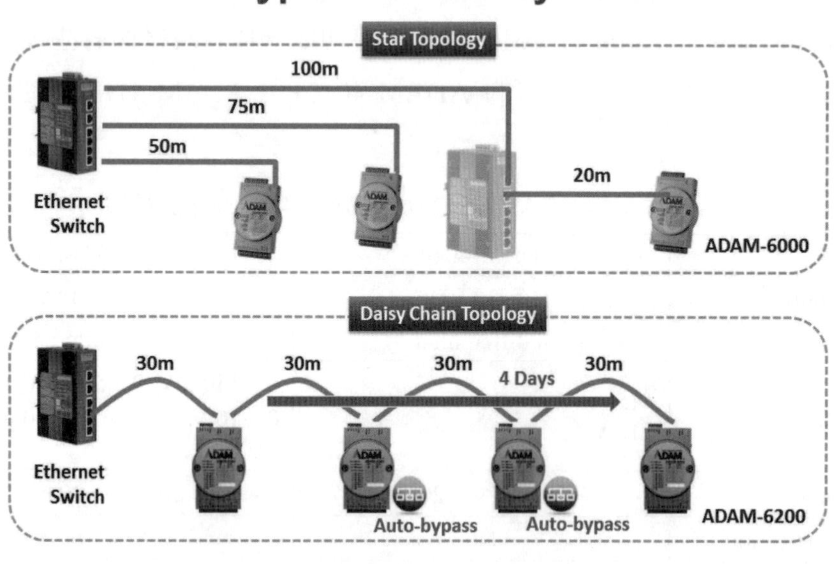

圖 5-1 標準型和網路串接型比較示意圖

5.3　WISE-4000 產品系列

WISE-4000 是基於 IoT 所設計出來的產品，裡面除了利用 HTML5 的網頁去做設定外，同時也支援 Modbus TCP 與 RESTful API 通訊方式外，還可以本地端做 Data Log，並且 WIFI 版本更支援 Dropbox 的 Data Log 機制，如圖 5-2 所示。

圖 5-2　WISE-4000 系列產品圖

Chapter 6

Modbus TCP/RTU 基礎介紹

6.1 RTU 系統架構圖

RTU 的架構下，永遠只有一個 Master，是用 Polling(輪詢)的方式，而且只有 Master 可以問，Slaver 有被問才有回，如圖 6-1 所示。

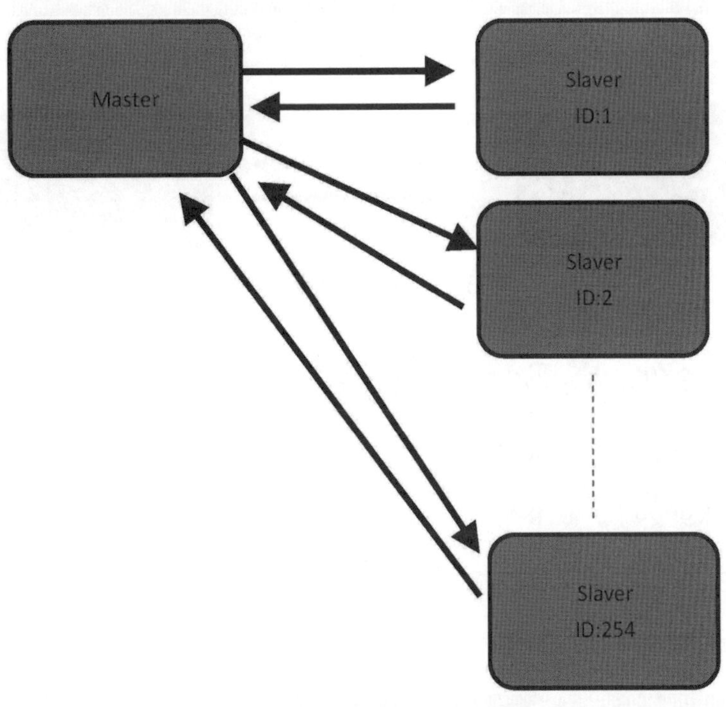

圖 6-1　RTU 架構示意圖

6.2 TCP 系統架構

TCP 的架構下，有多個 Client 與多個 Server，每個 Client 都可以自己去問 Server，但是 Server 有被問才有回，如圖 6-2 所示。

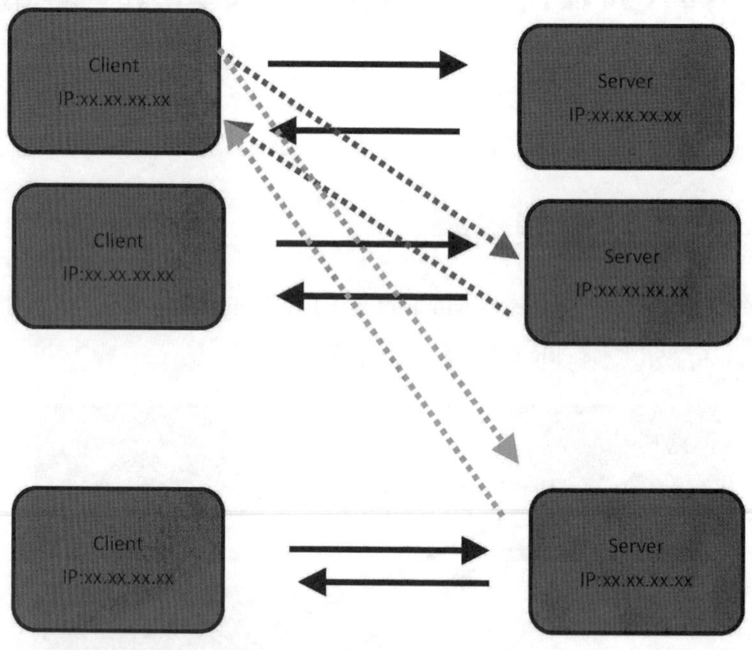

圖 6-2 TCP 架構示意圖

6.3 Slaver 與 Server 結構

0X0001～0X9999	R/W	Bit
1X0001～1X9999	R	Bit
3X0001～3X9999	R	Word
4X0001～4X9999	R/W	Word

Chapter 7

ADAM-4000 系列

從此章節開始將開始針對 ADAM-4000 系列的各個模組介紹，目前有分 ADAM-4000 系列與 ADAM-4100 系列，首先介紹 ADAM-4000 系列。

7.1 ADAM-4000 模組介紹

目前 ADAM-4000 系列有以下模組，如圖 7-1、圖 7-2 和圖 7-3 所示，更新於 2017-2018 catalog：

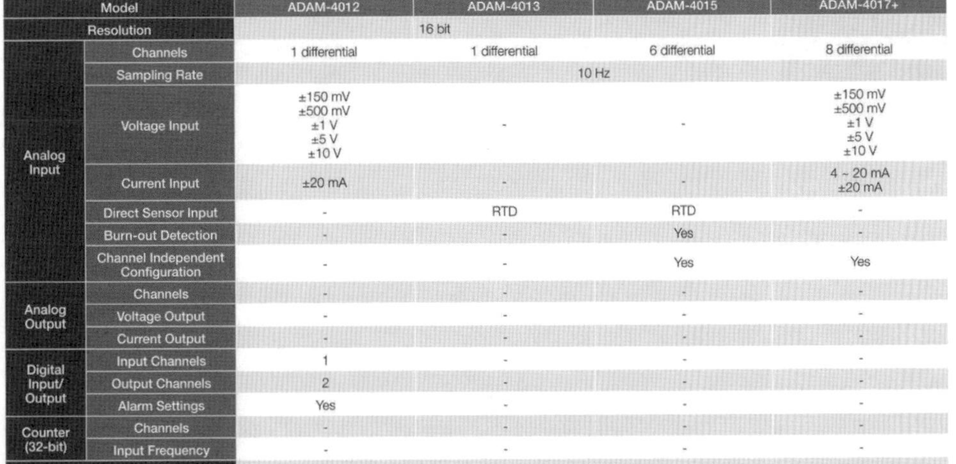

Analog Input

	Model	ADAM-4012	ADAM-4013	ADAM-4015	ADAM-4017+
Resolution		16 bit			
Analog Input	Channels	1 differential	1 differential	6 differential	8 differential
	Sampling Rate	10 Hz			
	Voltage Input	±150 mV ±500 mV ±1 V ±5 V ±10 V	-	-	±150 mV ±500 mV ±1 V ±5 V ±10 V
	Current Input	±20 mA	-	-	4 ~ 20 mA ±20 mA
	Direct Sensor Input	-	RTD	RTD	-
	Burn-out Detection	-	-	Yes	-
	Channel Independent Configuration	-	-	Yes	Yes
Analog Output	Channels	-	-	-	-
	Voltage Output	-	-	-	-
	Current Output	-	-	-	-
Digital Input/ Output	Input Channels	1	-	-	-
	Output Channels	2	-	-	-
	Alarm Settings	Yes	-	-	-
Counter (32-bit)	Channels	-	-	-	-
	Input Frequency	-	-	-	-
Isolation Voltage		3,000 V_{DC}			
Digital LED Indicator		-			
Watchdog Timer		Yes (System)	Yes (System)	Yes (System & Comm.)	Yes (System & Comm.)
Safety Setting		-			
Modbus Support *		-	-	Yes	Yes
Page		16-8	16-8	16-8	16-9

*: All ADAM-4000 I/O Modules support ASCII Commands

圖 7-1　ADAM-4000 系列模組

		Analog Input		Analog Output		Digital Input/Output	
Model		ADAM-4018+	ADAM-4019+	ADAM-4021	ADAM-4024	ADAM-4050	ADAM-4051
Resolution		16 bit		12 bit	12 bit	-	-
Analog Input	Channels	8 differential	8 differential	-	-	-	-
	Sampling Rate	10 Hz	10 Hz	-	-	-	-
	Voltage Input	-	± 100 mV ± 500 mV ± 1 V ± 2.5 V ± 5 V ± 10 V	-	-	-	-
	Current Input	4 ~ 20 mA ±20 mA	4 ~ 20 mA ±20 mA	-	-	-	-
	Direct Sensor Input	J, K, T, E, R, S, B Thermocouple	J, K, T, E, R, S, B Thermocouple	-	-	-	-
	Burn-out Detection	Yes	Yes (4 ~ 20 mA & All T/C)	-	-	-	-
	Channel Independent Configuration	Yes	Yes	-	-	-	-
Analog Output	Channels	-	-	1	4	-	-
	Voltage Output	-	-	0 ~ 10 V	±10 V	-	-
	Current Output	-	-	0 ~ 20 mA 4 ~ 20 mA	0 ~ 20 mA 4 ~ 20 mA	-	-
Digital Input/ Output	Input Channels	-	-	-	4	7	16
	Output Channels	-	-	-	-	8	-
	Alarm Settings	-	-	-	Yes	-	-
Counter (32-bit)	Channels	-	-	-	-	-	-
	Input Frequency	-	-	-	-	-	-
Isolation Voltage		3,000 V_{DC}	3,000 V_{DC}	3,000 V_{DC}	3,000 V_{DC}	-	2,500 V_{DC}
Digital LED Indicator		-	-	-	-	-	Yes
Watchdog Timer		Yes (System & Comm.)	Yes (System & Comm.)	Yes (System)	Yes (System & Comm.)	Yes (System)	Yes (System & Comm.)
Safety Setting		-	-	-	Yes	-	-
Modbus Support *		Yes	Yes	-	Yes	-	Yes
Page		16-9	16-9	16-10	16-10	16-11	16-11

*: All ADAM-4000 I/O Modules support ASCII Commands

圖 7-2　ADAM-4000 系列模組

Relay Output

Counter

				Relay Output			Counter
ADAM-4052	ADAM-4053	ADAM-4055	ADAM-4056S/ 4056SO	ADAM-4060	ADAM-4068	ADAM-4069	ADAM-4080
-	-	-	-	-	-	-	-
-	-	-	-	-	-	-	-
-	-	-	-	-	-	-	-
-	-	-	-	-	-	-	-
-	-	-	-	-	-	-	-
-	-	-	-	-	-	-	-
-	-	-	-	-	-	-	-
-	-	-	-	-	-	-	-
-	-	-	-	-	-	-	-
-	-	-	-	-	-	-	-
-	-	-	-	-	-	-	-
8	16	8	-	-	-	-	-
-	-	8	12	4-ch relay	8-ch relay	8-ch power relay	2
-	-	-	-	-	-	-	Yes
-	-	-	-	-	-	-	2
-	-	-	-	-	-	-	50 kHz
5,000 V_{RMS}	-	2,500 V_{DC}	5,000 V_{DC}	-	-	-	2,500 V_{RMS}
-	-	Yes	Yes	-	Yes	-	-
Yes (System)	Yes (System)	Yes (System & Comm.)	Yes (System & Comm.)	Yes (System)	Yes (System & Comm.)	Yes (System & Comm.)	Yes (System)
-	-	Yes	-	Yes	Yes	Yes	-
-	-	Yes	Yes	-	Yes	Yes	-
16-11	online	16-12	16-12	16-13	16-13	16-13	16-12

圖 7-3 ADAM-4000 系列模組

7.2 ADAM-4100 模組介紹

目前 ADAM-4000 系列有以下模組，如圖 7-4 所示，更新於 2017-2018 catalog:

Model		ADAM-4117	ADAM-4118	ADAM-4150	ADAM-4168
Resolution		16 bit		-	-
Analog Input	Channels	8 differential		-	-
	Sampling Rate	10/100 Hz (total)		-	-
	Voltage Input	0 ~ 150 mV, 0 ~ 500 mV, 0 ~ 1 V, 0 ~ 5 V, 0 ~ 10 V, 0 ~ 15 V, ±150 mV, ±500 mV, ±1 V, ±5 V, ±10 V, ±15V	±15 mV, ±50 mV, ±100 mV, ±500 mV, ±1 V, ±2.5V	-	-
	Current Input	0 ~ 20 mA, ±20 mA, 4 ~ 20 mA	±20 mA, 4 ~ 20 mA	-	-
	Direct Sensor Input	-	J, K, T, E, R, S, B Thermocouple	-	-
	Burn-out Detection	Yes (mA)	Yes (mA and All T/C)	-	-
	Channel Independent Configuration	Yes		-	-
Digital Input/ Output	Input Channels	-	-	7	-
	Output Channels	-	-	8	8-ch relay
Counter	Channels	-	-	7	-
	Input Frequency	-	-	3 kHz	-
Isolation Voltage		3,000 V_{DC}			
Digital LED Indicator		Communication and Power			
Watchdog Timer		Yes (System & Communication)			
Safety Setting		-	-	Yes	Yes
Communication Protocol		ASCII Command/Modbus			
Power Requirements		10 ~ 48 V_{DC}			
Operating Temperature		-40 ~ 85°C (-40 ~ 185°F)			
Storage Temperature		-40 ~ 85°C (-40 ~ 185°F)			
Operating Humidity		5 ~ 95% RH			
Power Consumption		1.2 W @ 24 V_{DC}	0.5 W @ 24 V_{DC}	0.7 W @ 24 V_{DC}	1.8 W @ 24 V_{DC}
Page		16-18	16-19		

圖 7-4　ADAM-4100 系列模組

7.3 ADAM-4X00 選用注意事項

在選用模組前先確認幾個問題。

1. 要擷取或控制模組的類型？**類比輸入、類比輸出、溫度、DI、DO、Relay**。
2. 需要的通道數量？
3. 是否需要 Modbus 通訊？**此點很重要 ADAM-4000 有一些模組是沒有支援 Modbus RTU Protocol，此點要注意小心**。

4. 若選用類比輸入、輸出或溫度，**請注意所需要的範圍與刻度，並非所有的模組都一樣**。

5. 若選用類比模組，還必須注意一點就是**各通道是否可以獨立設定範圍**，如 4017 與 4018 就不行。

7.4 ADAM-4X00 初始化設定

首先看到兩種不同的模組，如圖 7-5 所示，左邊那一組為舊型的 ADAM，他是透過端子台上的 **INIT*來做初始化動作**，右邊那一款沒有此腳位，改為由**側邊的 Switch 去做設定初始化的動作**。假如是使用舊款的 ADAM，請在送電前，接上電源的 GND 至 INIT*的腳位，再送電，這樣就可以進入 ADAM Utility 公用程式去做設定的動作。假如為新款，也必須在送電前，完成 Switch 撥至 Init，再做送電動作，如圖 7-6 所示。

圖 7-5　新舊 ADAM 比較圖

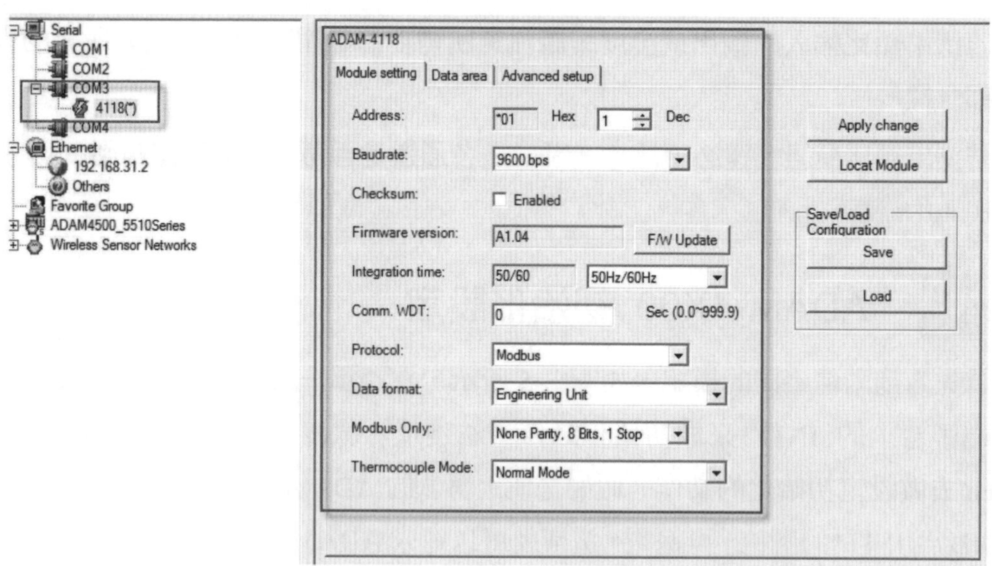

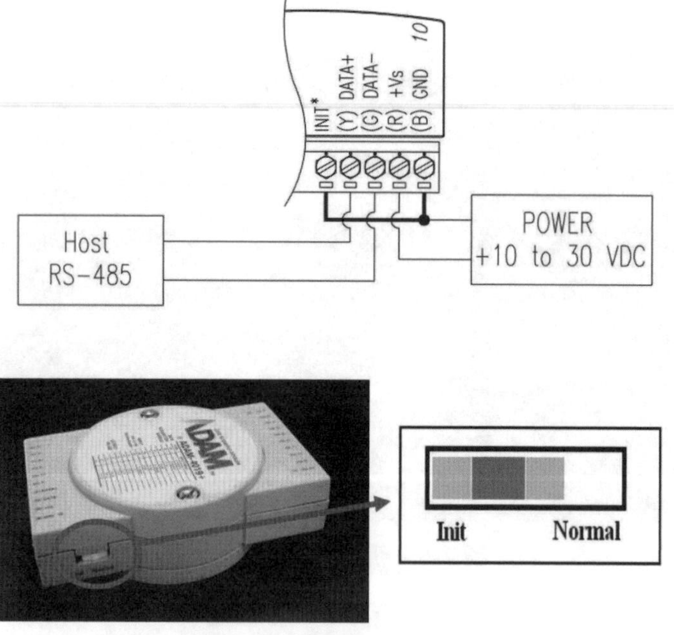

圖 7-6 ADAM 設定示意圖

7.5 使用 Utility 設定 ADAM4X

7.5.1 確認通訊界面

首先請先確認電腦**是否具有 RS-485 介面**，如沒有請再次確認電腦是否有 Serial Com Port 還是只有 USB。假如有 Serial，可以選用 **ADAM-4520**，此設備具有 RS-232 轉 RS-485 的功能。假如都沒有請選用 **ADAM-4561**，此設備具有 USB 轉 RS-485 的功能。假如選用的是研華的 **Fanless PC**，其大部分都具有 RS-485 介面，如圖 7-7 所示。

圖 7-7　ADAM-4651 和 ADAM-4520

7.5.2 使用 AdamApax .NET Utility

確認 RS-485 之後，接著進行連線設定，首先必須先取得設定軟體，如圖 7-8 所示。

請至以下網址：

http://support.advantech.com.tw/support/DownloadSRDetail_New.aspx?SR_ID=1-2AKUDB&Doc_Source=Download

Adam/APAX. Net Utility for ADAM/APAX series

Solution： Adam/APAX. Net Utility for ADAM/APAX series (x86 and ARM version for WinCE OS)

Download File	Released Date	Download Site
AdamApax .NET Utility V2.05.09.msi (Win32/64, V2.05.09)	2015-02-06	Primary Secondary
Advantech AdamApax NET Utility V2_05_00 B18.x86.rar (WinCE, V2.05.00)	2014-09-10	Primary Secondary
Advantech AdamApax NET Utility V2_05_00 B18.ARM.rar (WinCE, V2.05.00)	2014-09-10	Primary Secondary

圖 7-8　下載頁面

進入後請選擇 Win32/64 的版本，假如是 XP，請先安裝.NET Framework 2.0 安裝完後，開啓就會出現下面的畫面，如圖 7-9 所示。

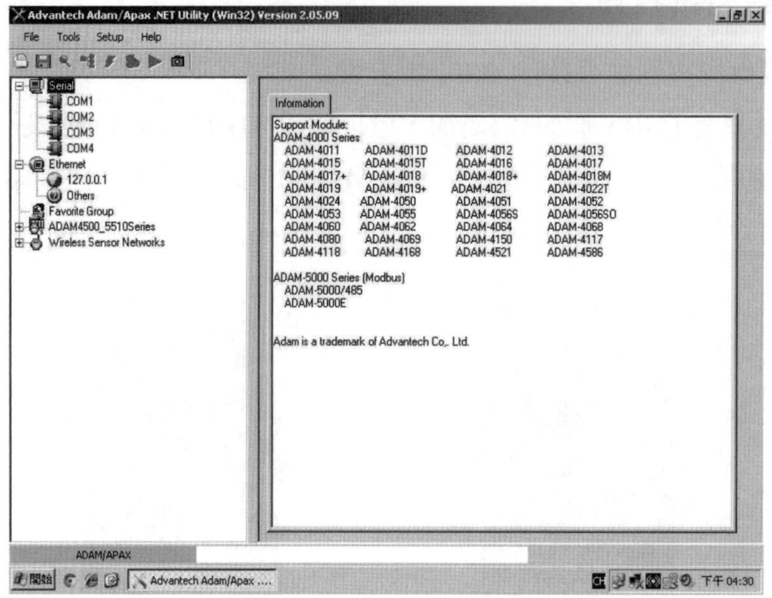

圖 7-9 AdamApax .NET Utility

首先必須確認 ADAM 是裝在哪個 Com Port 上面，假如是 USB 建議至裝置管理員確認 Com Port 位置，裝置管理員位於控制台裡面，如圖 7-10 所示。

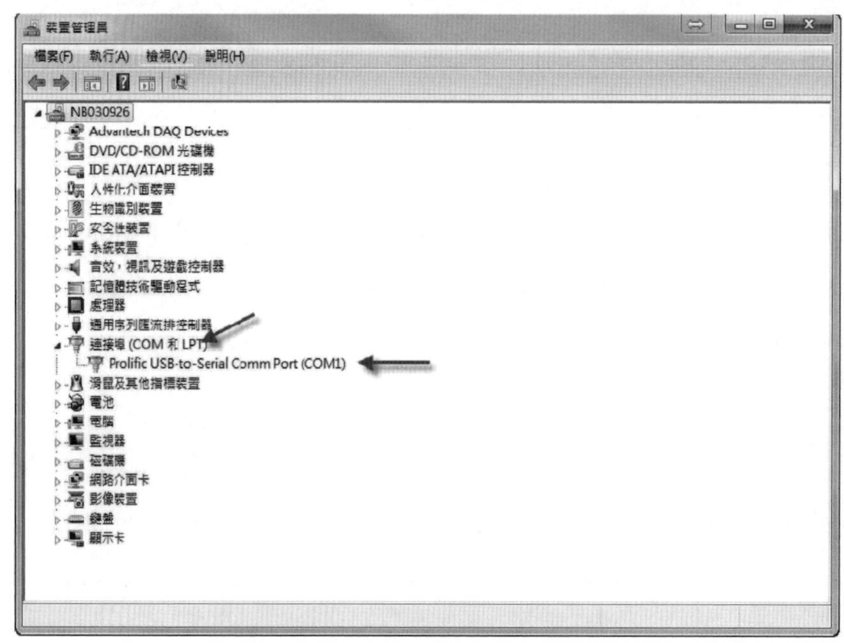

圖 7-10 裝置管理員頁面

確認後，Com Port 假如不在裡面，可至 Setup→Refresh Serial and Ethernet，刷新，如圖 7-11 所示。

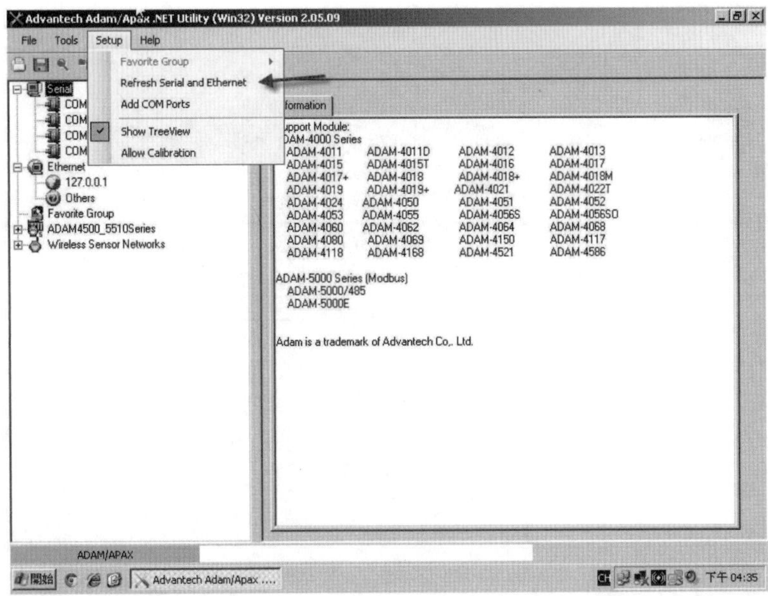

圖 7-11　搜尋裝置方式

(在尋找模組之前，請先確認是否有完成 7-4 節之初始化設定，才能做設定的動作)刷新完後，選擇要使用的 Com Port，然後再按放大鏡的按鈕，如圖 7-12 所示。

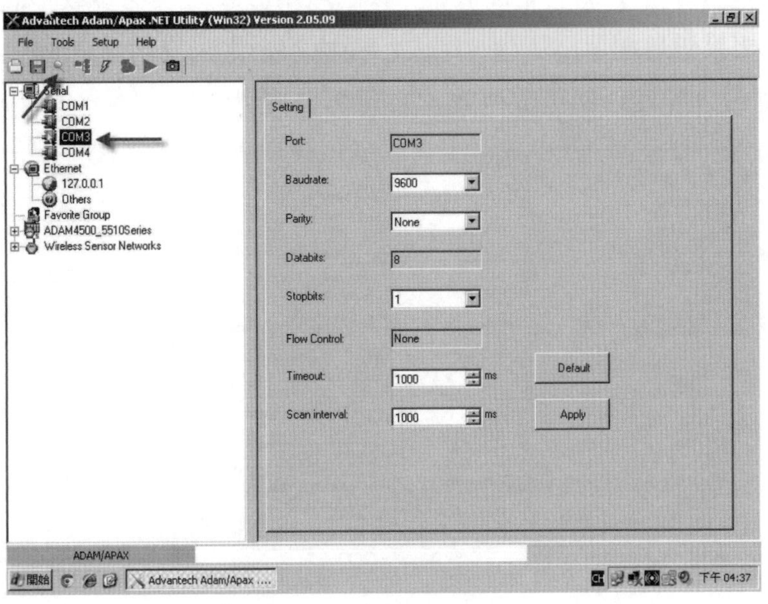

圖 7-12　搜尋裝置圖示

按下 Start 開始尋找模組，假如已經出現您要的模組，即可按下 Cancel，如圖 7-13 所示。

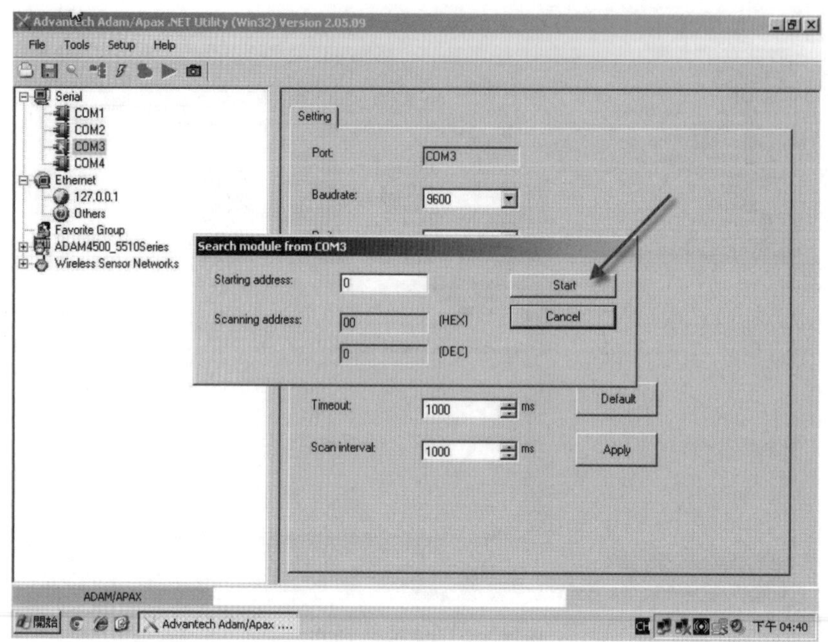

圖 7-13　搜尋裝置視窗

一旦模組被識別，此模組將出現在相應 COM 端口下的可擴展列表中。當選擇模組時，其信息將顯示在右側的主面板中。該區域用於設置模塊參數，如 ID、Baudrate 和 Protocol。如果信息顯示爲灰色，則表示模塊初始化未成功。完成設置後，用戶必須單擊應用更改才能使任何更改生效，如圖 7-14 所示。

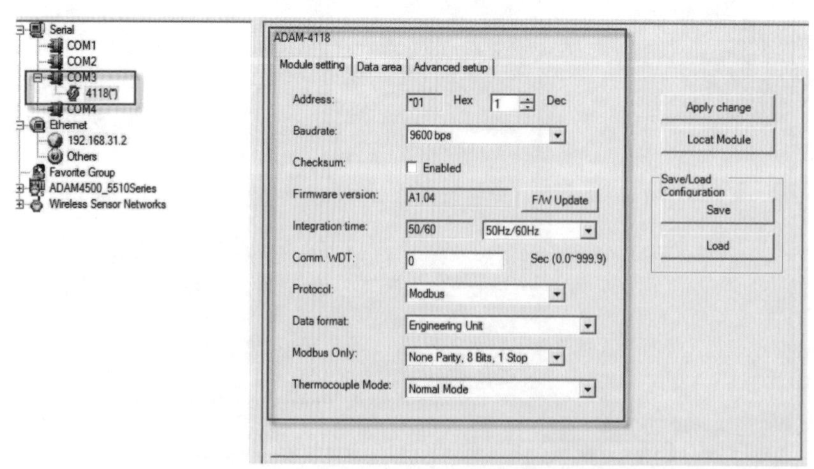

圖 7-14　ADAM-4118 連線設定畫面

設定完後，可以點擊 Data area，即可以看到模組現在的狀況，也可以試著控制 DO 輸出，看是否正常，如圖 7-15 所示。

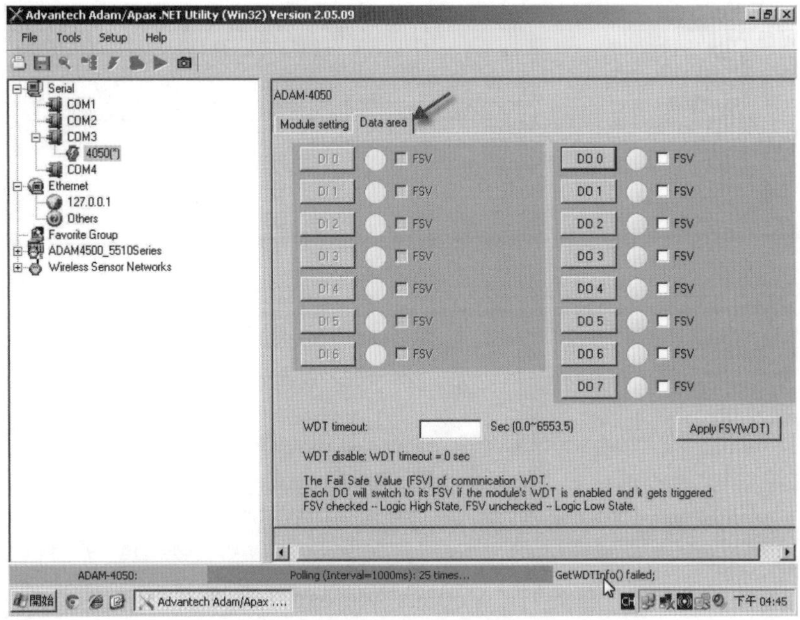

圖 7-15　ADAM-4050 控制頁面

假如您的模組有支援 Modbus RTU，請在初始化的狀態下設定 Protocol，如圖 7-16 所示。

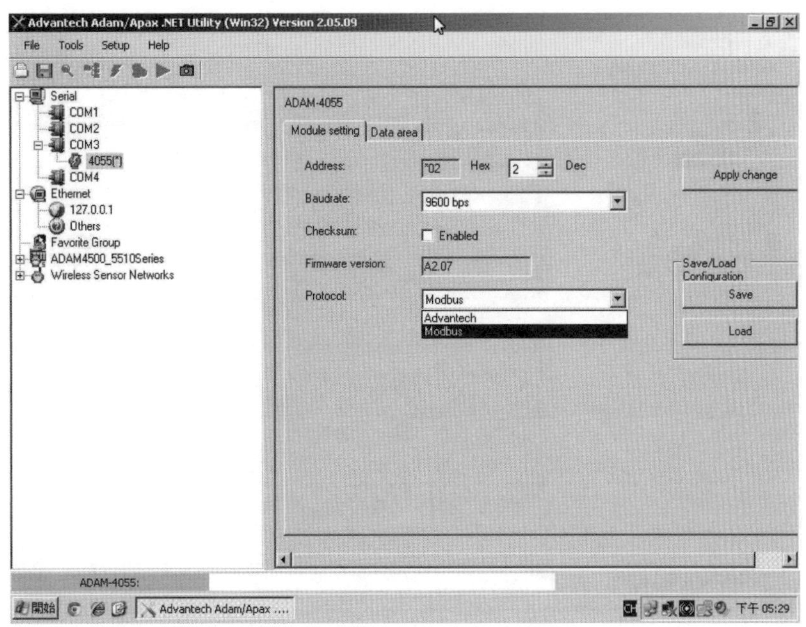

圖 7-16　Protocol 設定

同時，在 Data area 也會出現 Modbus 的選項，如圖 7-17 所示。

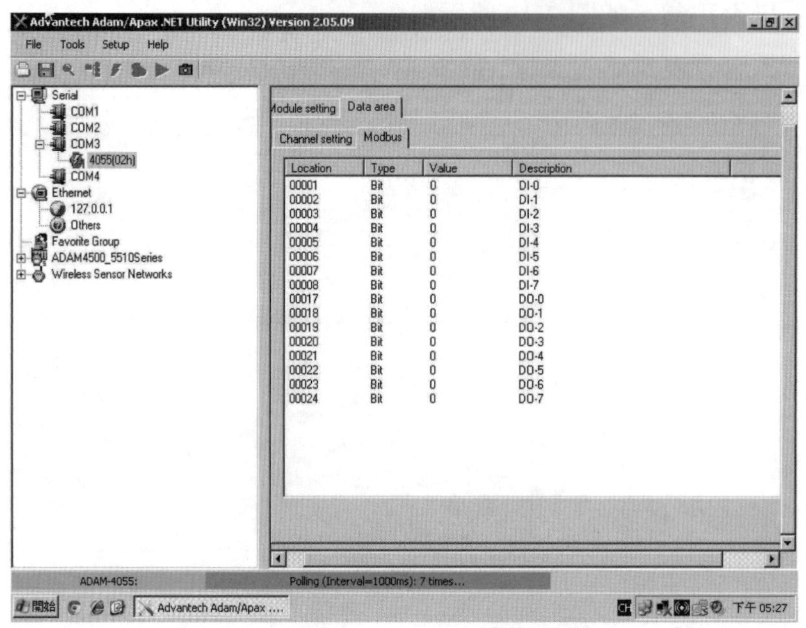

圖 7-17　Modbus Address 示意圖

設定完成後，把原本 INIT*的線移除，或是把 Switch 選擇爲 Normal，在重新送電，並且重新尋找模組，此時就可以看到 Icon 出現 M 的字母，表示 Modbus 設定完成，如圖 7-18 所示。

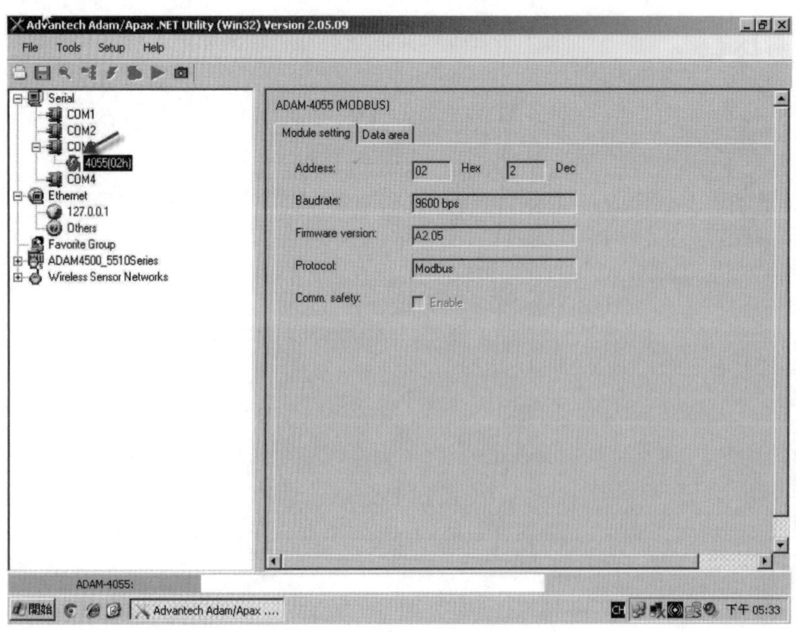

圖 7-18　設定完成示意圖

7.5.3　類比模組設定

類比模組是 ADAM 設定較複雜的模組，分為純類比模組與溫度模組，首先你必須先確認**模組是否符合需要的輸入範圍**，我們以 ADAM-4118 為範例，如圖 7-19 所示。

ADAM-4118

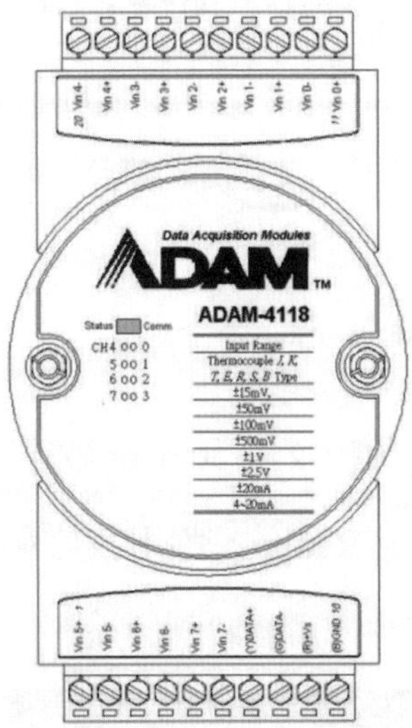

Figure 3-4 ADAM-4018 8-channel Thermocouple Input Module

圖 7-19　ADAM-4118 示意圖

ADAM-4118 為 8-channel Thermocouple Input Module，其規格如圖 7-20 所示。

- Input type & range:

  Thermocouple

  J　0 ~ 760 °C

  K　0 ~ 1370 °C

  T　-100 ~ 400 °C

  E　0 ~ 1000 °C

  R　500 ~ 1750 °C

  S　500 ~ 1750 °C

  B　500 ~ 1800 °C

  Voltage mode

  ±15mV, ±50mV, ±100mV, ±500mV, ±1V, ±2.5V

  Current mode

  ±20 mA, +4~20 mA

圖 7-20　ADAM-4118 規格

1. 先確認是否有需要的 Range，假設需要±2.5V。
2. 再來必須先確認 Jumper 設定是否正確，此 Jumper 必須開啓模組上蓋才可確認，如圖 7-21 所示。

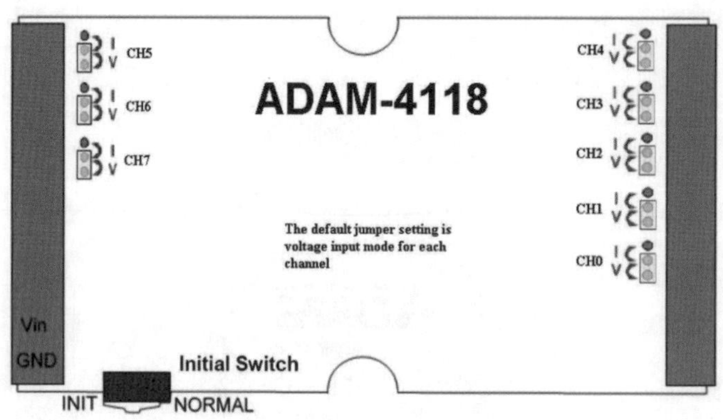

圖 7-21　Jumper 設定

3. 確認完後必須至 Utility 設定 Range，選用我們所設定的±2.5V，按下 Apply，如圖 7-22 所示。

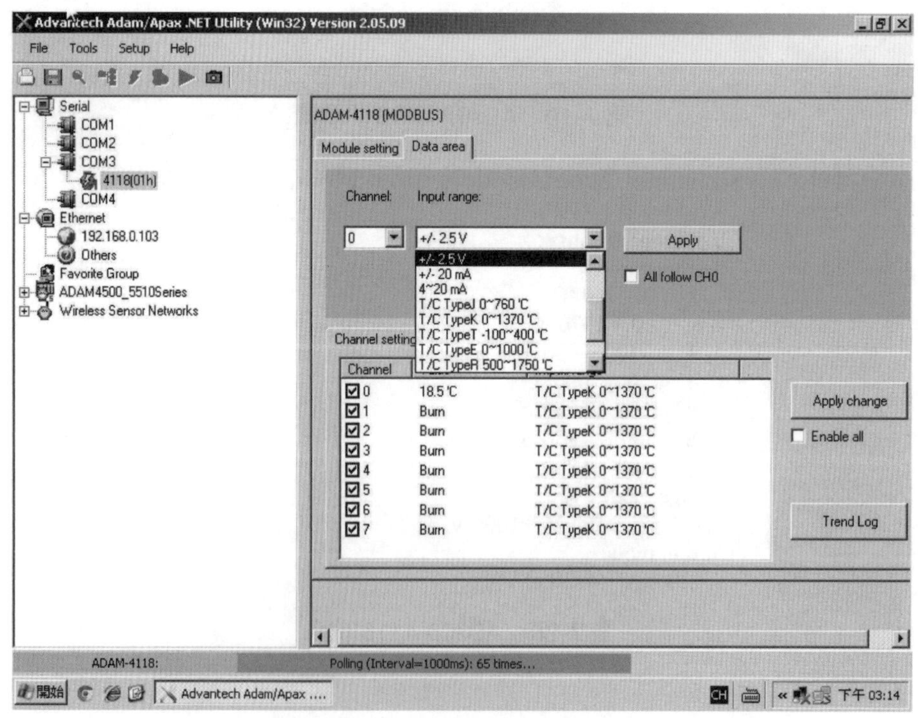

圖 7-22　設定輸入範圍示意圖

完成設置後，第一個通道（通道 0）顯示連接到模塊的電池的測量，如圖 7-23 所示。

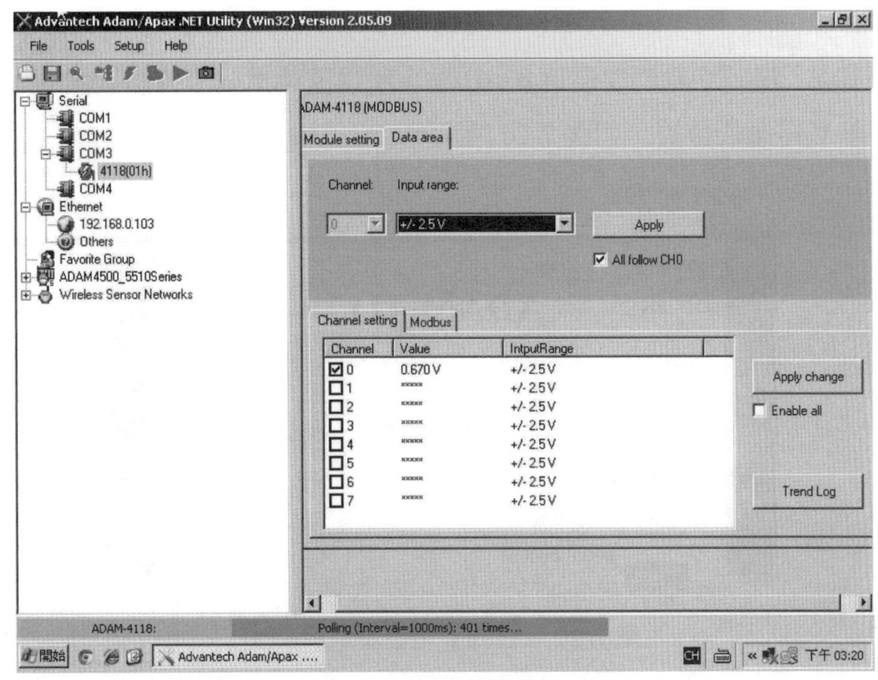

圖 7-23 完成設定並接收資訊

7.5.4 類比轉物理量的換算－實際案例

常常有人會問，Modbus 出來的值該如何轉換成實際物理量，本篇用一個案例來敘述：

現有一個感測器，用於量測氣體壓力，感測物理量範圍是 0～10 Bar，其輸出的電壓值爲 0～10V，使用 ADAM-4117 來做量測，請問該如何設定，取得實際物理量的值？

解答：

1. 規格確認：首先確認 ADAM-4117 的規格

   A. Range 範圍：ADAM-4117 的範圍有

   Voltage Range　0～150 mV　0～500 mV　0～1V 0～5V

   0～10 V ± 150 mV ± 500 mV ±1 V ± 5 V ±10 V ± 15 V

   Current Input　± 20 mA　0～20 mA　4～20 mA

   所以我們選定 0～10V

B. 解析度確認：Analog Input Resolution 16-bit

16 Bit 指的是 $2^{16} = 65536$，假如是 12 Bit 就是 $2^{12} = 4096$

這裡就可以看出來他的解析度，也就是說每一個刻度為 **10/65536**

2. 硬體確認：確認完我們要使用 0～10 V，所以就要進一步確認硬體的 **Jumper**，是否在 V 電壓的位置，如圖 7-24 所示。

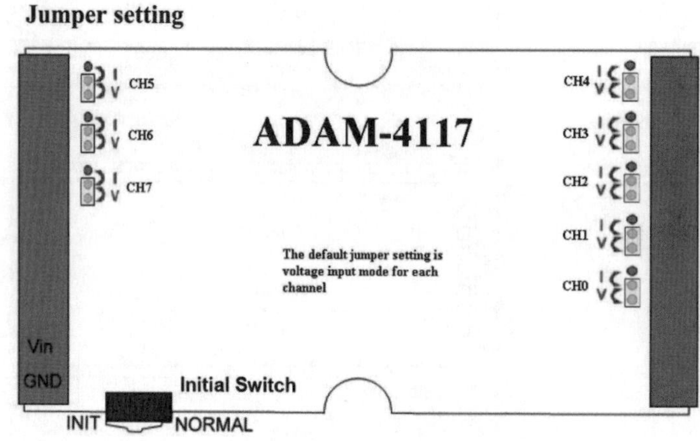

圖 7-24　Jumper 位置設定示意圖

3. 單位換算：經過剛剛的確認，就可以得知 **0～10V → 0～65535** 在這裡我用 X-Y Table 來表示，如圖 7-25 所示。

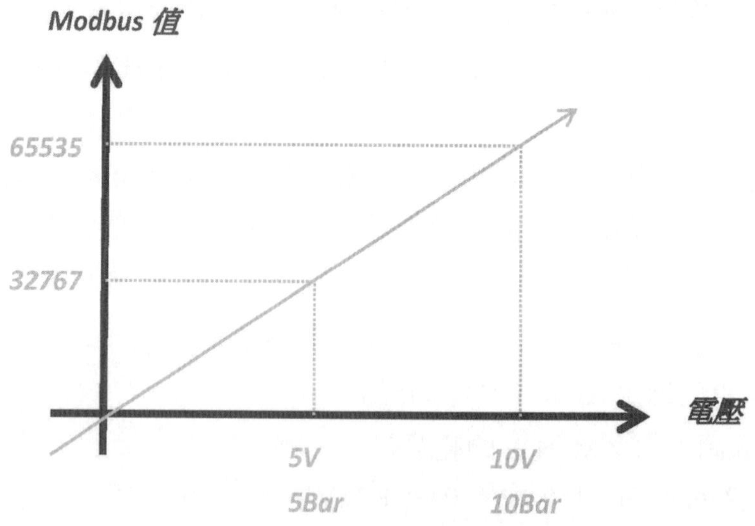

圖 7-25　電壓和物理量轉換示意圖

所以 Range 設多少就對應多少解析度，假如現在設定是±2.5V，那−2.5V 就是 Modbus 的 0，0V 就是 Modbus 的 32767，+2.5V 就是 Modbus 的 65535 了解後，下面給予一個公式換算。

$$\text{Output} = \frac{\text{SPANHI} - \text{SPANLO}}{\text{INHI} - \text{INLO}} \times (\text{INPUT} - \text{INLO}) + \text{SPANLO}$$

最低輸入(INLO)和最高輸入(INHI)到最低量程(SPANLO)和最高量程(SPANHI) 以±2.5V 為例子，INLO = 0，INHI = 65535，SPANLO = −2.5，SPANHI = +2.5，INPUT 就是你現在 Modbus 的值，Output = 輸出的實際值，如圖 7-26 所示。

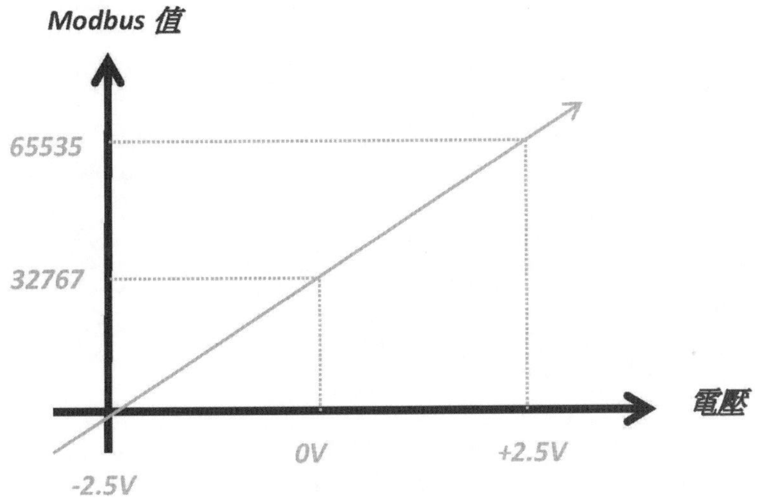

圖 7-26　電壓和物理量轉換示意圖

Chapter 8

ADAM-6000 系列

此章節開始將針對 ADAM-6000 模組來介紹，目前有分為 ADAM-6000、ADAM-6100 與 ADAM-6200 系列。至於 ADAM-6100 是針對特定的 Protocol 去開發，在此不做討論，本篇將針對 ADAM-6000 與 ADAM-6200 做說明。

8.1 ADAM-6000 模組介紹

ADAM-6000 系列模組如圖 8-1 所示，更新於 2017-2018 catalog。

Spec. \ Model		ADAM-6015	ADAM-6017	ADAM-6018	ADAM-6022	ADAM-6024
Interface				10/100 Mbps Ethernet		
Peer-to-Peer[1]			Yes		No	Receiver Only[2]
GCL[1]			Yes		No	Receiver Only[2]
Resolution			16 bit		16 bit for AI 12 bit for AO	16 bit for AI 12 bit for AO
Analog Input	Channels	7	8	8	6	6
	Sampling Rate			10 S/s		
	Voltage Input	-	±150mV, ±500mV, ±1 V, ±5V, ±10V, 0 ~ 150mV, 0 ~ 500mV, 0 ~ 1V, 0 ~ 5V, 0 ~ 10V	-	±10 V	±10 V
	Current Input	-	0 ~ 20mA 4 ~ 20mA ±20mA	-	0 ~ 20 mA 4 ~ 20 mA	0 ~ 20 mA 4 ~ 20 mA
	Direct Sensor Input	Pt, Balco and Ni RTD	-	J, K, T, E, R, S, B Thermocouple	-	-
	Burn-out Detection	Yes	Yes (4 ~ 20mA only)	Yes	-	-
	Math. Functions	Max. Min. Avg.	Max. Min. Avg.	Max. Min. Avg.	-	-
Analog Output	Channels	-	-	-	2	2
	Current Output	-	-	-	0 ~ 20 mA, 4 ~ 20 mA with 15 V_{DC}	0 ~ 20 mA, 4 ~ 20 mA with 15 V_{DC}
	Voltage Output	- -	-	-	0 ~ 10 V_{DC} with 30 mA	0 ~ 10 V_{DC} with 30 mA
Digital Input/Output	Input Channels	-	-	-	2	2
	Output Channels	-	2 (Sink)	8 (Sink)	2 (Sink)	2 (Sink)
	Extra Counter Channels	-	-	-	-	-
	Counter Input	-	-	-	-	-
	Frequency Input	-	-	-	-	-
	Pulse Output	-	-	-	-	-
	High/Low Alarm Settings	Yes	Yes	Yes	-	-
Isolation Protection			2,000 V_{DC}		2,000 V_{DC}[3]	2,000 V_{DC}[3]
Remark		-	-	-	Built-in Dual Loop PID Control Algorithm	-
Page		15-6	15-6	15-6	15-7	15-7

Spec. \ Model		ADAM-6050	ADAM-6051	ADAM-6052	ADAM-6060	ADAM-6066
Interface				10/100 Mbps Ethernet		
Peer-to-Peer[1]				Yes		
GCL[1]				Yes		
Digital Input/Output	Input Channels	12	12	8	6	6
	Output Channels	6 (Sink)	2 (Sink)	8 (Source)	6-channel relay	6-channel power relay
	Extra Counter Channels	-	2	-	-	-
	Counter Input	3 kHz	4.5 kHz	3 kHz	3 kHz	3 kHz
	Frequency Input	3 kHz	4.5 kHz	3 kHz	3 kHz	3 kHz
	Pulse Output			Yes		
	High/Low Alarm Settings	-	-	-	-	-
Isolation Protection				2,000 V_{DC}		
Page		15-8	15-8	15-8	15-9	15-9

圖 8-1 ADAM-6000 系列模組

8.2 ADAM-6200 模組介紹

ADAM-6200 系列模組如圖 8-2 所示，更新於 2017-2018 catalog。

	Model	ADAM-6217	ADAM-6224	ADAM-6250	ADAM-6251	ADAM-6256	ADAM-6260	ADAM-6266
	Interface	10/100Mbps Ethernet						
	Peer-to-Peer[1]	Yes	Receiver Only[2]	Yes	Yes	Yes	Yes	Yes
	GCL[1]	Yes	Yes	Yes	Yes	Yes	Yes	Yes
Analog Input	Channels	8	-	-	-	-	-	-
Analog Input	Input Impedance	>10MΩ (voltage) 120 Ω (current)	-	-	-	-	-	-
Analog Input	Voltage Input	± 150mV, ± 500mV, ± 1V, ± 5V, ± 10V	-	-	-	-	-	-
Analog Input	Current Input	0 ~ 20 mA, 4 ~ 20mA, ± 20mA	-	-	-	-	-	-
Analog Input	Sampling Rate (sample/second)	10	-	-	-	-	-	-
Analog Input	Direct Sensor Input	-	-	-	-	-	-	-
Analog Input	Burn-out Detection	Yes (4 ~ 20 mA)	-	-	-	-	-	-
Analog Input	Resolution	16-bit	-	-	-	-	-	-
Analog Input	Accuracy	± 0.1% of FSR (Voltage) at 25°C ± 0.2% of FSR (Current) at 25°C	-	-	-	-	-	-
Analog Output	Channels	-	4	-	-	-	-	-
Analog Output	Voltage Output	-	0 ~ 5V, 0 ~ 10V, ± 5V, ± 10V	-	-	-	-	-
Analog Output	Current Output	-	0 ~ 20mA, 4 ~ 20mA	-	-	-	-	-
Analog Output	Resolution	-	12-bit	-	-	-	-	-
Digital Input/Output	Input Channels	-	4 (Dry contact only)	8	16	-	-	4
Digital Input/Output	Output Channels	-	-	7 (Sink)	-	16 (Sink)	-	-
Digital Input/Output	Relay Output	-	-	-	-	-	6 (5 Form C + 1 Form A)	4 (Form C)
Digital Input/Output	Contact Rating	-	-	-	-	-	250 V_{AC} @ 5A 30 V_{DC} @ 5A	
Digital Input/Output	Counter Input	-	-	3kHz	3kHz	-	-	3kHz
Digital Input/Output	Frequency Input	-	-	3kHz	3kHz	-	-	3kHz
Digital Input/Output	Pulse Output	-	-	5kHz	-	5kHz	5kHz	5kHz
Digital Input/Output	LED Indicator	-	-	8 DI, 7 DO	16 DI	16 DO	6 RL	4 DI, 4 RL
	Power Consumption	3.5W	6W	3W	2.7W	3.2W	4.5W	4.2W
	Isolation Voltage	2,500 V_{DC}						
	Watchdog Timer	System (1.6 seconds) Communication (Programmable)						
	Communication Protocol	Modbus TCP, TCP/IP, UDP, HTTP, DHCP						
	Power Requirements	10 - 30 V_{DC} (24 V_{DC} standard)						
	Operating Temperature	-10 ~ 70°C (14 ~ 158°F)						
	Storage Temperature	-20 ~ 80°C (-4 ~ 176°F)						
	Operating Humidity	20 ~ 95% RH (non-condensing)						
	Storage Humidity	0 ~ 95% RH (non-condensing)						
	Page	15-13	15-13	15-14	15-14	15-14	15-15	15-15

圖 8-2　ADAM-6200 系列模組

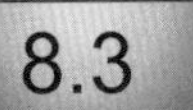 8.3 ADAM-6X00 功能介紹

ADAM-6X00 系列功能跟 ADAM-4000 比較起來非常的豐富，加上 TCP 之後，讓原本的單純的遠端 I/O 模組，多了很多的功能，本節將用實際案例來做說明。

8.3.1 使用 ADAM-6217 8CH AI 規格確認

在此章節，使用最熱門的 ADAM-6217 來做示範，我們先來了解一下 ADAM-6217 的規格，如圖 8-3 所示。

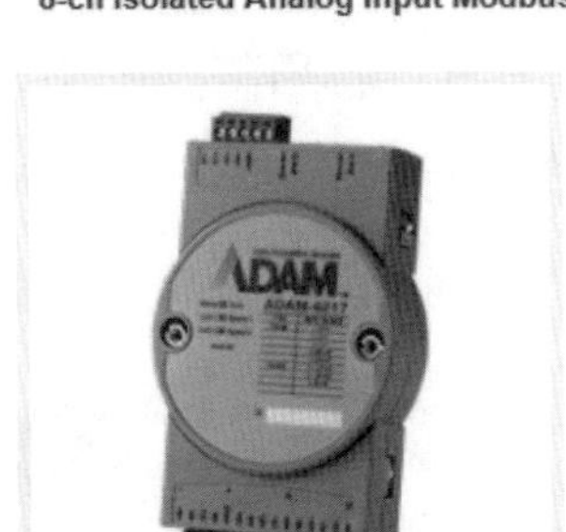

圖 8-3　ADAM-6217 規格

首先看到此設備是 8CH AI 模組，具有 2 個網路孔，ADAM-62XX 與 ADAM-60XX 最大的差別就是 ADAM-62XX 具有 Daisy chain 的功能，再來通訊協定有支援 Modbus TCP、TCP/IP、UDP 與 HTTP 等。本章節設定使用最多人用的 Modbus TCP 來做示範。

再來確認要使用的 AI Range 是否在設定範圍內，在此設定爲±10V，Sampling Rates 是否符合需求，在這裡寫 **10 samples/second (total)**，指的是使用 **8CH 時**，每個 CH 的 Sampling Rates 爲 **10/8 samples/sec.**。假如只使用 **2CH**，那 Sampling Rates 爲 **10/2 samples/sec.**，如只用**一個 CH**，就有**每秒 10 次**的取樣頻率。ADAM-6217 規格如圖 8-4 所示。

Analog Input	Input Type	V, mV, mA
	Input Range	±150 mV, ±500 mV, ±1 V, ±5 V, ±10 V, 0~20 mA,
	Resolution	16-bit
	Sampling Rates	10 samples/second (total)
	Span Drift	± 30 ppm/°C
	Voltage Range	±150 mV ±500 mV ±1 V ±5 V ±10 V
	Zero Drift	± 6 μV/° C

圖 8-4　ADAM-6217 規格

8.3.2　使用 ADAM-6217 8CH AI 網路確認

因爲 ADAM-6217 是使用網路做通訊與設定，所以必須確認網路是否可以正常連線，假設環境是使用電腦直接跟 ADAM-6217 做連線設定。

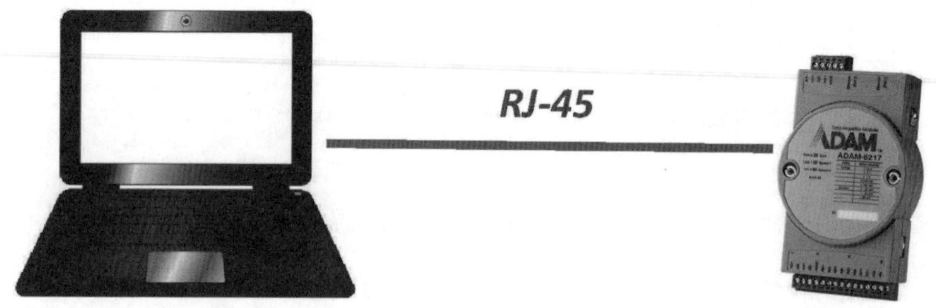

利用標準的 RJ-45 網路線，做電腦與 ADAM-6217 之間做連結。但必須確認一件事，**電腦是否會自動跳線**，假如**不行或不確定**的話，需在中間加一顆 **SWITCH** 做轉換。

因為平常使用的網路習慣，只要網路線一插上去，自動就有 DHCP Server 分配 IP 位址，不需要做任何設定。但在此環境並沒有 DHCP Server 會配 IP 位址，所以**必須給電腦網卡一個 IP 位置**。

首先到 Windows 的控制台選擇網路和共用中心，如圖 8-5 所示。

圖 8-5　控制台畫面

進入網路和共用中心，選擇變更介面卡設定，如圖 8-6 所示。

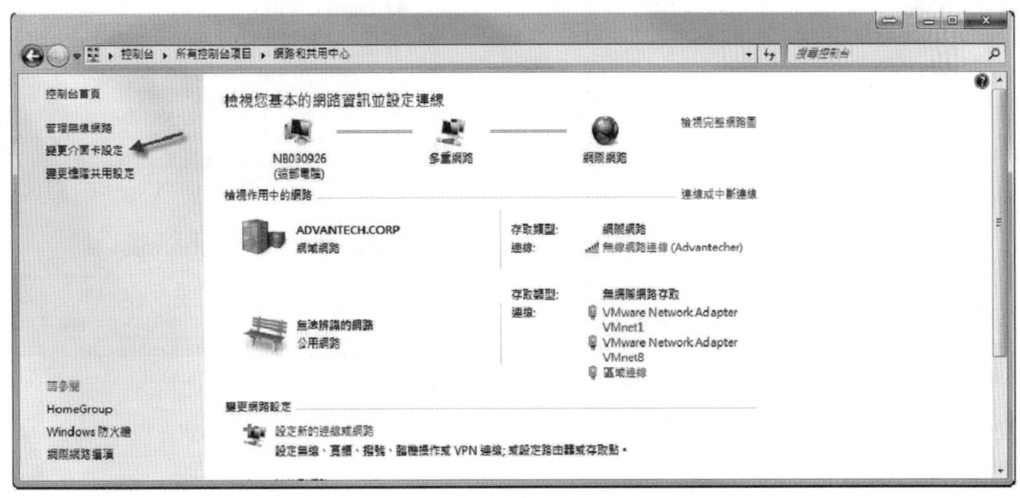

圖 8-6　網路和共用中心畫面

選擇要連接 ADAM-6217 的網卡，如圖 8-7 所示。

圖 8-7 變更介面卡設定畫面

進入後點擊內容，進入後尋找 TCP/IPv4，然後點擊內容，如圖 8-8 所示。

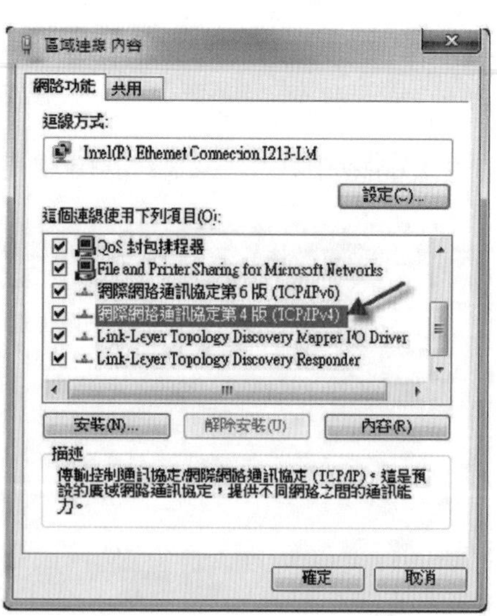

圖 8-8 網卡內容畫面

進入後，可以設定 IP 位址，在這裡設定 192.168.0.1，子網路遮罩設定為 255.255.255.0，之後按確定，此時表示網卡的 IP 設定完成，如圖 8-9 所示。

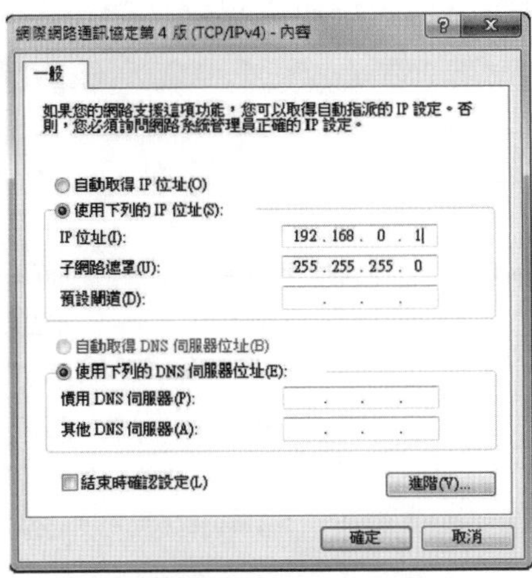

圖 8-9　IP 位址設定畫面

我們可以在此介面再次確認 IP 位置是否設定正確，如圖 8-10 所示。

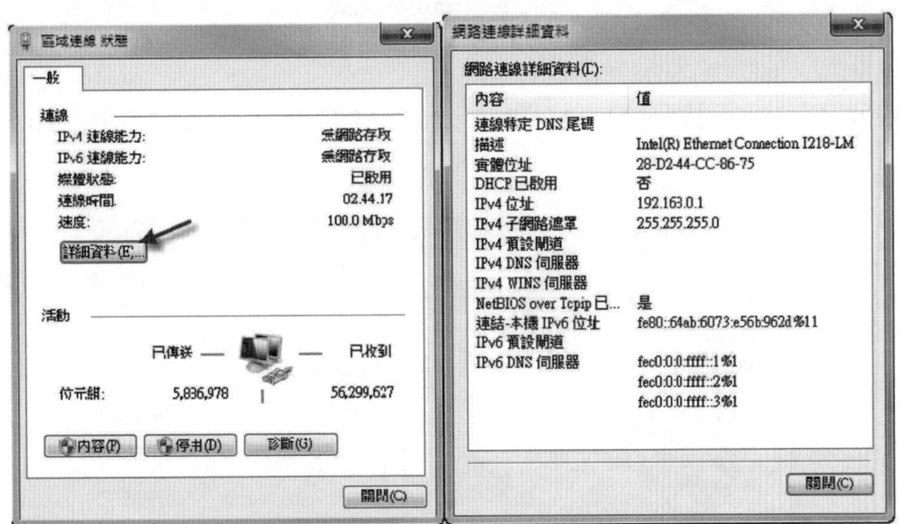

圖 8-10　網卡詳細資料畫面

以上設定完畢後，就可以開始使用 Utility 做設定。

8.3.3 使用 Utility 與 ADAM-6217 做連線

選擇 Ethernet，然後點擊放大鏡按鈕，以尋找模組，如圖 8-11 所示。

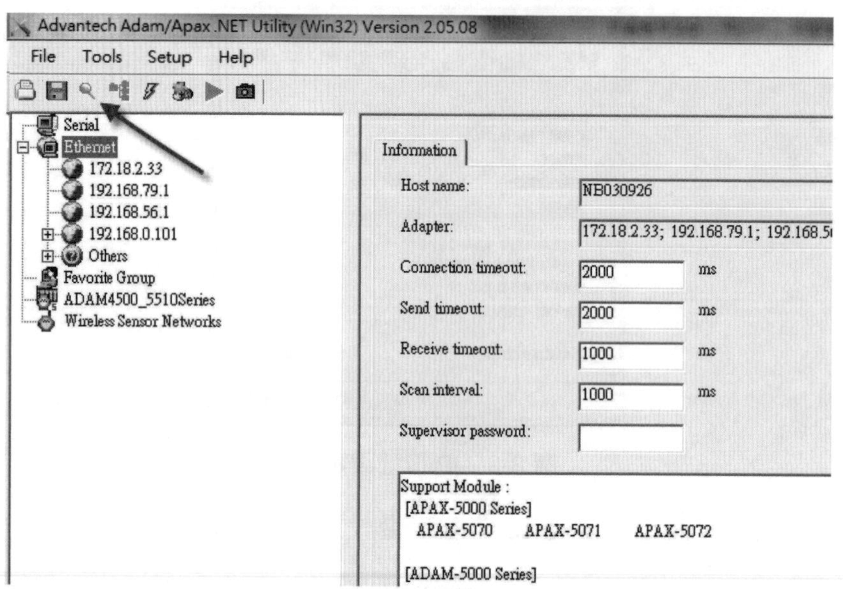

圖 8-11 搜尋設備示意圖

此時可以在 other 找到 ADAM-6217，ADAM-6X00 預設 IP 位置爲 10.0.0.1，如圖 8-12 所示。

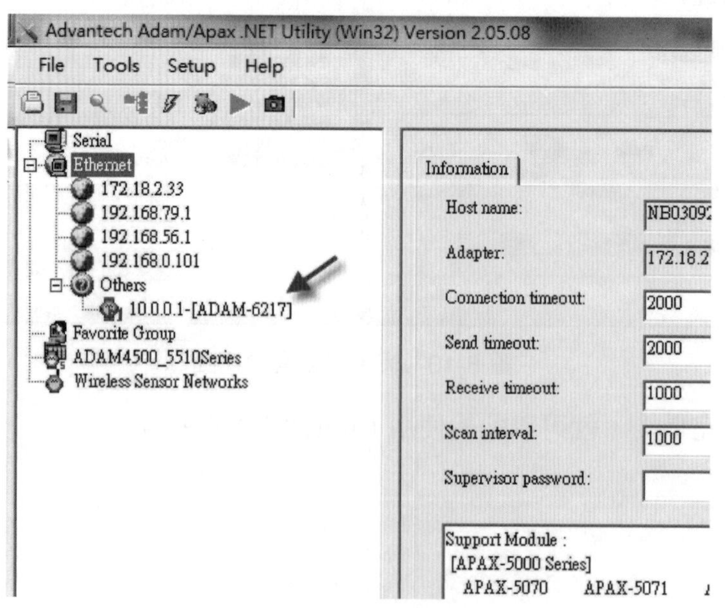

圖 8-12 ADAM-6217 預設 IP 位址

此時請至 ADAM-6217 的 IP 位置修改 IP，這邊修改成和網卡同網段，也就是必須跟網卡前面三碼一樣，如 192.168.0.2。必須視檢是否有其他設備有一樣的 IP，如圖 8-13 所示。

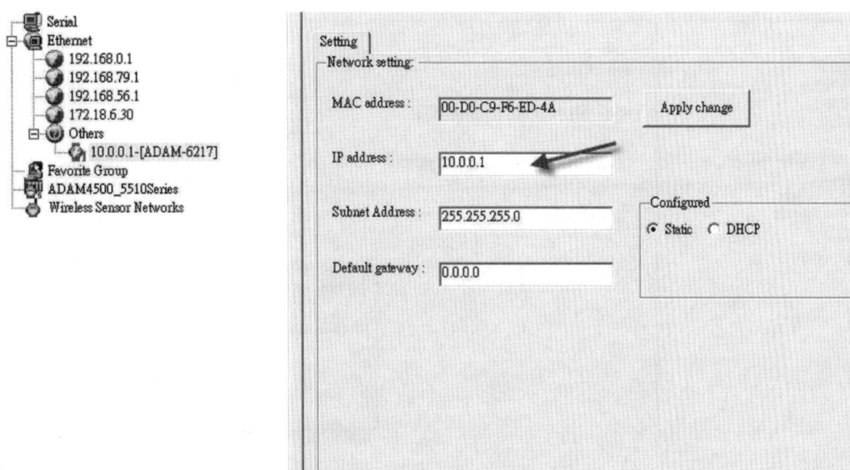

圖 8-13　設定 ADAM-6217 設定 IP 位址

至於右邊的 Configured，DHCP 適用於上方有一個路由器，可以自動分配 IP 給 ADAM+6217。但同時此 IP 位址也是浮動的，所以之後 IP 位址是多少，使用者不會知道，必須重新再使用 Utility 去找才知道，**因此不建議使用此模式**，如圖 8-14 所示。

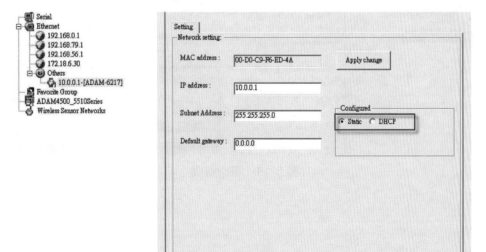

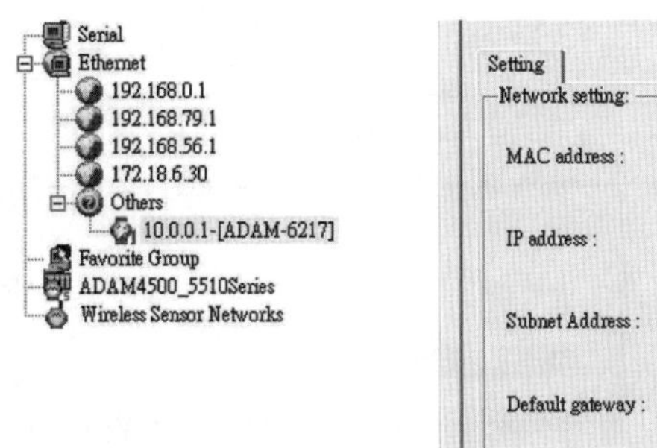

Setting
Network setting:
MAC address : 00-D0-C9-F6-ED-4A
Apply change
IP address : 10.0.0.1
Subnet Address : 255.255.255.0
Configured
Static　DHCP
Default gateway : 0.0.0.0

圖 8-14　Static 和 DHCP 設定

設定好 IP 位址，點擊 Apply change，此時會要求輸入密碼，預設為 00000000(八個零)，然後按 OK，如圖 8-15 所示。

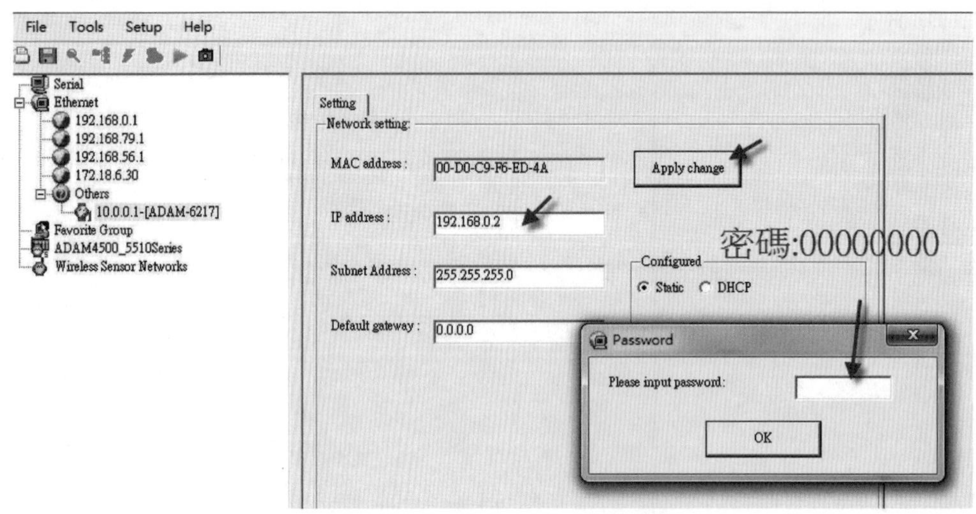

圖 8-15　輸入密碼畫面

此時會出現 Please wait，如圖 8-16 所示。

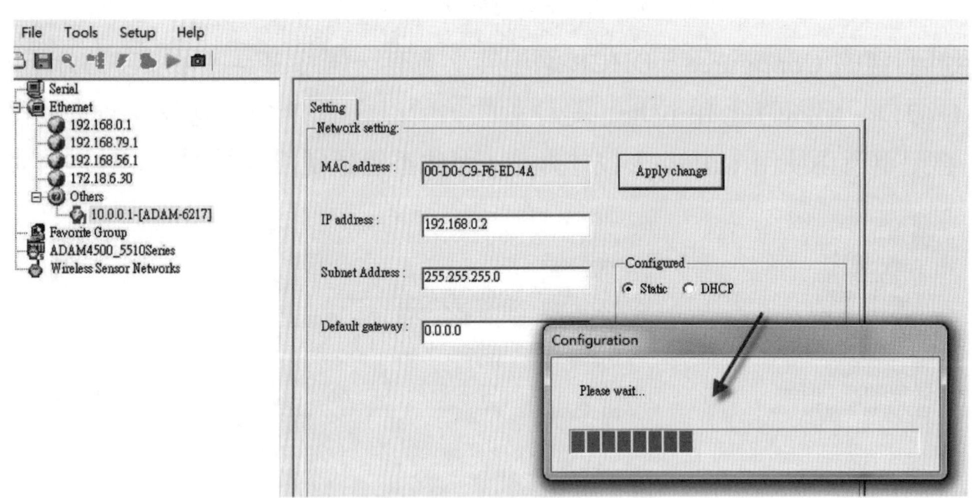

圖 8-16　等待畫面

設定完後，你就可以在 192.168.0.1 裡面看到 ADAM-6217，如圖 8-17 所示。

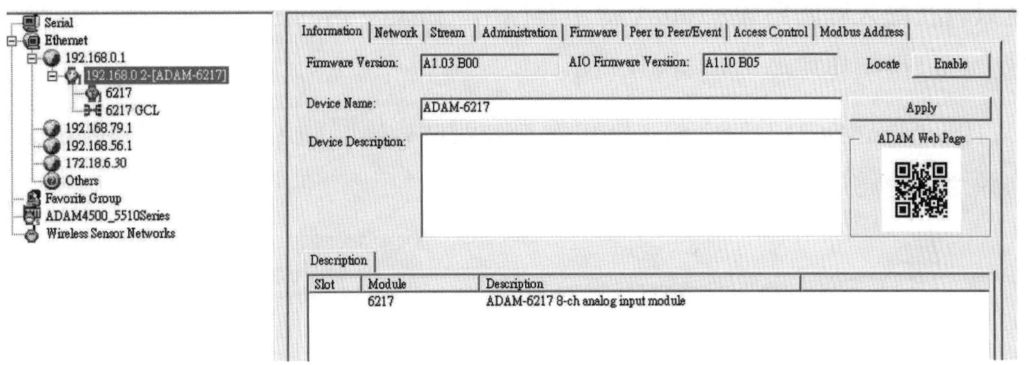

圖 8-17　設定完成畫面

此時表示連線完成。

8.3.4　ADAM-6217 Analogs Input 功能設定

點擊 6217，他會再度要求輸入密碼，密碼為 00000000，如圖 8-18 所示。

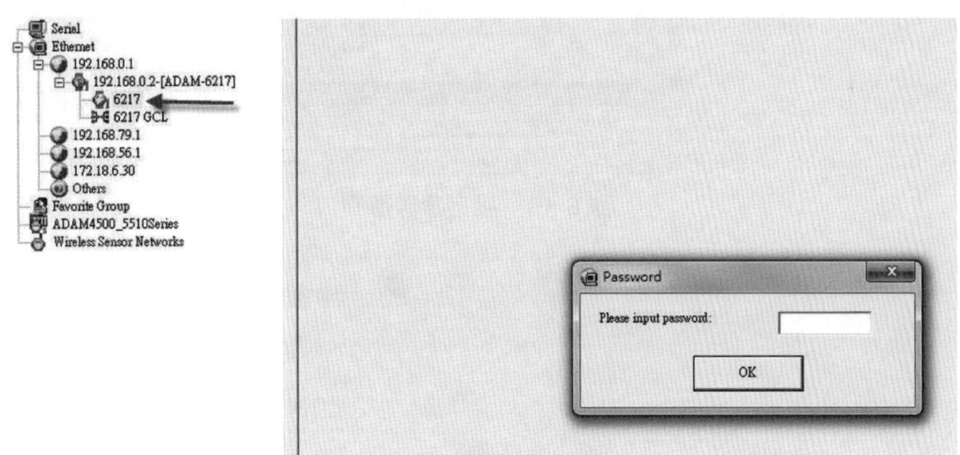

圖 8-18　輸入密碼畫面

進入後，可以在這裡設定 Range，也就是輸入範圍。Burnout，**指的是斷線檢知，但是只有在輸入範圍為 4～20mA 時才有作用**。Enable 指的是開幾個通道去取樣，開得越少則取樣頻率愈高，如圖 8-19 所示。

打開 ADAM-6217 的上蓋，即可看見共四個指撥開關，透過這些開關可設定輸入的類比信號為電壓或電流，如圖 8-20 所示。

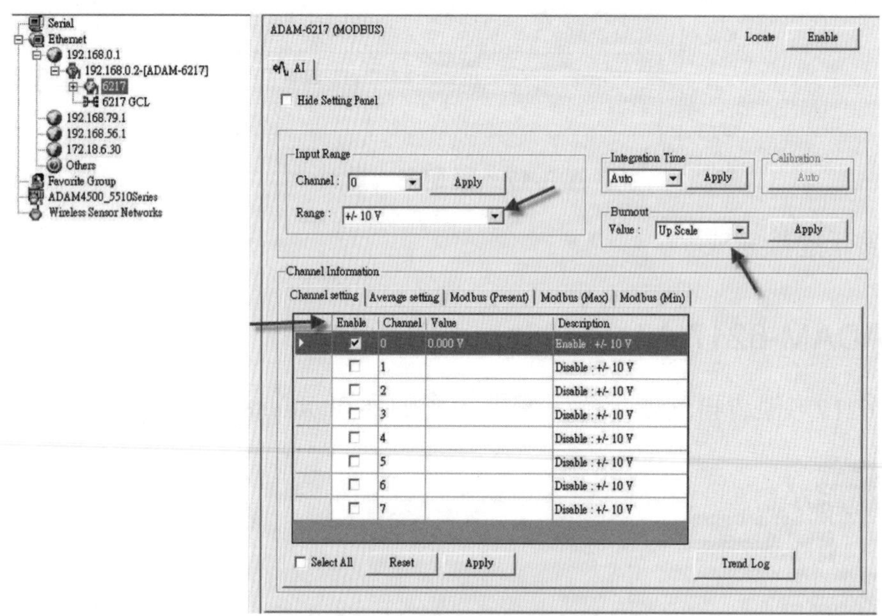

圖 8-19　設定參數畫面

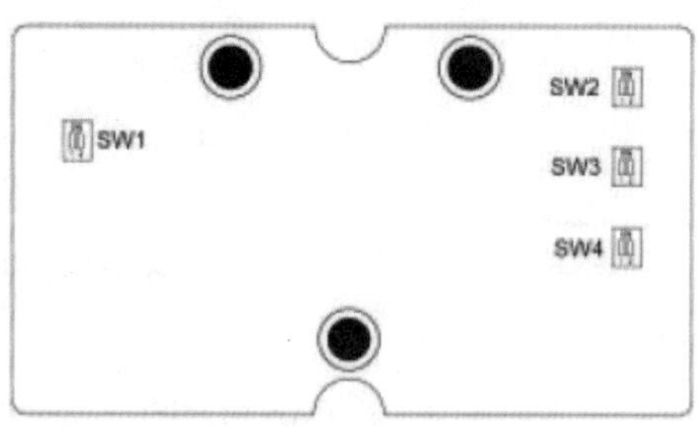

Switch	SW1		SW2		SW3		SW4	
Position	1	2	1	2	1	2	1	2
Channel	Ch1	Ch0	Ch3	Ch2	Ch5	Ch4	Ch7	Ch6
ON	Current Mode							
OFF	Voltage Mode (Default)							

圖 8-20　指撥開關和輸入模式關係

當切換到 Modbus(Present)，就可以看到 Modbus Address 與每個 CH 的對應關係。當輸入電壓爲 0.0V 時，在 Modbus 的 40001 位置看到就是 32768，如圖 8-21 所示。

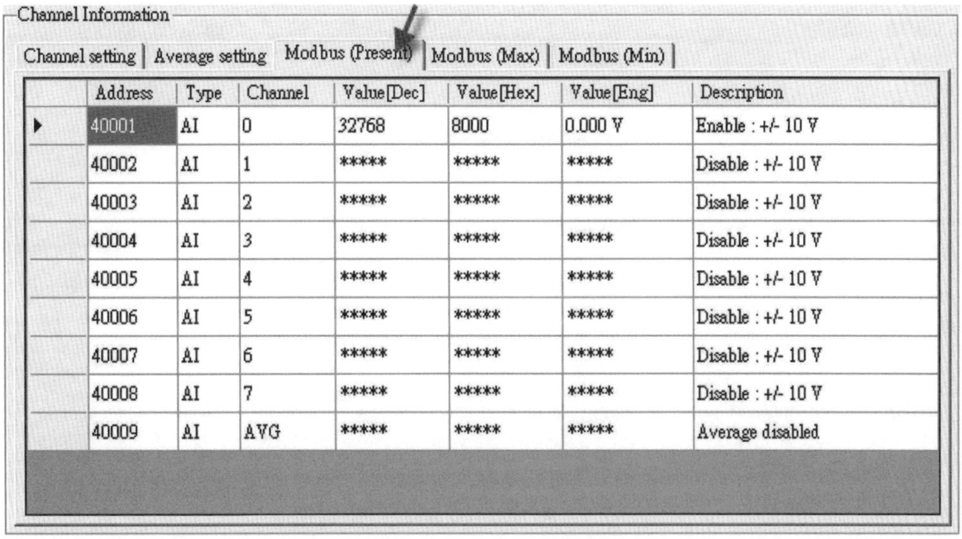

Channel Information

Channel setting | Average setting | Modbus (Present) | Modbus (Max) | Modbus (Min)

	Address	Type	Channel	Value[Dec]	Value[Hex]	Value[Eng]	Description
▶	40001	AI	0	32768	8000	0.000 V	Enable : +/- 10 V
	40002	AI	1	*****	*****	*****	Disable : +/- 10 V
	40003	AI	2	*****	*****	*****	Disable : +/- 10 V
	40004	AI	3	*****	*****	*****	Disable : +/- 10 V
	40005	AI	4	*****	*****	*****	Disable : +/- 10 V
	40006	AI	5	*****	*****	*****	Disable : +/- 10 V
	40007	AI	6	*****	*****	*****	Disable : +/- 10 V
	40008	AI	7	*****	*****	*****	Disable : +/- 10 V
	40009	AI	AVG	*****	*****	*****	Average disabled

圖 8-21 Modbus 位址接收輸入

8.3.5 使用 ADAM-6250 8DI 7DO 規格確認

首先確認 ADAM-6250 的規格，如圖 8-22 所示。

15-ch Isolated Digital I/O Modbus TCP Module

Main Features

- 8-ch DI, 7-ch DO, 2-port Ethernet
- Daisy chain connection with auto-bypass protection
- Remote monitoring and control with mobile devices
- Group configuration capability for multiple module setup
- Flexible user-defined Modbus address
- Intelligent control ability by Peer-to-Peer and GCL function
- Multiple protocol support: Modbus TCP, TCP/IP, UDP, HTTP, DHCP
- Web language support: XML, HTML 5, Java Script

圖 8-22 ADAM-6250 規格

可以看出來此模組有 8DI 與 7DO，接下來細看規格。

8.3.6 ADAM-6250 Digital Input 功能設定

ADAM-6250 的 DI 規格如圖 8-23 所示。

Digital Input	Input Voltage	Dry contact: Logic level 0: close to GND Logic level 1: open Wet contact: Logic level 0: 0~0.8 VDC max. Logic level 1: 2~5 VDC
	Channels	8
	Counter Input	3kHz (32 bit + 1 bit overflow)
	Dry Contact	Logic 0: Open Logic 1: Closed to DGND
	Frequency Input Range	0.1 ~ 3kHz
	Input Impedance	5.2 kW (Wet Contact)
	Keep/Discard Counter Value when power off	-
	Supports Inverted DI Status	-
	Transition Time	0.2 ms
	Wet Contact	Logic 0: 0 ~ 3 VDC or 0 ~ -3 VDC Logic 1: 10 ~ 30 VDC or -10 ~ -30 VDC (Dry/Wet Contact decided by Switch)

圖 8-23　ADAM-6250 的 DI 規格

在這裡可以看出 DI 有兩種設定：Dry contact 與 Wet contact。

首先，必須了解什麼是 Wet contact 與 Dry contact。Dry Contact 只有 Open 與 Close 之分，所以得知 Dry Contact 是不需要外部電源的，如圖 8-24 所示。

Dry Contact

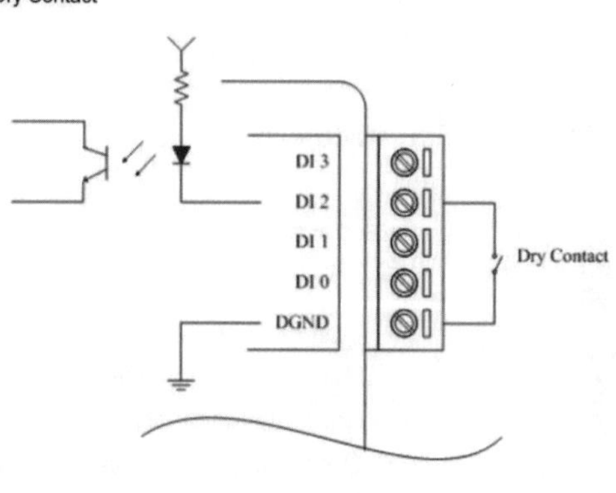

圖 8-24　乾接點示意圖

至於 Wet Contact 是需要外部電源 DC 0～30V 去驅動，而且雙向都可以，如圖 8-25 所示。

Wet Contact

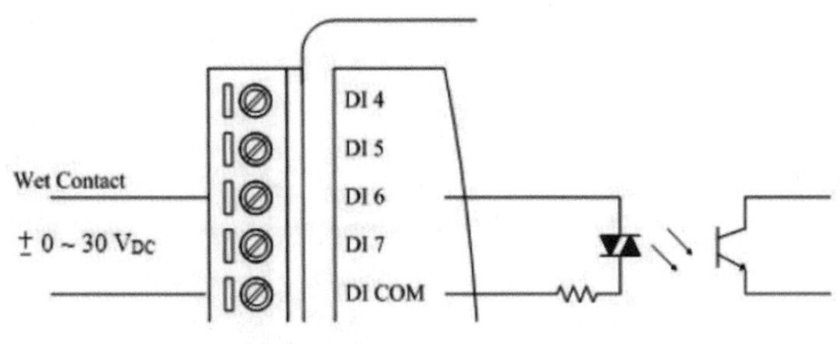

圖 8-25 濕接點示意圖

必須注意一點，**Wet Contact 與 Dry Contact 的輸入模式必須使用指撥開關切換**，打開 ADAM-6250 的上蓋即可看見指撥開關，如圖 8-26 所示。

■ **ADAM-6250**

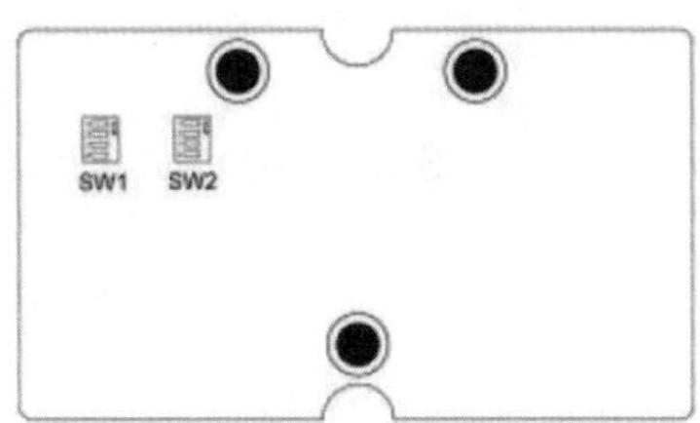

Switch	SW1				SW2			
Position	1	2	3	4	1	2	3	4
DI Channel	Ch3	Ch2	Ch1	Ch0	Ch7	Ch6	Ch5	Ch4
ON	Dry Contact (Default)							
OFF	Wet contact							

圖 8-26 乾濕接點和指撥開關關係表

接著需要了解一般 DI、3KHz 32Bit Counter Input 與 3KHz 的 Frequency Input。已經了解如何觸發 DI 訊號後，接著看 DI 訊號輸入後，該要如何設定 Counter 與 Frequency？

進到 ADAM-6250 的 DI 裡面，選擇 DI Mode，你可以看到有許多選項可以選，在這邊我先選擇 Counter，如圖 8-27 所示。

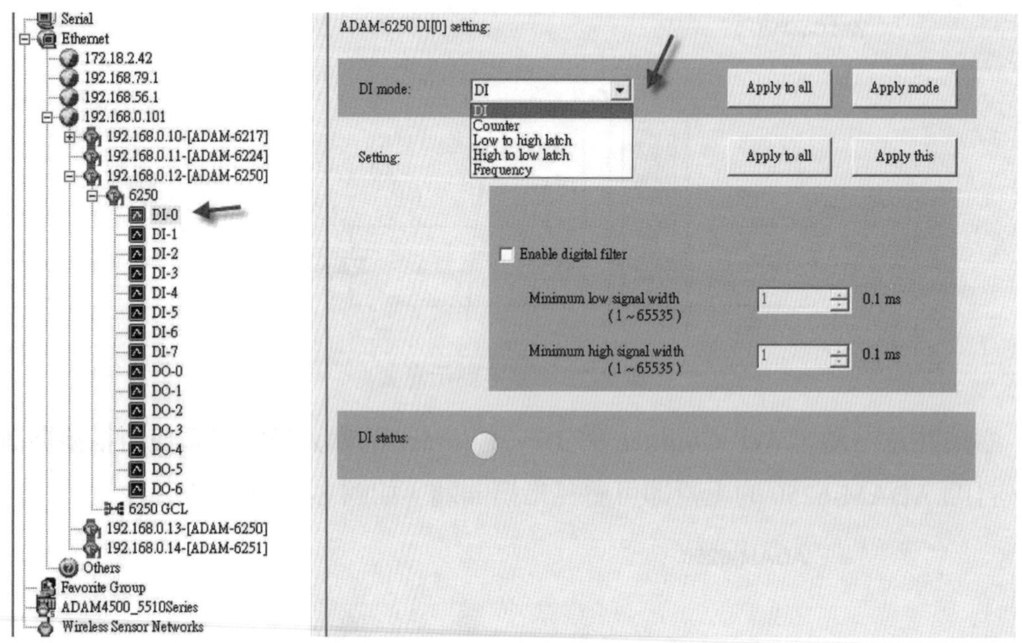

圖 8-27　ADAM-6250 DI Mode

此時可以在最下方的框框看到出現 Counter value，之後觸發的數量就會在這裡顯示，同時也可看到濾波器與當模組斷電時，是否需要保持最後值，如圖 8-28 所示。

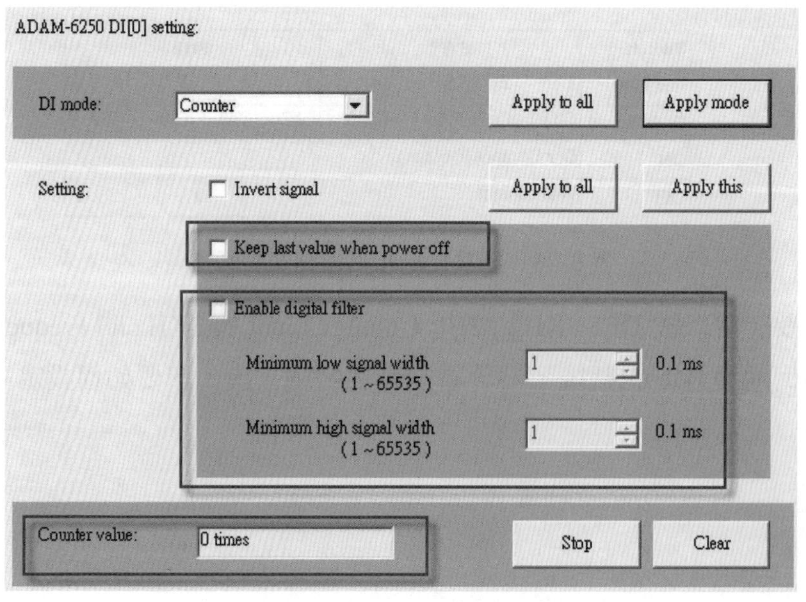

圖 8-28　DI Mode 運作畫面

若要去讀取 Counter 的數量與清除 Counter 都可以至 6250 的 Modbus Address 查看，如圖 8-29 所示。

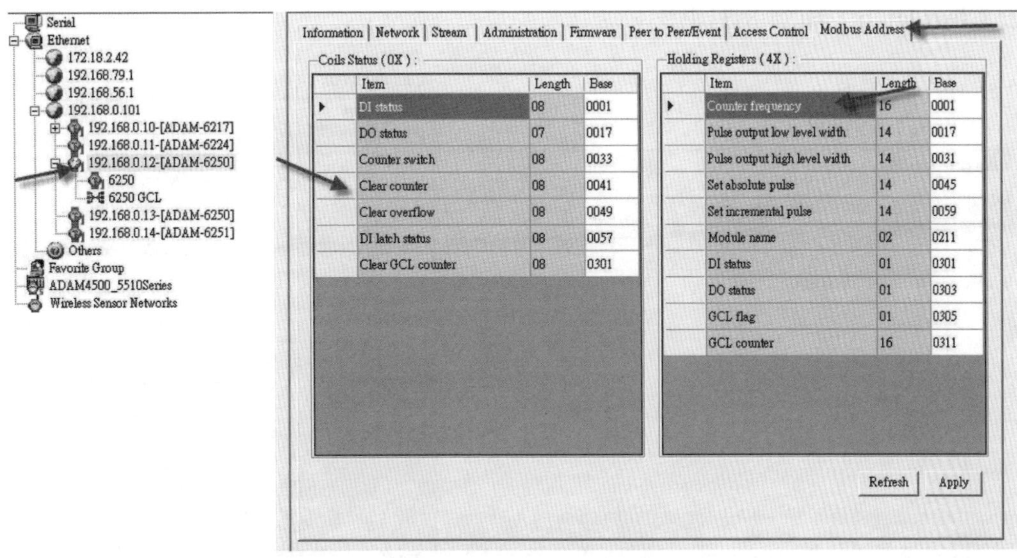

圖 8-29　ADAM-6250 Modbus Address 表

當選擇 Frequency，同時下方也改變為 Frequency Value，如圖 8-30 所示。

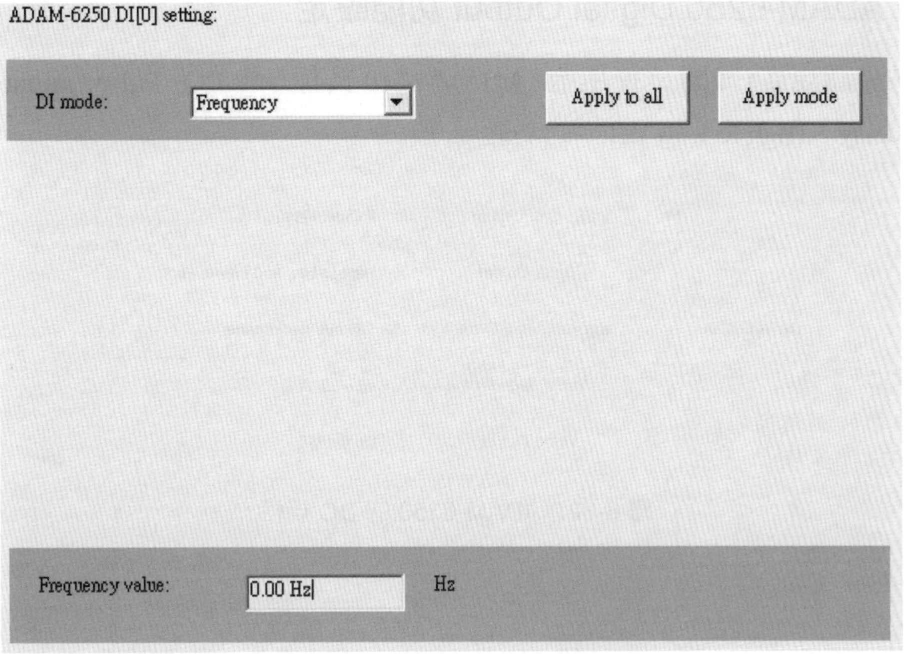

ADAM-6250 DI[0] setting:

DI mode: Frequency　Apply to all　Apply mode

Frequency value: 0.00 Hz　Hz

圖 8-30　選擇 Frequency 畫面

至於 latch 的部分分爲 Low to High latch 與 High to Low latch，此設定表示當你 OFF → ON 或 ON → OFF 時，會栓鎖住狀態，當然也可以 Modbus Address 0x0057～64 去 Clear latch，如圖 8-31 所示。

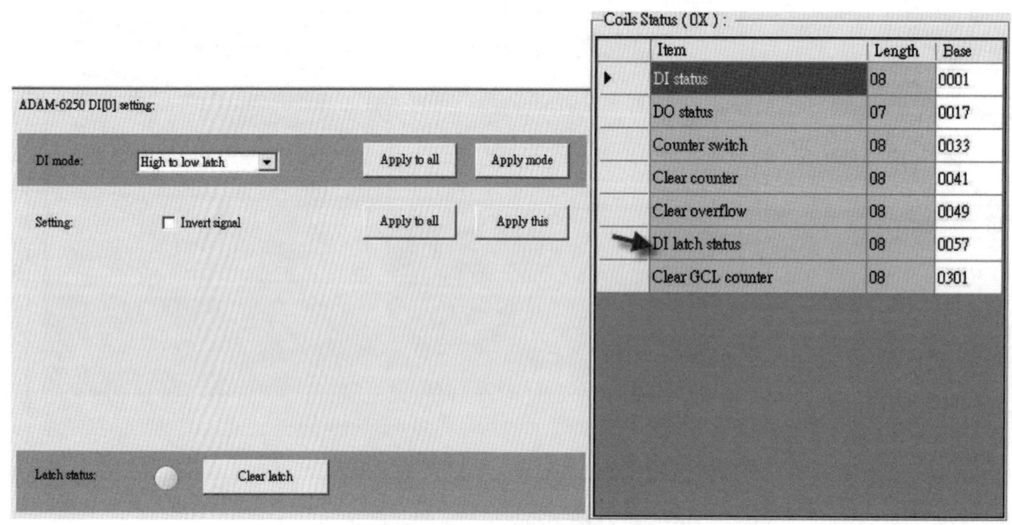

圖 8-31 Latch 設定畫面

8.3.7 ADAM-6250 Digital Output 功能設定

首先確認規格，如圖 8-32 所示。ADAM-6250 具有一般 DO、Pulse Output 與 Low to High delay、High to Low delay 的功能。

Digital Output	Channels	7 (Sink Type)
	Delay Output	High-to-Low and Low-to-High
	Normal Output Current	100 mA (per channel)
	Output Voltage Range	10 ~ 30 VDC
	Pulse Output	Up to 5kHz

圖 8-32 ADAM-6250 的 DO 規格

首先進入到 DO，設定 Pulse output 功能，本篇是利用燈去測試，因此速度不能太快。設定爲 OFF 2 sec(2000 X 0.1ms)，ON 2 sec，並且連續輸出，至於 Fixed Total 指的是要 ON → OFF 幾次循環，如圖 8-33 所示。

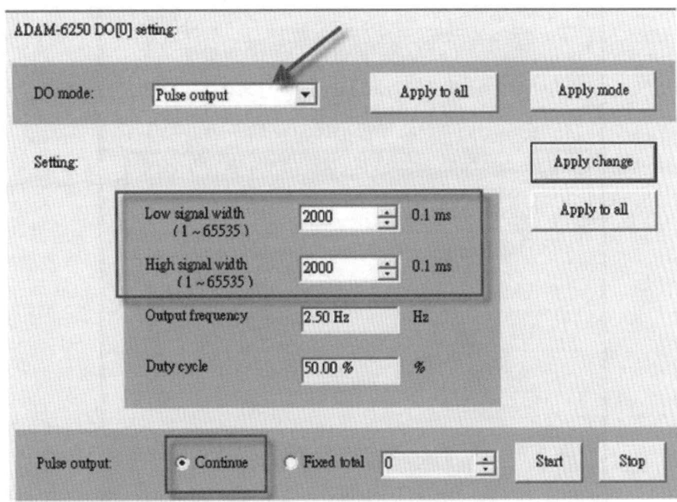

圖 8-33　DO 設定畫面

也可以利用 Modbus 去做設定，如圖 8-34 所示。

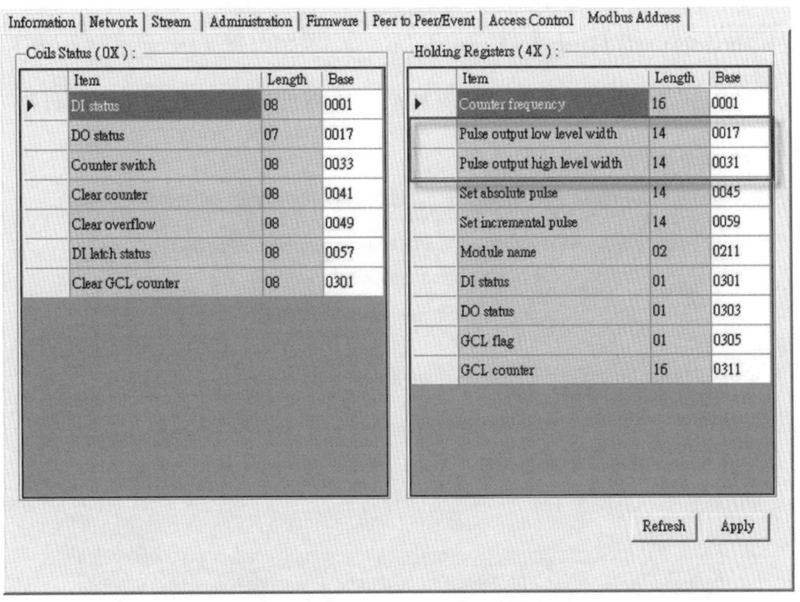

Coils Status (0X) :

Item	Length	Base
DI status	08	0001
DO status	07	0017
Counter switch	08	0033
Clear counter	08	0041
Clear overflow	08	0049
DI latch status	08	0057
Clear GCL counter	08	0301

Holding Registers (4X) :

Item	Length	Base
Counter frequency	16	0001
Pulse output low level width	14	0017
Pulse output high level width	14	0031
Set absolute pulse	14	0045
Set incremental pulse	14	0059
Module name	02	0211
DI status	01	0301
DO status	01	0303
GCL flag	01	0305
GCL counter	16	0311

圖 8-34　Modbus Address 表

Set absolute pulse 設定指的是 Fixed Total，Set incremental pulse 指的是在不改 Fixed Total 的前提下，再增加幾次。假如 Set incremental pulse = 100，那就表示會先跑完 incremental pulse 100 次，才會跑 Fixed Total，如圖 8-35 所示。

Item	Length	Base
Counter frequency	16	0001
Pulse output low level width	14	0017
Pulse output high level width	14	0031
Set absolute pulse	14	0045
Set incremental pulse	14	0059
Module name	02	0211
DI status	01	0301
DO status	01	0303
GCL flag	01	0305
GCL counter	16	0311

圖 8-35　設定 Set absolute pulse 和 Set incremental pulse 位址

Low to High delay 和 High to Low delay 分別指的是 ON 延遲或 OFF 延遲。若依照下面設定運行，觸發 DO，會在一秒後才會 ON 起來，如圖 8-36 所示。

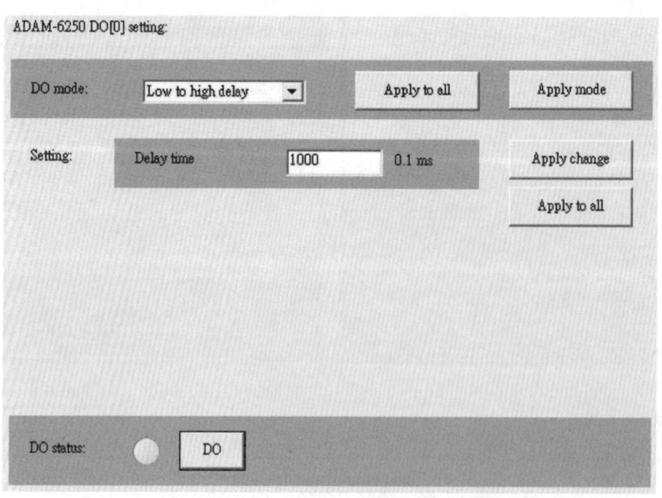

圖 8-36　Low to High delay 和 High to Low delay 設定

8.3.8　使用 ADAM-6224 4AO 4DI 規格確認

前面幾項分別介紹了 DI、DO 與 AI，此項要來介紹 Analogs Output，我們這邊選用 ADAM-6224，從 Datasheet 看到 ADAM-6250 有 4AO 與 4DI，本項將探究有什麼功能。

首先看到 ADAM-6224 的規格，如圖 8-37 所示。

ADAM-6224 NEW

4-ch Isolated Analog Output Modbus TCP Module

Main Features

- 4-ch AO, 4-ch DI, 2-port Ethernet
- Daisy chain connection with auto-bypass protection
- Remote monitoring and control with mobile devices
- Group configuration capability for multiple module setup
- Flexible user-defined Modbus address
- Intelligent control ability by Peer-to-Peer and GCL function
- Multiple protocol support: Modbus TCP, TCP/IP, UDP, HTTP, DHCP
- Web language support: XML, HTML 5, Java Script

圖 8-37　ADAM-6224 規格

AO 的部分為 **12 Bit** 解析度，也就是他是 $2^{12} = 4096$，跟以往認知到 AI 16Bit 有所不同，可以輸出電壓與電流，如圖 8-38 所示。

Analog Output	Output Ranges	0 ~5, 0 ~ 10, ±5, ±10, 0 ~ 20 mA, 4 ~ 20mA
	Output Settling Time	20 µs
	Output Slope	0.0625 ~ 64 V/sec
	Output Type	V, mA
	Programmable	0.125 ~ 128 mA/sec
	Resolution	12-bit
	Voltage Range	0~5 V 0~10 V ±5 V ±10 V

圖 8-38　ADAM-6224 的 AO 規格

DI 的部分，從規格來看，如圖 8-39 所示，只有 **Dry Contact**，所以**不能使用帶電訊號**，此點要注意。

Digital Input	Description
Channel	4
Dry Contact	Logic 0: Open Logic 1: Closed to Iso.GND
Other Functions	Support DI Filter Support Inverted DI Status Support Trigger to Startup or Safety Value

圖 8-39　ADMA-6250 的 DI 規格

此外，還有許多與 AO 搭配的功能，往下將一一端詳。

8.3.9　ADAM-6224 AO 與 DI 功能設定

首先看到 AO 這邊的設定，可以看到有不同 Range 的設定，如圖 8-40 所示。

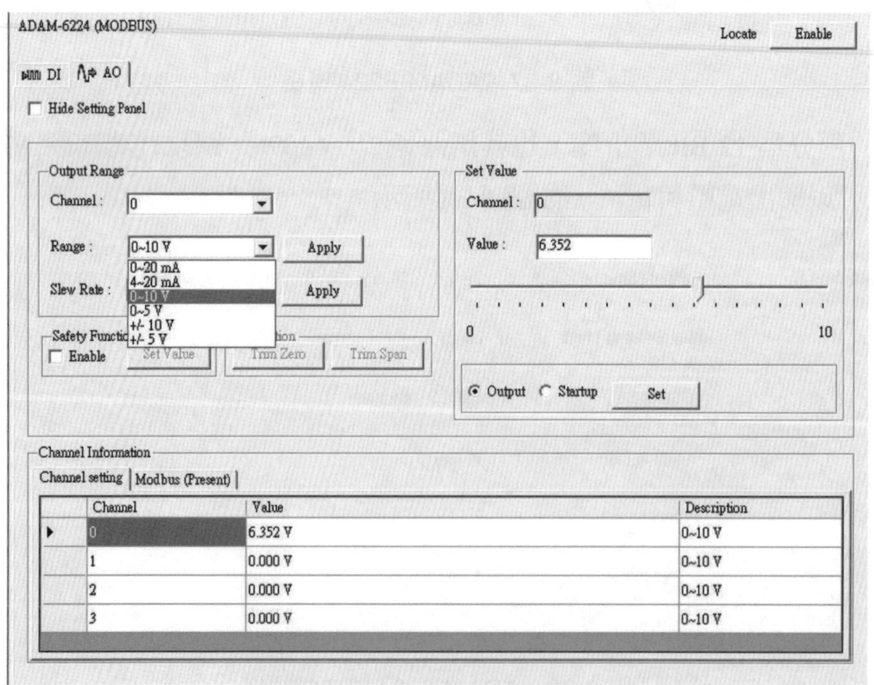

圖 8-40　AO 輸出範圍設定

Slew Rate 設定指的是 AO 的輸出加入了漸進的功能，可以讓你逐步上升或遞減，如圖 8-41 所示。

圖 8-41　Slew Rate 設定

看到 Safety Value，這裡的設定指的是當設備的 Watch Dog 啓動 AO，會設定成 Safety Value，如圖 8-42 所示。

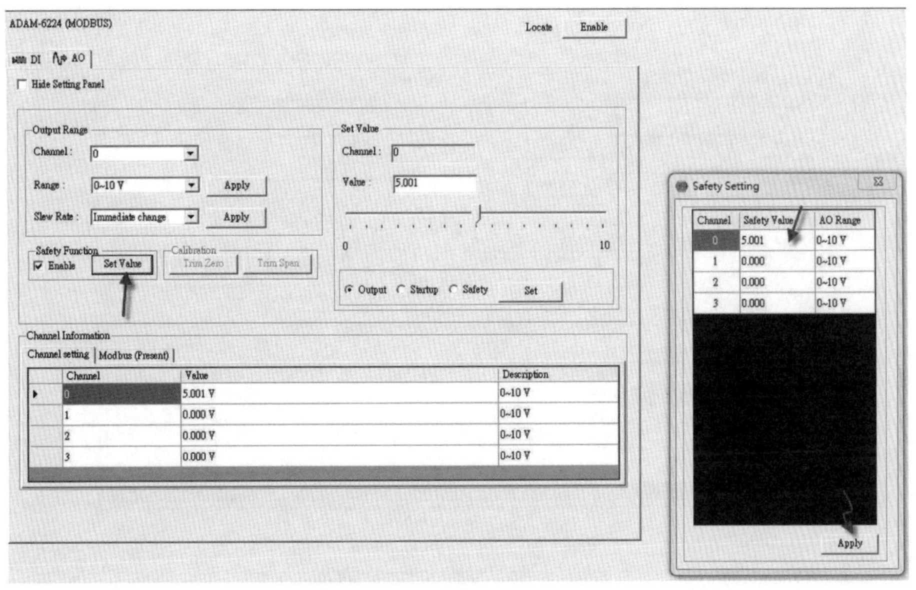

圖 8-42　Safety Value 設定

要設定 Safety 記得要去模組設定 Communication WDT 還有你對應的 Host Idle time，這樣才能斷線時，執行 Safety Value，如圖 8-43 所示。

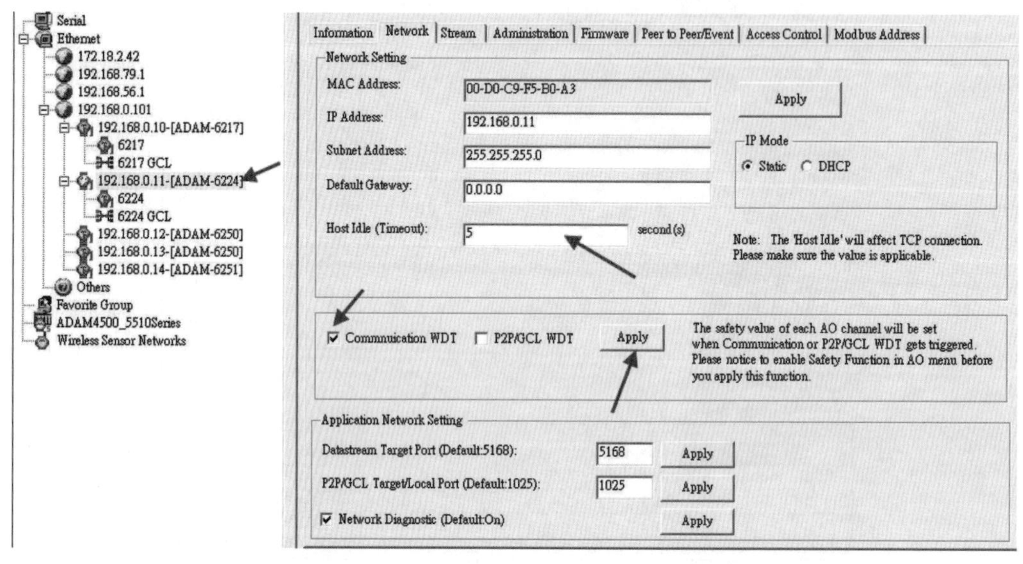

圖 8-43 Communication WDT 設定

在這裡還可以看到 Startup 選項，可以搭配 DI 做運用，至於怎麼運用，會與介紹 DI 時搭配介紹，如圖 8-44 所示。

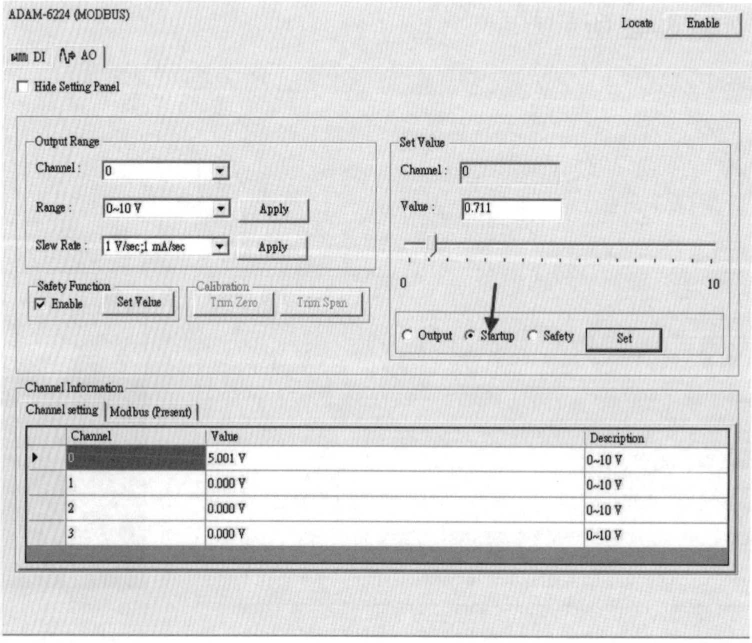

圖 8-44 Startup 設定

選擇 DI，可以看到 DI 可以搭配剛剛的 Startup Value 與 Safety Value 以觸發 AO。假如設定 True Trigger to Startup Value，DI → ON，就可以看到 AO 跑向設定的 Startup Value，其他依此類推，如圖 8-45 所示。

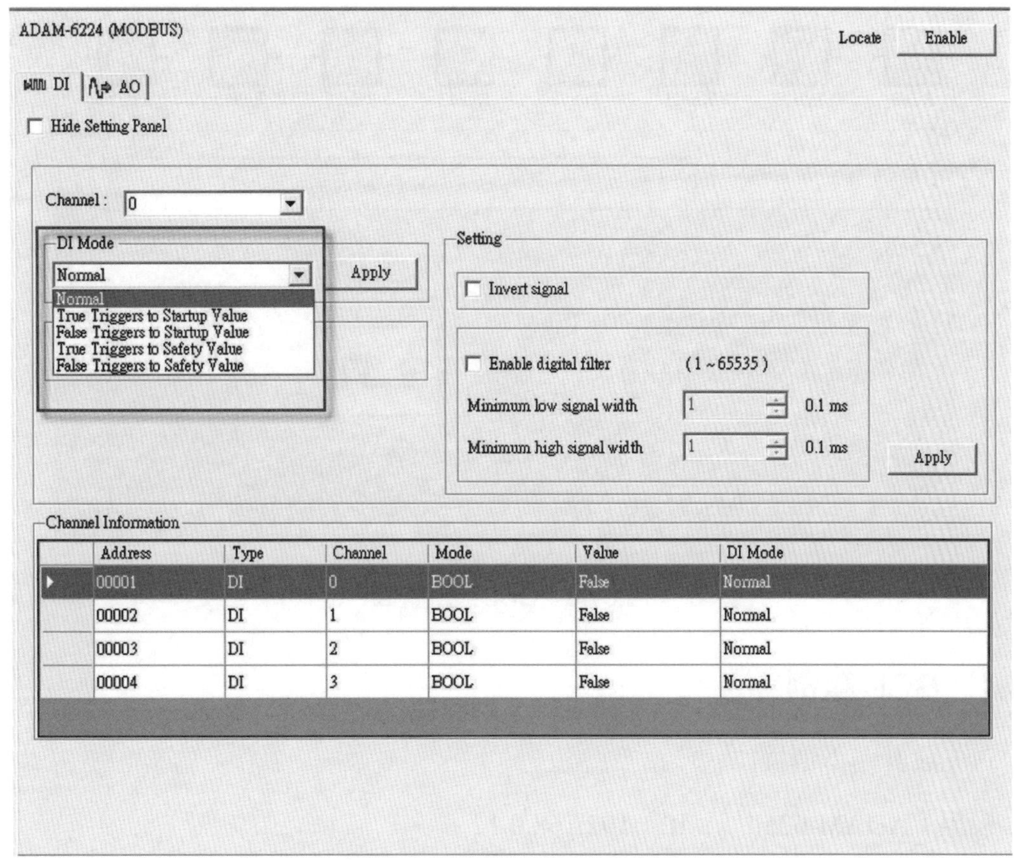

圖 8-45 DI 和 AO 結合應用

8.4 GCL 簡易入門介紹

GCL(Graphic Logic Condition)圖像式邏輯條件控制，利用簡單的數位邏輯來組成你要邏輯控制判斷。可以利用 AND、OR、NAND 或 NOR 做邏輯判斷，輸出的部分可以 DO、Timer 或 Counter 等，可以依照不同的使用情境自由搭配使用。

如圖 8-46 所示，可以看到總共有 16 個 Rule，每一個 Rule 可以設定要使用的邏輯判斷式，並且每一個 Rule 都可以互相搭配使用，甚至可以跟同樣爲 ADAM 的模組互相作爲條件，並輸出到另一個模組。

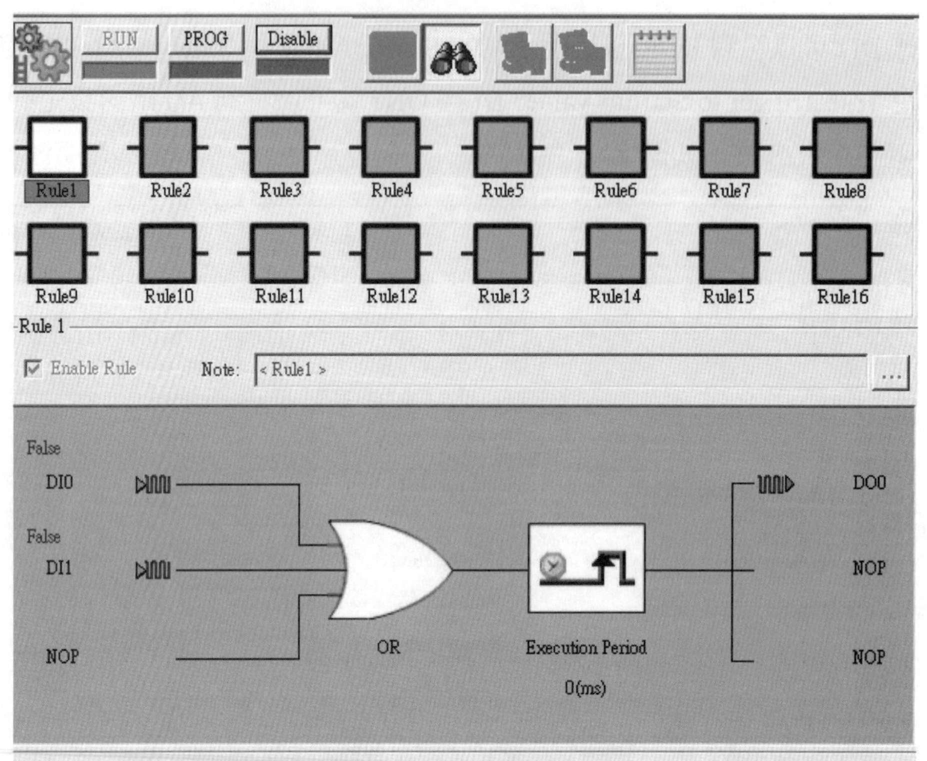

圖 8-46 GCL 設計畫面

8.4.1 GCL 範例

首先設計一下情境：

模組：ADAM-6250　　IP：192.168.0.12

ADAM-6224　　P：192.168.0.11

功能：當 6250 的 DI0 與 DI1 任一個觸發的話，6224 AO0 輸出 5V

首先將邏輯寫在 ADAM-6250 上，再來可以依據功能用邏輯判斷式來撰寫 GCL 的程式：

6250 DI0**OR** DI1 → 6224 AO0 = 5V

首先到 ADAM-6250 的 GCL 設定 IP Table，請記得先點擊 PROG 的按鈕，才可以選 IP 的按鈕設定 IP Table，如圖 8-47 所示。

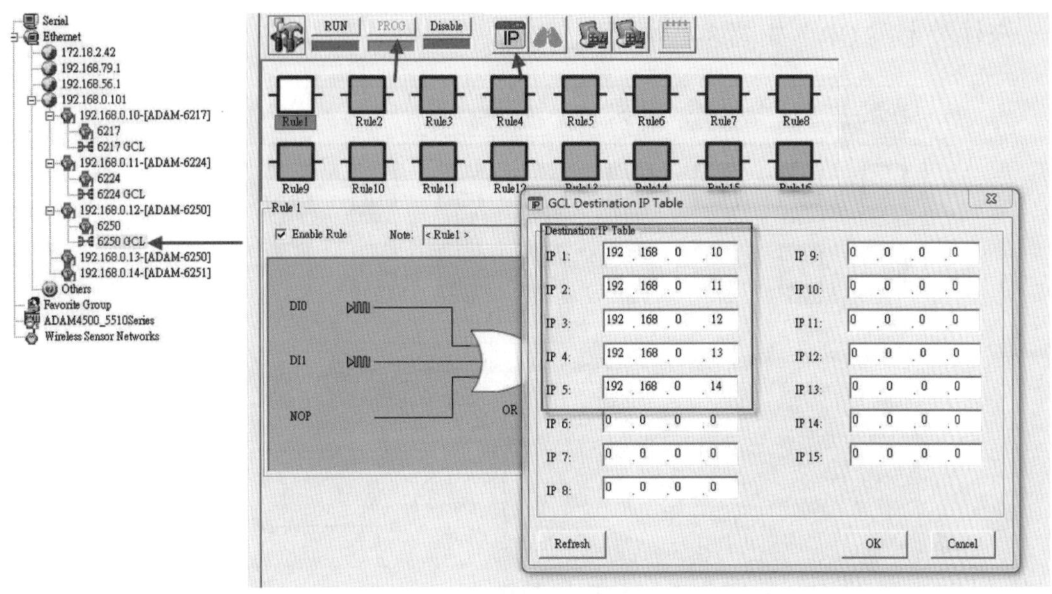

圖 8-47　IP Table 設定

IP 設定完後，至左方輸入的部分分別設定 DI0 與 DI1，當 Condition=True 時，就會觸發，如圖 8-48 所示。

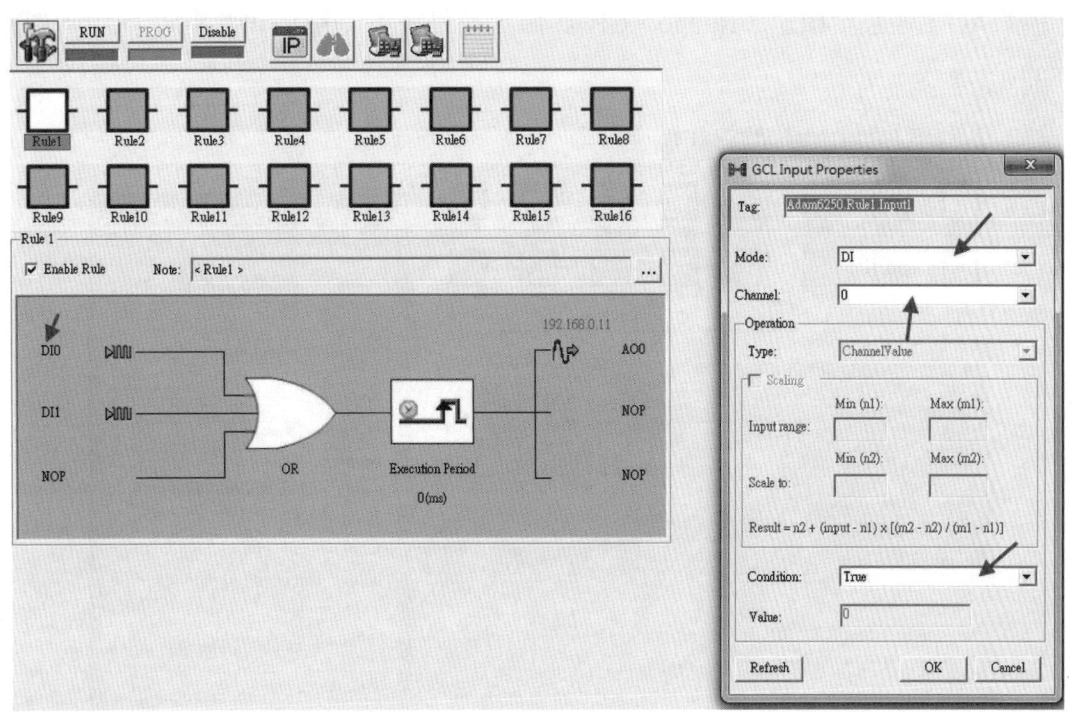

圖 8-48　輸入設定

條件設定爲 OR，如圖 8-49 所示。

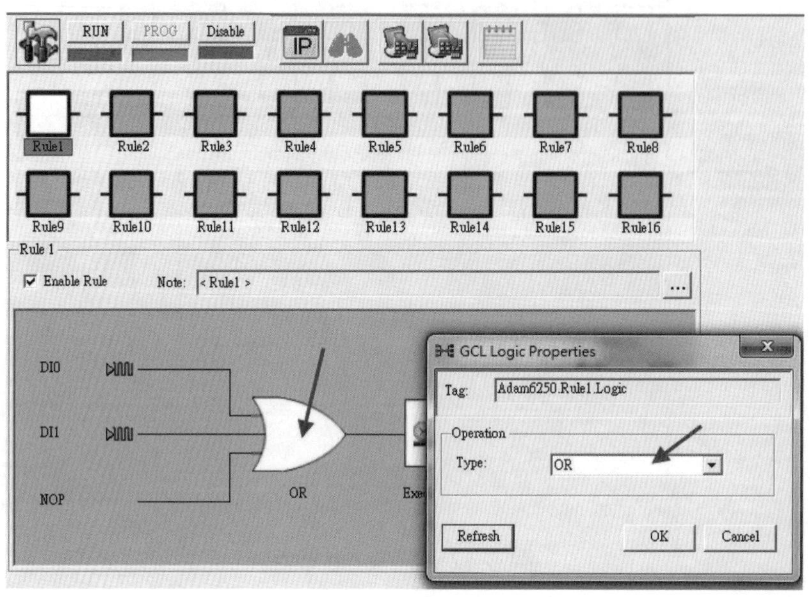

圖 8-49 邏輯設定

再來就是設定輸出的部分，把 Destination 指定到 ADAM-6224 的 IP 位置上，然後選擇 AO，並設定模組、Range、CH 與值，並且按下 OK，如圖 8-50 所示，如圖 8-50 所示。

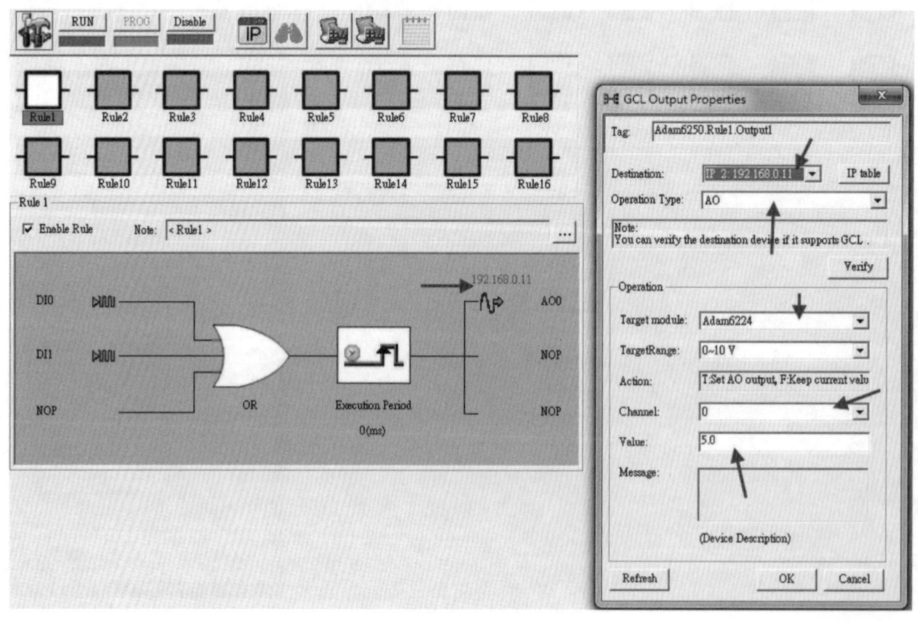

圖 8-50 輸出設定

然後按下 RUN 按鈕，此時去觸發 DI0 或 DI1，就會讓 6224 的 AO 設定爲 5V，如圖 8-51 所示。

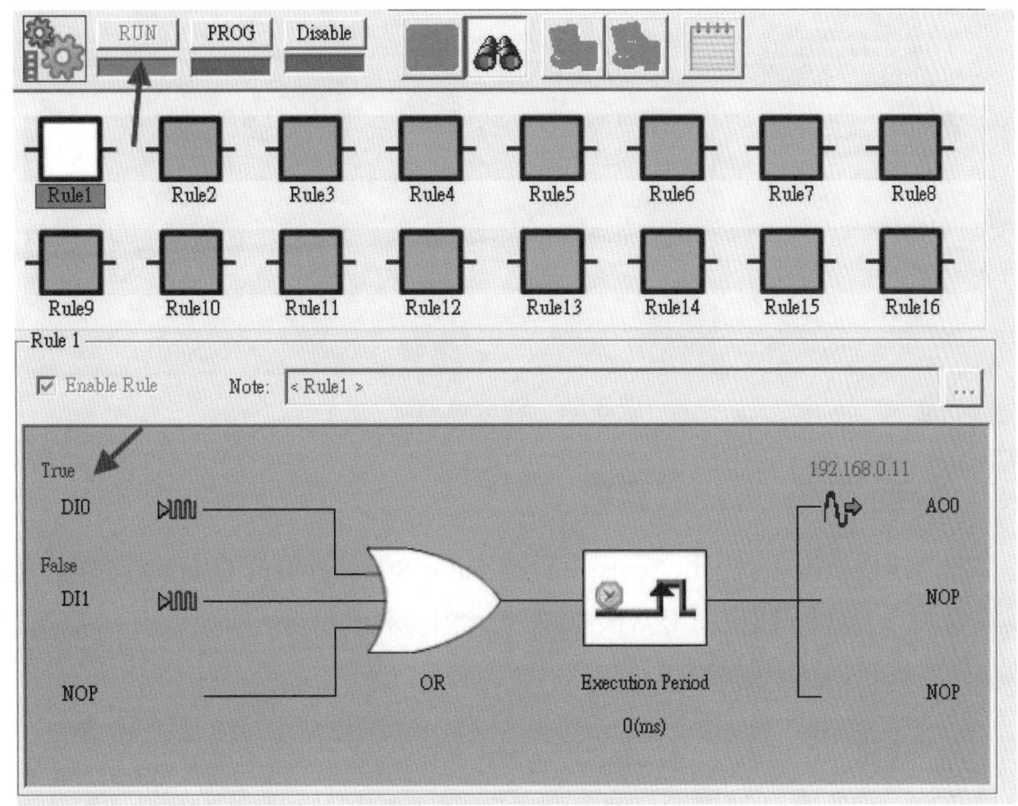

圖 8-51 GCL 執行畫面

8.5 Data Stream

Data Stream 的功能，指的是 ADAM 模組主動發資料給 Host 端，Host 不需要去詢問，ADAM 模組也會主動去發送資料，此應用可以減少 Host 的 polling Loading 與時間。

8.5.1 Data Stream 設定

選用 ADAM-6217 爲例，點取 6217 後，選擇 Stream，在這裡就可以設定 Host IP 位置，與發資料的週期性，在這裡 Host IP 設定爲 192.168.0.101，每 50mSec 主動發資料一次，如圖 8-52 所示。

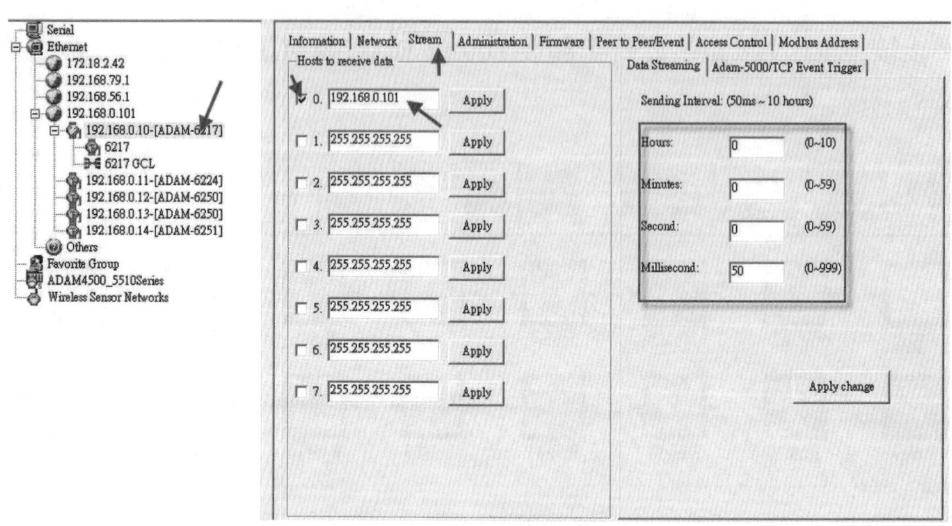

圖 8-52　Stream 設定

8.5.2　**檢查** Data Stream **資料**

當你選擇模組後，就可以 Tools 找到 Monitor Stream/Event Data，進去後，你就可以看到 AI 的資料，我再利用 Wireshark 去比對資料的位置，所以以後 Host 端只要去收集資料就可以了，如圖 8-53 所示。

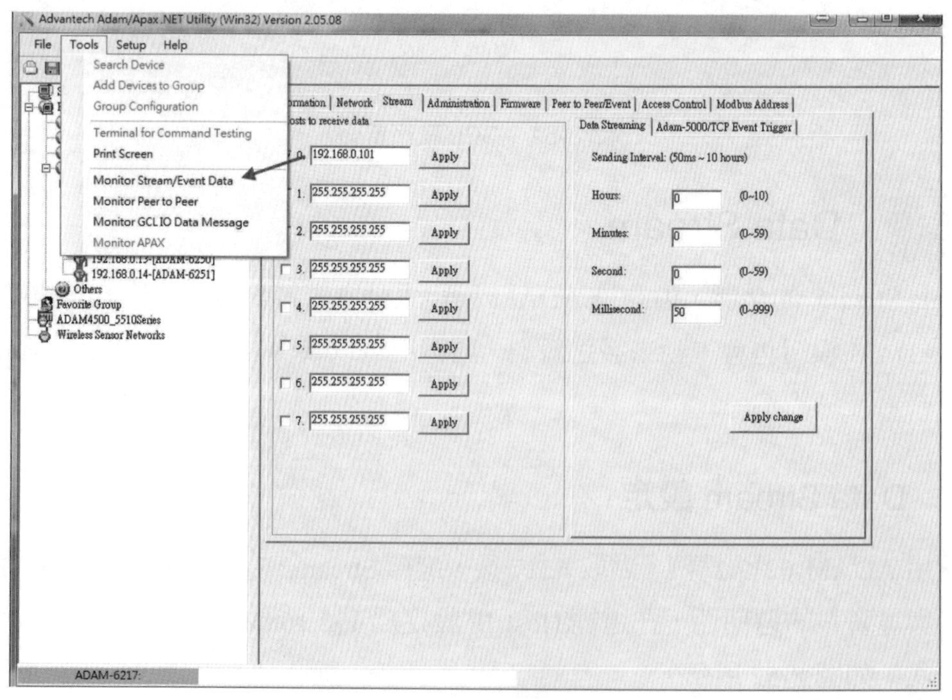

圖 8-53　收集資料畫面

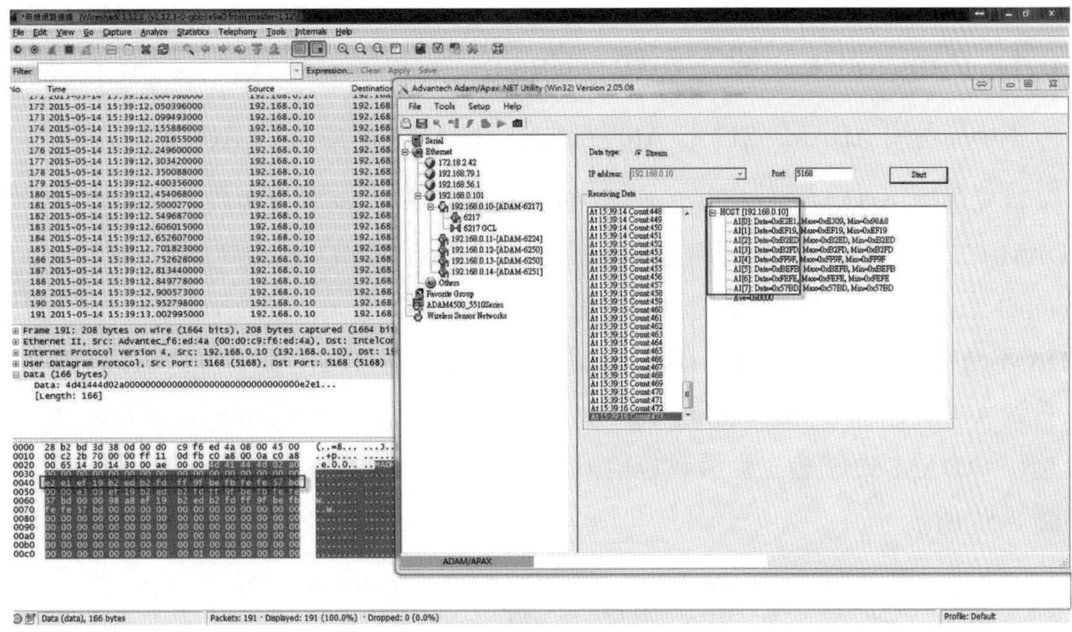

圖 8-53　收集資料畫面(續)

8.6 Peer-to-Peer(P2P)

Peer to Peer 他主要的功能是將這個模組的訊號送到遠端另一個模組，如這邊的 DI 可以控制遠端的 DO，這邊的 AI 可以控制遠端的 AO，如圖 8-54 所示。

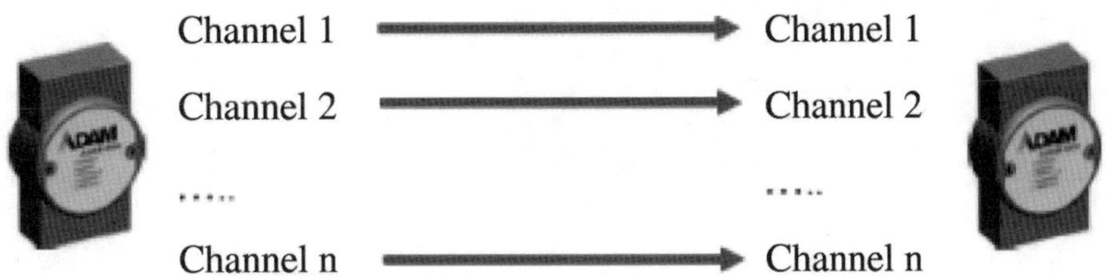

圖 8-54　Peer-to-Peer 架構示意圖

8.6.1 Peer to Peer 設定示範－Basic

本小節選用 ADAM-6217 的 AI0 控制遠方的 ADAM-6224 的 AO0。

首先選擇 ADAM-6217 的 Peer to Peer，設定爲 Basic，後再設定遠端要控制的 ADAM-6224 的 IP 位置。接著希望可以設定 AI → AO，要做 CH 設定前請先把 Modify channel Enable 打勾，再去勾選 CH0 Enable，還有 Only positive value valid，因爲 ADAM-6217 AI 輸入爲±10V，但是 6224 AO 輸出爲 0～10V。此時輸入 AI 後，就可以看到 AO 跟著輸出。Deviation enable C.O.S，此項爲當 Deviation Value(誤差值)大於幾%，ADAM-6217 會主動發封包給下一級設備，不用等待 Period time(週期時間)，如圖 8-55 所示。

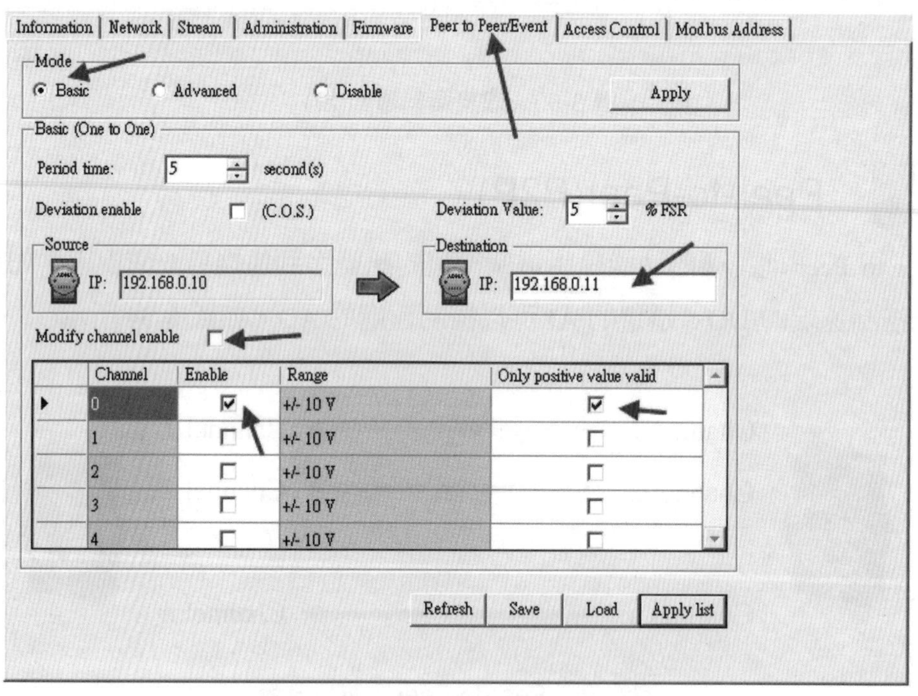

圖 8-55 Basic 模式下參數設定畫面

8.6.2 Peer to Peer 設定示範－Advanced

基本上這裡的設定跟 Basic 大同小異，最大差別在於此模式下可以每個 CH 自己設定想要對應的模組與 CH。不需要跟 Basic 一樣，一次只能對應一個模組，而且模組間的 CH 也必須對應，如圖 8-56 所示。

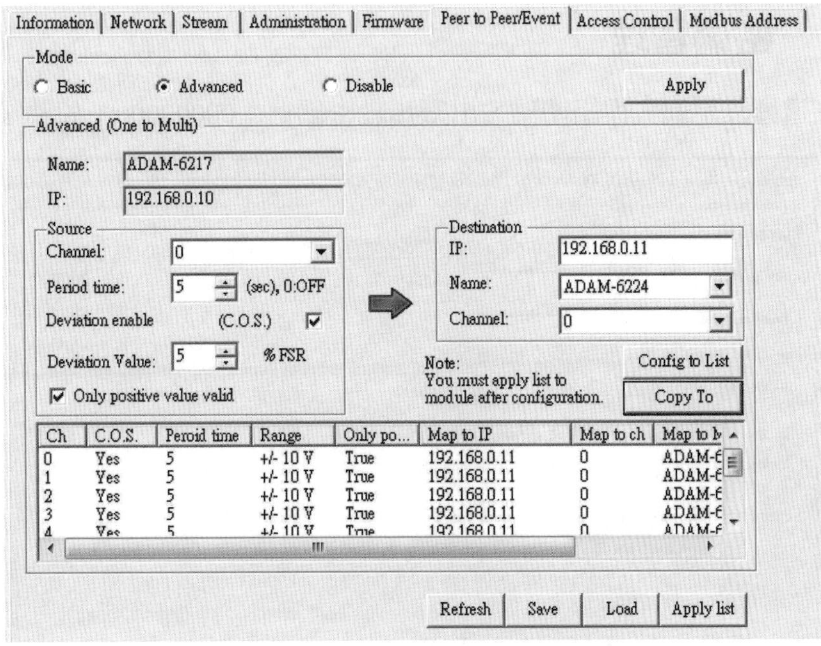

圖 8-56　Advance 模式下參數設定畫面

8.7　Access Control

此設定主要適用於安全設定，可以設定只有哪幾個 IP 或 MAC 可以存取模組，如圖 8-57 所示。

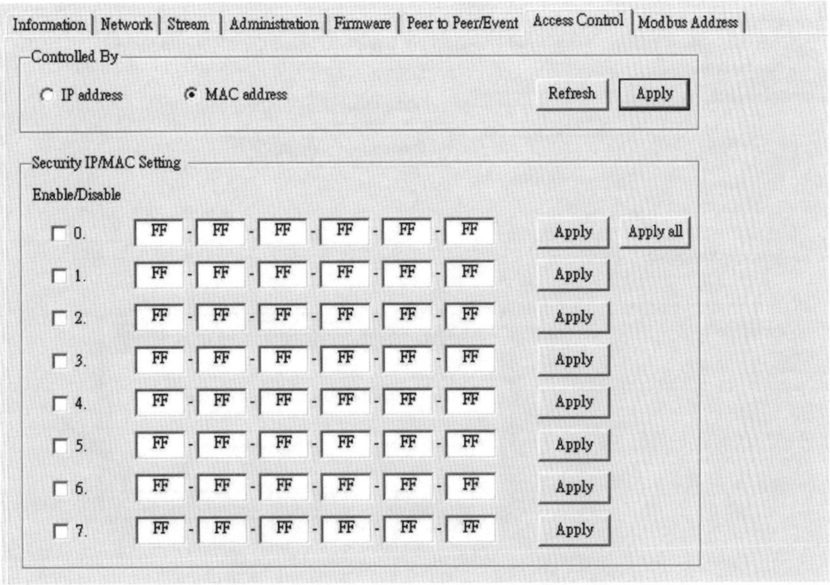

Information | Network | Stream | Administration | Firmware | Peer to Peer/Event | Access Control | Modbus Address

Controlled By

IP address　MAC address　Refresh　Apply

Security IP/MAC Setting

Enable/Disable

0. FF - FF - FF - FF - FF - FF　Apply　Apply all

1. FF - FF - FF - FF - FF - FF　Apply

2. FF - FF - FF - FF - FF - FF　Apply

3. FF - FF - FF - FF - FF - FF　Apply

4. FF - FF - FF - FF - FF - FF　Apply

5. FF - FF - FF - FF - FF - FF　Apply

6. FF - FF - FF - FF - FF - FF　Apply

7. FF - FF - FF - FF - FF - FF　Apply

圖 8-57　Access Control 設定畫面

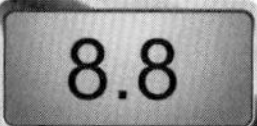

8.8 密碼管理

可以在這裡設定進入模組密碼，出廠預設密碼爲：00000000，如圖 8-58 所示。

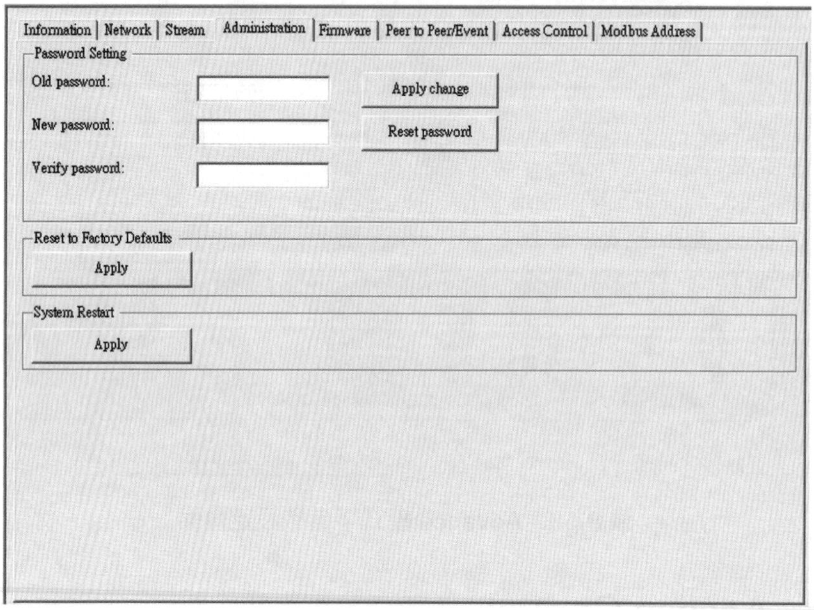

圖 8-58　密碼管理畫面

若忘記密碼時，可以透過 Reset Password，並且在 10 秒內重新送電，這樣就可以 Reset 密碼爲 00000000，如圖 8-59 所示。

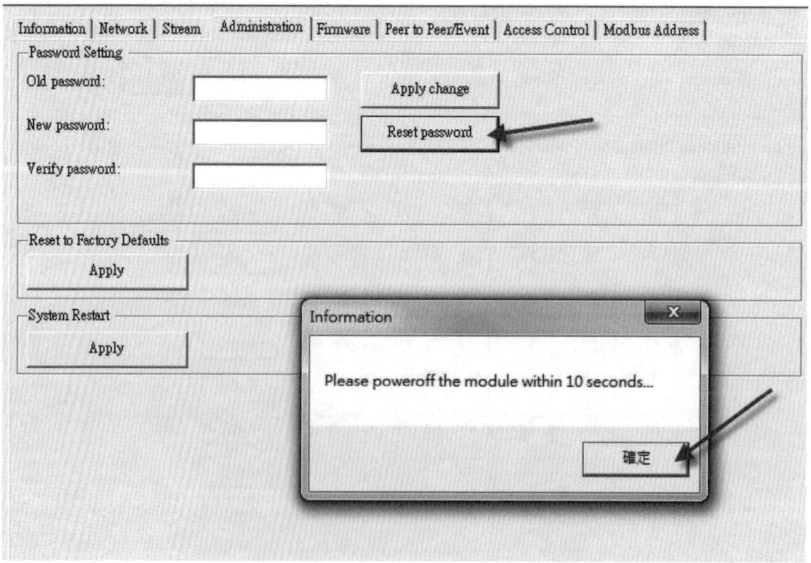

圖 8-59　Reset Password 畫面

8.9　網頁顯示

ADAM-6200 系列開始支援 HTML5 的網頁，可以直接在遊覽器輸入 ADAM 模組的 IP 位址，本小節使用 ADAM-6217 做示範，進入後在 Account 為 root，密碼為 00000000，如圖 8-60 所示。

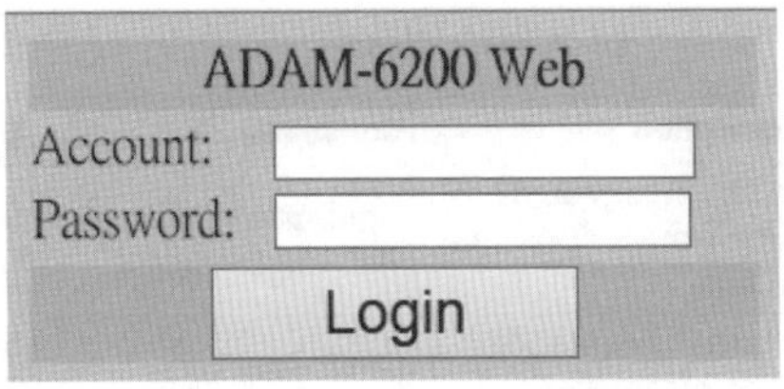

ADAM-6200 Web
Account:
Password:
Login

圖 8-60　ADAM-6000 登入畫面

進入後，就可以看到相關狀態，如圖 8-61 所示。

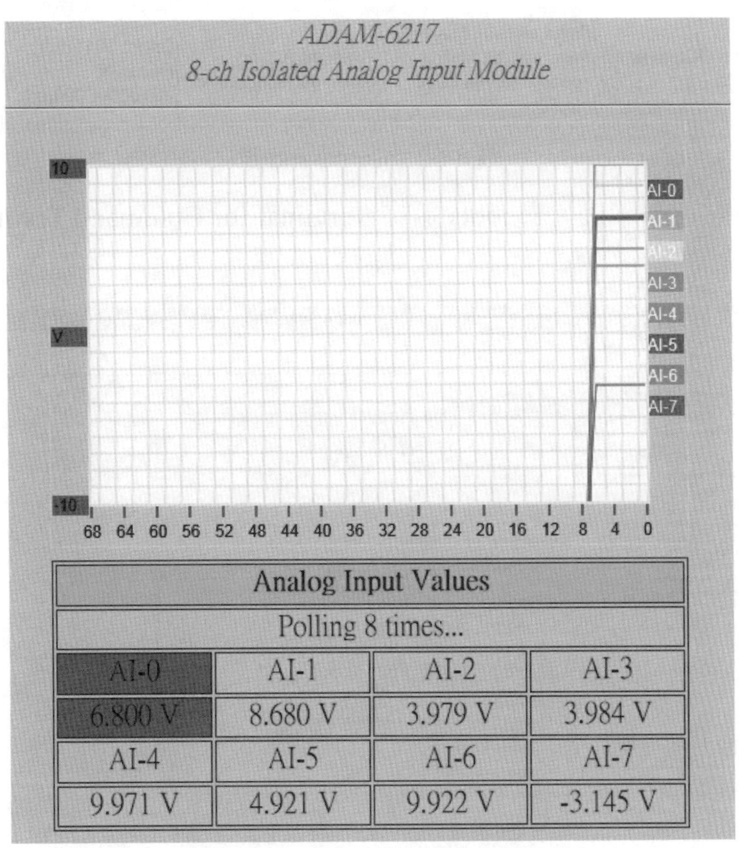

圖 8-61　ADAM-6200 Web 畫面

8.10 ASCII Code Command

ASCII code Command 是當不使用 Modbus 的時，可以選用的控制選項。可以透過一些簡單的 Code 即可讀取與寫入模組資料，如圖 8-62 所示。首先看幾個簡單的 Command，如$aaM，在這裡 aa 指的就是 ID，但是只有 ADAM-4000 有 ID，因爲 ADAM-6000 爲 IP 位置，所以 ID 一律都輸入 01，所以輸入$01M 就可以讀取模組的資料。

Function	Description	Command	Example
Read module name	Return the module name from a specified module	Cmd: $aaM(cr) Ret: !aannnn(cr)	Send: $01M(cr) Receive: !016250(cr)
Read Firmware Version	Return the firmware version from a specified module	Cmd: $aaF(cr) Ret: !aa nn.nn Bnn(cr)	Send: $01F(cr) Receive: !01 A1.00 B01(cr)
Write GCL Internal Flags	Write value(s) to GCL internal flag(s) on a specific ADAM-6200 Module	Cmd:#aaVd-bbbbdddddddd(cr) Ret: >aa(cr)	Send: #01Vd000000000000(cr) Receive: >01(cr)
Read GCL Internal Flags	Read all GCL internal flags' values from a specific ADAM-6200 module	Cmd: #aaVd(cr) Ret: >aadddddddd(cr)	Send: $01Vd(cr) Receive: >0100000000(cr)

圖 8-62　Command 表

可以利用點選網卡後，去 tools 選擇 Terminal for Command Testing，如圖 8-63 所示。

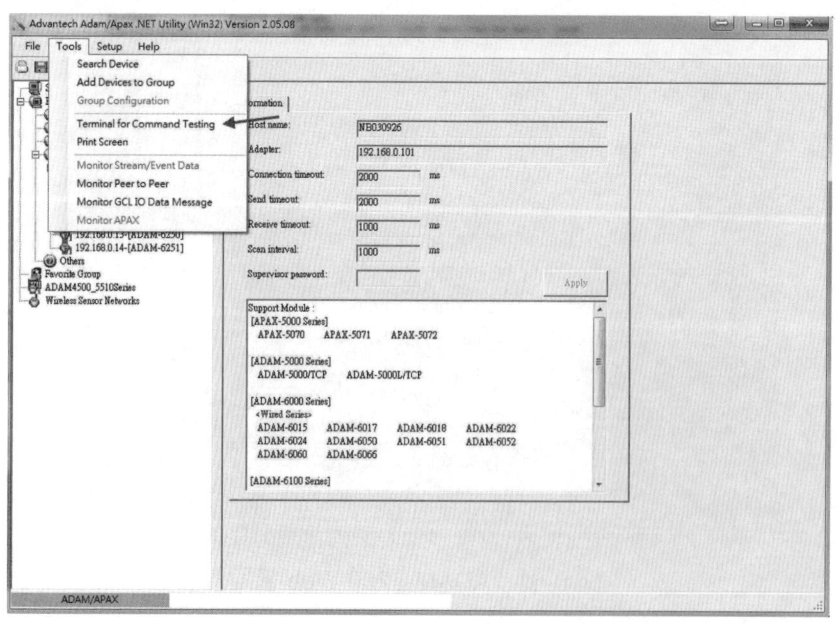

圖 8-63　選擇 Terminal for Command Testing

進入後，會出現 Adam Commander 的視窗，設定要連接的 IP 位置，就可以試著打 Command 去看看回應是否正確，如圖 8-64 所示。

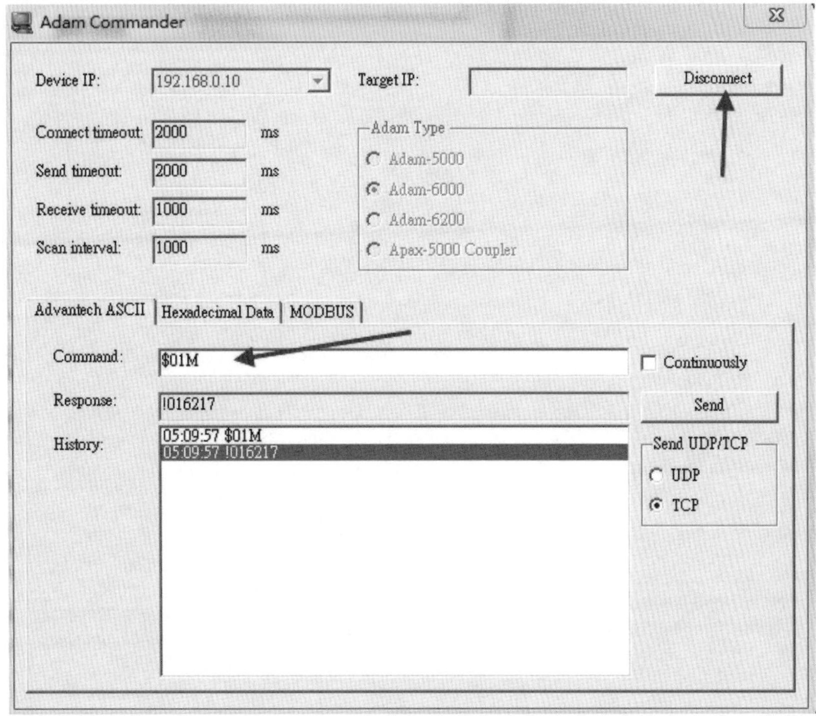

圖 8-64　Adam Commander 設定

Chapter 9

WISE-4000 系列

9.1 WISE-4000 模組介紹

WISE-4000 系列模組的規格如圖 9-1 所示。

Preliminary

Wireless I/O

Model		WISE-4012E	WISE-4012	WISE-4050	WISE-4060
Description		6-ch Input/Output IoT Wireless I/O Module for IoT Developer	4-ch Universal Input and 2-ch Digital Output IoT Wireless I/O Module	4-ch Digital Input and 4-ch Digital Output IoT Wireless I/O Module	4-ch Digital Input and 4-ch Relay Output IoT Wireless I/O Module
Wireless Network	IEEE Standard	IEEE 802.11b/g/n			
	Frequency Band	2.4GHz			
	Network Mode	Limited AP, Infrastructure			
	Wireless Security	WPA2 Personal, WPA2 Enterprise			
	Antenna Connector	Reverse SMA			
	Outdoor Range	100m			
Analog I/O	Channels	2	4	-	-
	Resolution	12-bit	16-bit	-	-
	Accurancy	1% of FSR	0.1% of FSR	-	-
	Sampling Rate	10Hz/Channel	100Hz/Total	-	-
	Voltage Input	0~10V	0~5V, 0~10V, ±5V, ±10V	-	-
	Current Input	-	0~20mA, 4~20mA	-	-
	Digital Input	-	Dry Contact	-	-
Digital I/O	Input Channel	2 (Dry Contact)	-	4	4
	Output Channel	2 (Form A Relay)	2	4	4 (Form A Power Relay)
	Counter Input	-	-	3k Hz	3k Hz
	Frequency Input	-	-	3k Hz	3k Hz
	Pulse Output	-	1 Hz	1k Hz	1 Hz
Isolation Protection		No	3,000 V_{rms}	3,000 V_{rms}	3,000 V_{rms}
LED Indicator		Status, Comm, Mode, Wireless Signal			
Power Requirement		5V_{DC} Micro-B USB	10~30V_{DC} (24V_{DC} Standard)		
Power Consumption		2.5W @ 5 V_{DC}	2.5W @ 24V_{DC}	2.2W @ 24V_{DC}	2.5W @ 24V_{DC}
Operating Temperature		-25 ~ 70°C (-13~158°F)			
Storage Temperature		-40 ~ 85°C (-40~185°F)			
Operating Humidity		20 ~ 95% RH (non-condensing)			
Storage Humidity		0 ~ 95% RH (non-condensing)			

圖 9-1　WISE-4000 模組和規格表

9.2 WISE-4012E 快速入門

9.2.1 硬體內容確認

當拿到 WISE-4012E 的時候，外盒如圖 9-2 所示，裡面應有

1. WISE-4012E。
2. IO 板(內含 2 AI、2 DI 與 2 Relay Out)。

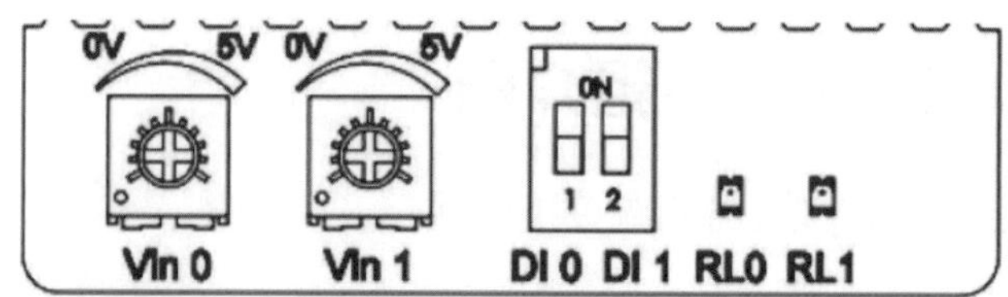

3. USB 電源線(此線僅提供 WISE 供電使用，並無傳輸之作用)。
4. 一字起子。
5. USB 隨身碟(內含 WebAccess 相關文件)。

這次本小節將以介紹 WISE 系列為主，不提與 WebAccess 整合，如有需要請參考 WebAccess 快速開發手冊。

圖 9-2 WISE-4012E 外盒和內部配件

9.2.2 硬體設定

拿到 WISE-4012E 之後，首先要確認模組後方指撥開關第 1 位為 OFF，開關在 OFF 的位置時，筆電可以透過無線網卡抓到 WISE 設定(AP 模式)，再把 USB 插上 USB 電源或用筆電都可以，如圖 9-3 所示。

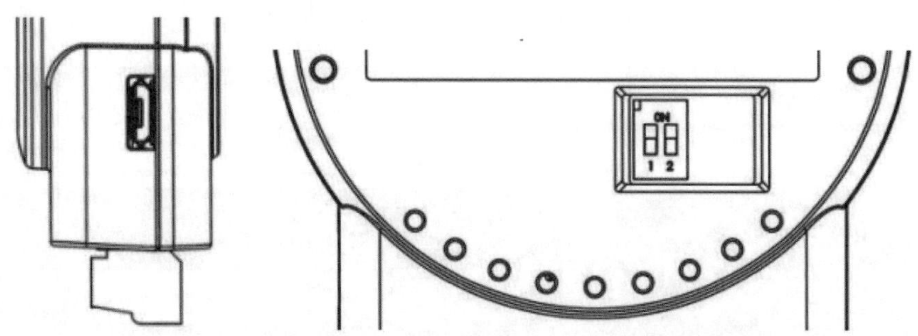

圖 9-3 WISE-4012E 電源插口和指撥開關位置

之後使用筆電的 Wi-Fi 去搜尋可使用的網路，可找到一個 WISE-4012E 開頭的 SSID，後面的數字即為網卡 MAC 的位置，如圖 9-4 所示。點選後 WISE-4012E 會使用 DHCP 配 IP 位置給你的筆電。

圖 9-4 筆電 Wi-Fi 網路搜尋 WISE-4012E

9.2.3 軟體內容介紹

連線後，使用瀏覽器(Chrome、Firefox、Safari 與 IE 皆可以，但是 IE 必須 9 以上才有支援 HTML5)，打開瀏覽器後鍵入預設的 IP 位置 192.168.1.1。

進入後預設 Account：root，預設 Password：00000000(八個零)，如圖 9-5 所示。

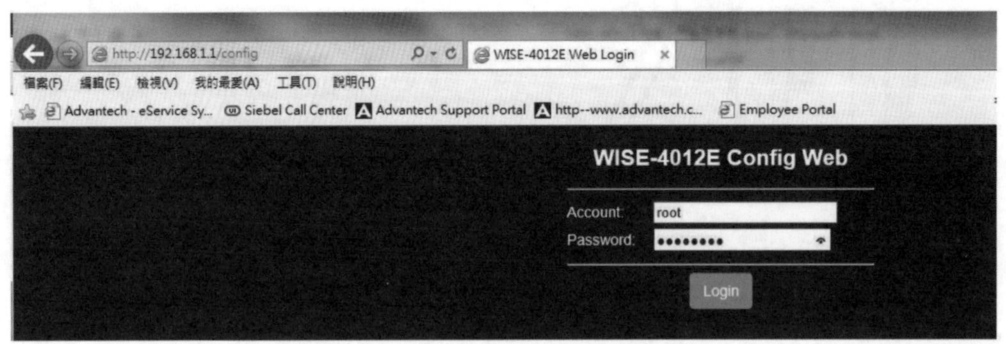

圖 9-5 WISE-4012E 登入畫面

進入後，先選擇 IO Status，先確認 IO 是否正常，如圖 9-6 所示。

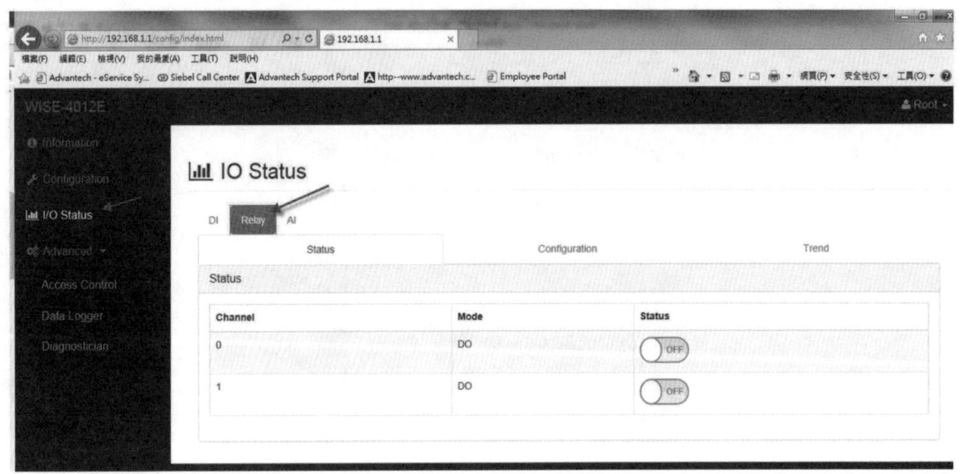

圖 9-6 WISE-4012E 內 I/O Status 畫面

確認 IO 都正常後，我們到 Configuration 的 Modbus，這邊可以確認 IO 的 Modbus 的位置，如圖 9-7 所示。

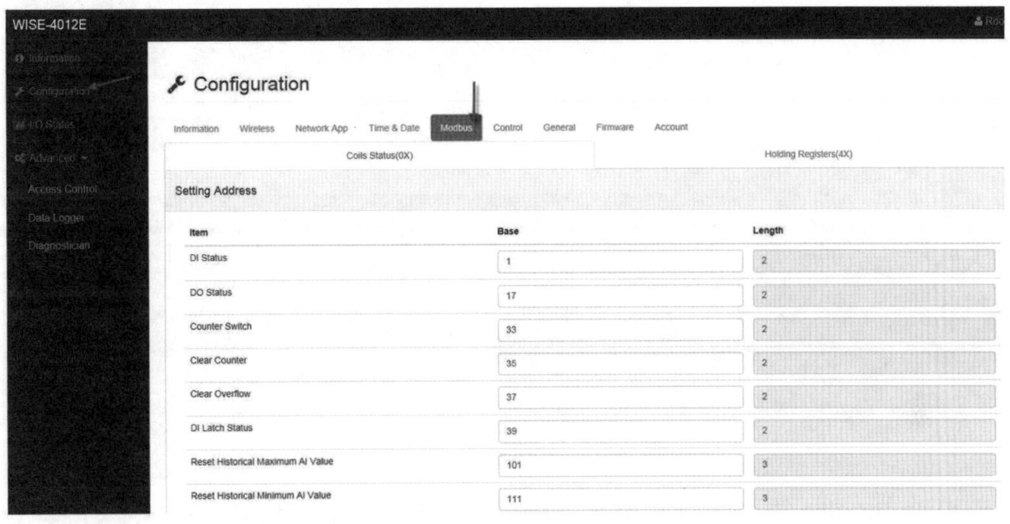

圖 9-7　WISE-4012E 內 Modbus Address 表

這邊整理一下 IO 的 Modbus 基本位置：

DI0　　0x0001

DI1　　0x0002

Relay0　　0x0017

Relay1　　0x0018

AI0　　4x0001

AI1　　4x0002

確認 OK 後，使用 Modbus 官方的測試軟體 ModScan 去測試連線是否正常，https://www.facebook.com/groups/zero.Lin/files/可以至此 FB 社團內下載試用版，執行畫面如 9-8 所示。

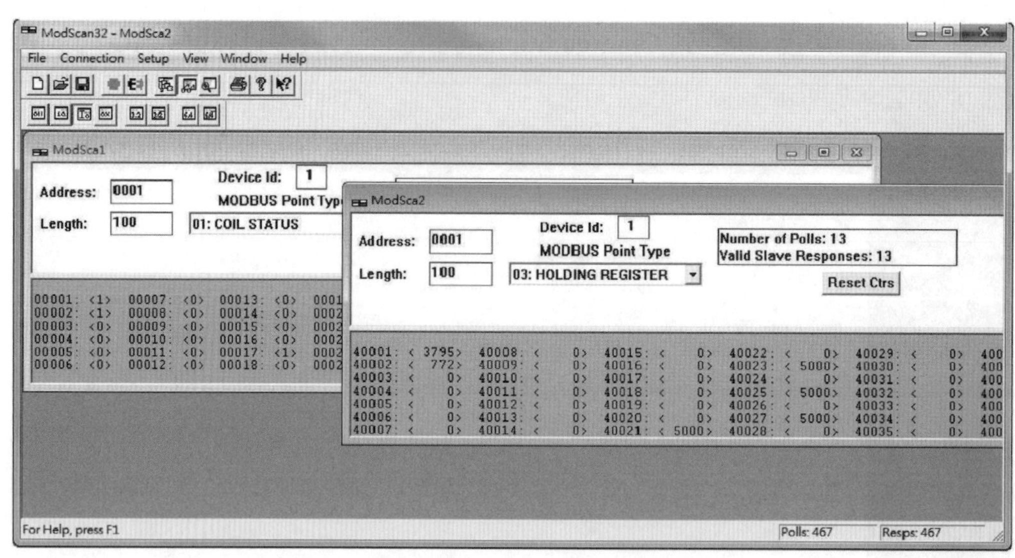

圖 9-8 ModScan 執行畫面

連線接 OK 後，要讓 WISE 原本 AP 的模式，改成網路設備中的 Server 模式，也就是與無線 AP 做連接，並且設定 IP 位置。往後只要任何設備連到這個無線 AP，透過 IP 位置就可以連結到 WISE-4012E。

首先設立一個無線 AP 的 SSID 名稱爲 Zero_Test，這就是要讓 WISE-4012E 要連接的無線 AP，如圖 9-9 所示。

圖 9-9 確認 AP 已設立

9.2.4　與無線 AP 做連線

接下來進入 Configuration 的 Wireless，首先把 WLAN Mode 改爲 Infrastructure Mode，再來設定無線 AP 目標爲 Zero_Test 在 SSID of the Access Point。因爲此 AP 沒有設定密碼，若選用的 AP 有設定密碼，WISE-4012E 只支援 WPA/WPA2 的密碼模式，並且鍵入設定的密碼，如圖 9-10 所示。

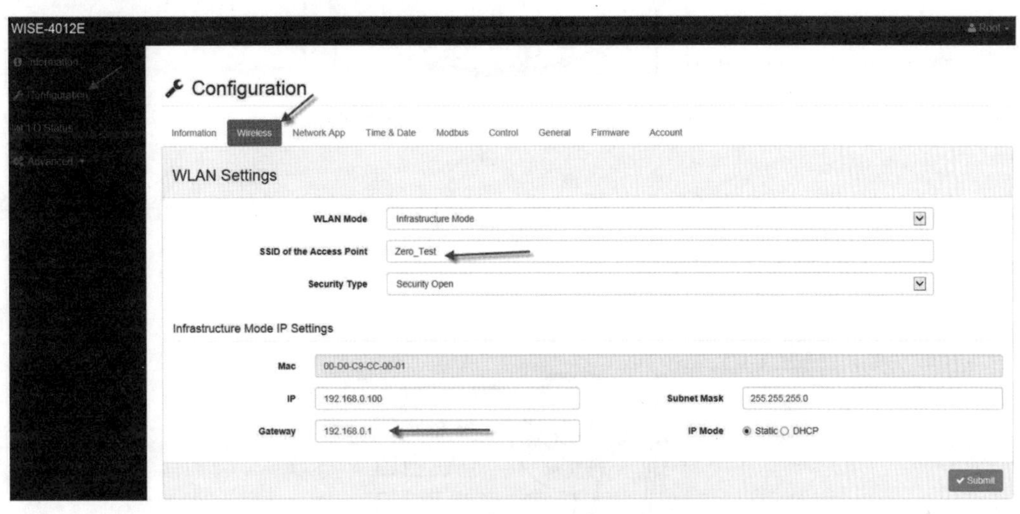

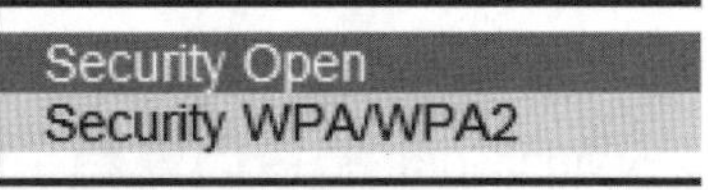

圖 9-10　Wireless 設定畫面

下方 IP 位址，要設定 WISE-4012E 的 IP 位置，設定爲 192.168.0.100。下方的 Gateway 指的是無線 AP 的 IP 位址，此設定必須了解連線的無線 AP 設定的 IP 範圍。

再來是 IP Mode，建議選擇 Static，手動設定 IP 模式。因爲設定手動才不會因使用 DHCP(自動分配 IP)，而不知道設備被分配的 IP 位址爲何，導致找不到 WISE-4012E，如圖 9-11 所示。

圖 9-11　IP 設定

設定好並 Submit 後，將模組後方指撥開關第 1 位撥到 ON 的位置，如圖 9-12 所示，並且重新送電。

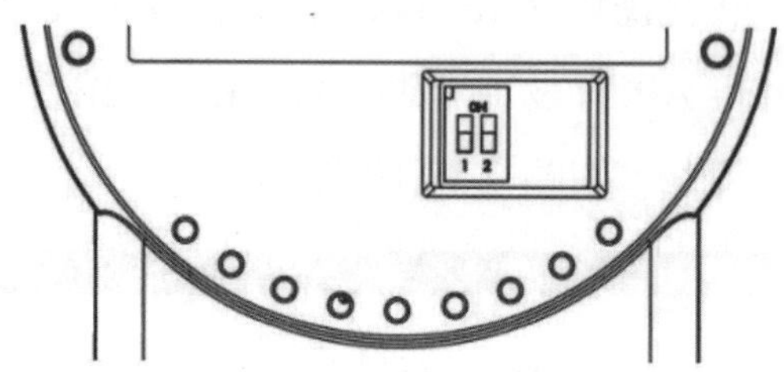

圖 9-12　WISE-4012E 後方指撥開關位置

送電後，就可以看到訊號強度有訊號，AP/Infra 會滅掉，表示 Infrastructure 模式是設定正確的，如圖 9-13 所示。

LED 指示

- Status/Com: 綠色閃爍為工作中，橘色為通訊中
- AP/Infra: 綠色亮為 AP Mode
綠色滅為 Station Mode (Infrastructure)
- Signal Indicator: 在 Station Mode 時代表信號強度

圖 9-13　燈號意義表

接下來，同時也讓筆電的無線網卡連接無線 AP，這時候再次透過網頁，這次的 IP 位置就是剛剛設定的 Static IP 192.168.0.100，此時有看到網頁與登入畫面，表示設定成功，如圖 9-14 所示。

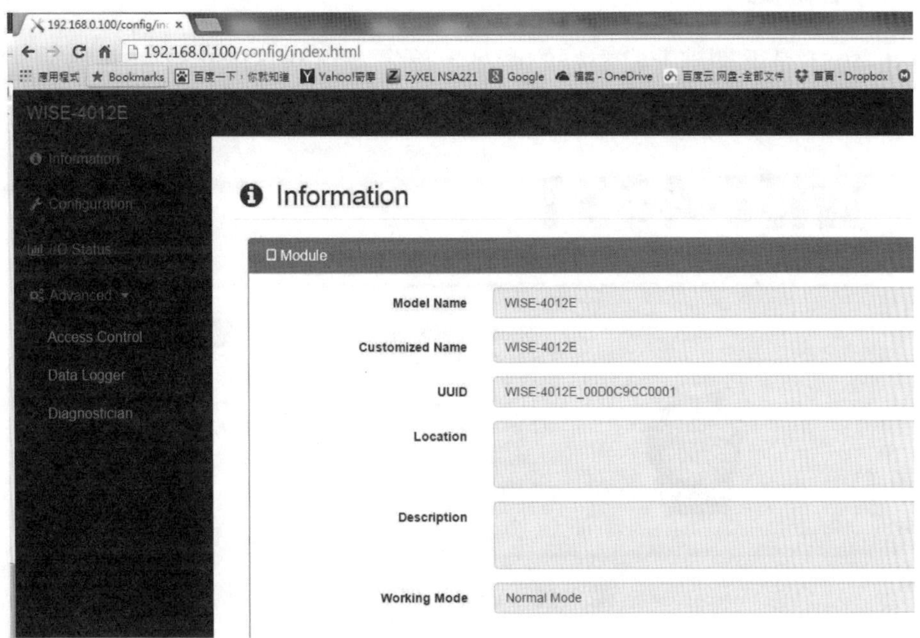

圖 9-14　連線到 WISE-4012E 畫面

再次使用 ModScan 去連接，使用 192.168.0.100 即可連線到 WISE-4012E，如圖 9-15 所示。

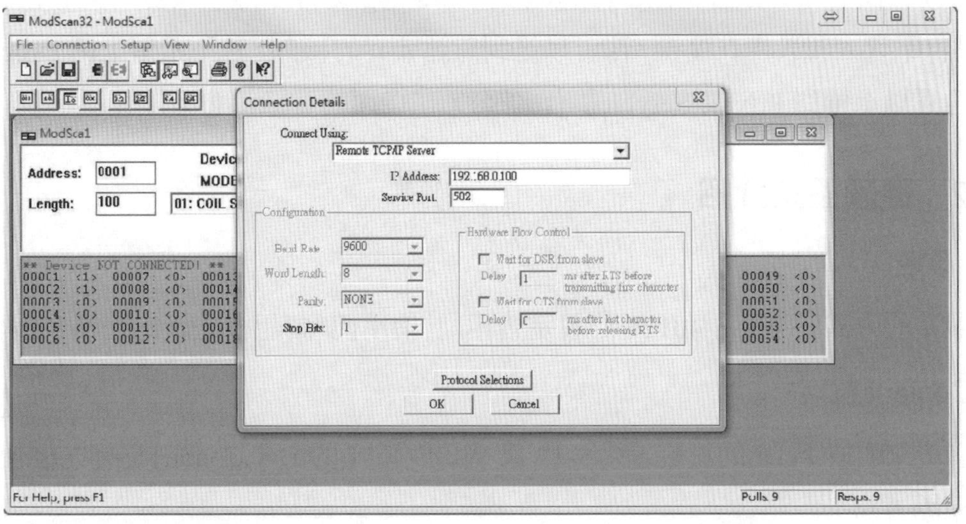

圖 9-15　ModScan 連線到 WISE-4012E 設定畫面

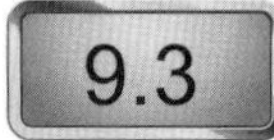

9.3 WISE-4051 快速入門

9.3.1 規格確認

WISE-4051 是近期被非常看好的產品，首先看到 WISE-4051 的規格，如圖 9-16 所示。

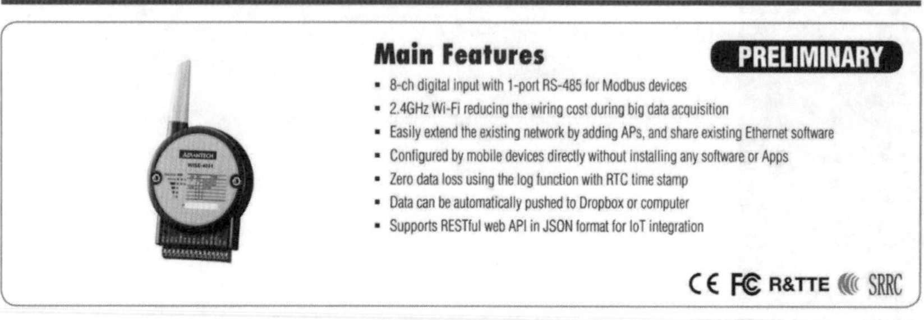

圖 9-16　WISE-4051 規格

除了擁有八個 DI 以外，同時還擁有 **RS-485 介面**，此介面可以讓原本的 **Modbus RTU Protocol** 的設備轉換成 **Wi-Fi 與 RESTful API**。讓原本的設備可以更加靈活變化，如智慧電表就可以升級成 WIFI 或是 RESTful API 也就是網頁服務。再加上只要是 Wi-Fi 介面的 WISE 都支援 **Dropbox 的 Data log 資料上傳**，只要 Wi-Fi 是連上網際網路，不管人與設備在哪裡，都可以達到無遠弗界的機制。若不希望上傳 Dropbox，現在也可以上傳到 Private Server(私有網路)，在後面的章節都會多加介紹。

9.3.2 硬體設定介紹

WIFI 設定

設定的方式與 WISE-4012E 的設定皆相同，使用前，請記得先設定好 WISE-4051。

Dry Contact 設定

首先來看一下 DI 的設定，圖 9-17 為 WISE-4051 的 Dry Contact 圖示，要使用前請先確認。

1. 模組背後的 Switch 位置，若位置不對，模式可能就不同，在此為 ON。
2. 在此 DICOM 是內建 **DC+，這個設定與以前模組的設定不同**，在此要注意一下。
3. 指撥開關的切換是以四個為一組，如 DI0～3，所以必須要注意。

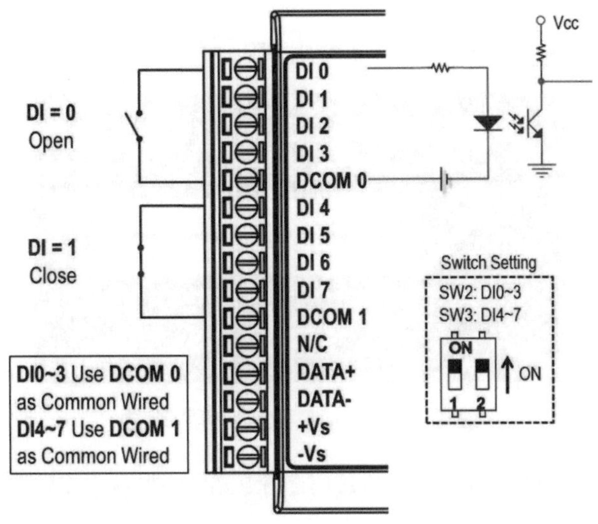

圖 9-17 WISE-4051 的乾接點內部電路

Wet Contact 設定

1. 模組背後的 Switch 位置，因為您位置不對，模式可能就不同，在此為 OFF。
2. 在此 DICOM 是**雙向的電晶體**，可適用 NPN(Sink)與 PNP(Source)的輸入模式。
3. 指撥開關的切換是以四個為一組，如 DI0～3，所以必須要注意。

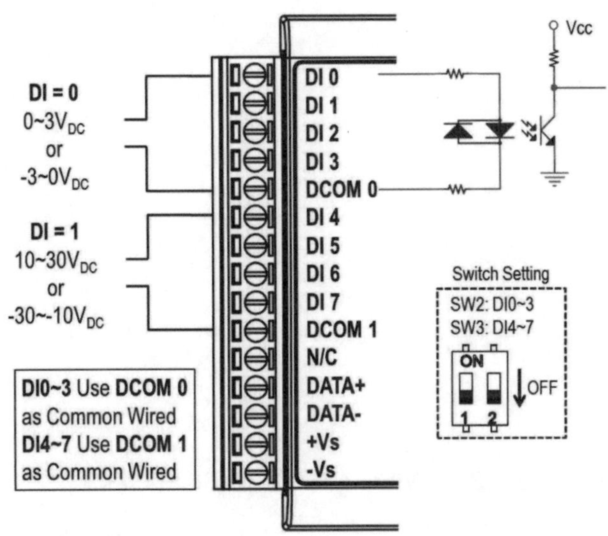

圖 9-18 WISE-4051 的濕接點內部電路

9.3.3 軟體內容介紹

連線後，使用瀏覽器(Chrome、Firefox、Safari 與 IE 皆可以，但是 IE 必須 9 以上才有支援 HTML5)，打開瀏覽器後鍵入預設的 IP 位置 192.168.1.1。

進入後預設 Account：root，預設 Password：00000000(八個零)，如圖 9-19 所示。

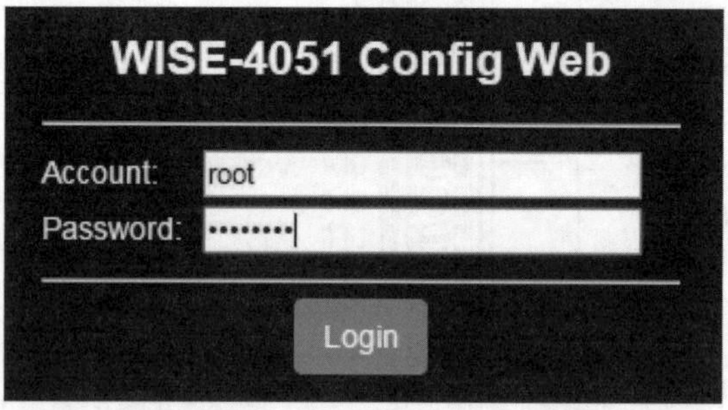

圖 9-19 WISE-4051 登入畫面

進入後，先選擇 IO Status，確認 IO 是否正常，如圖 9-20 所示。

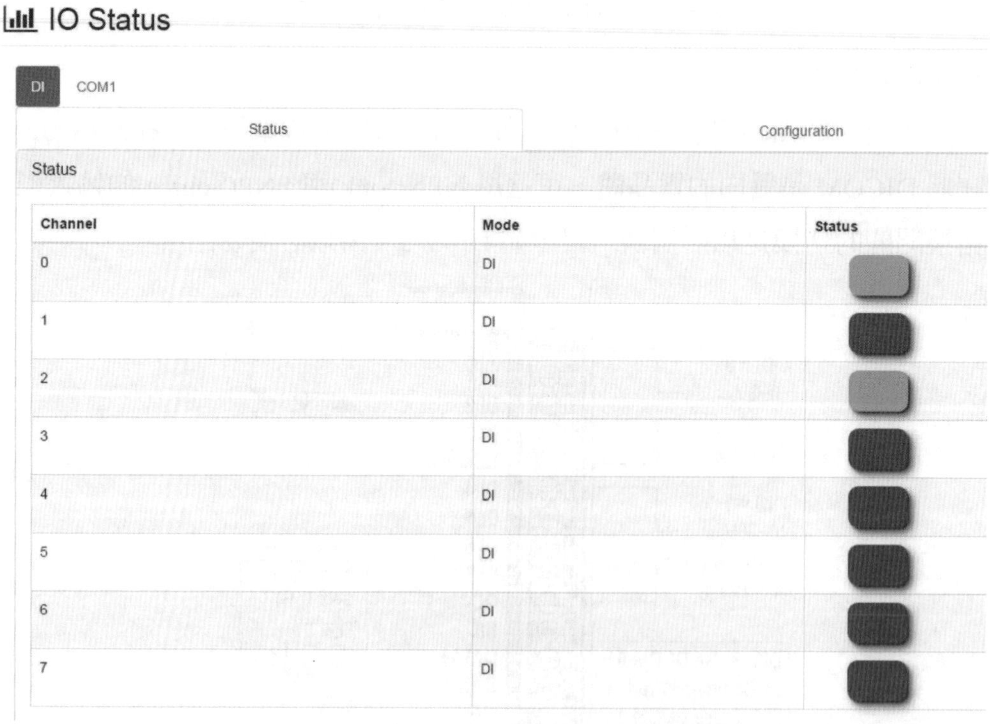

圖 9-20 WISE-4051 的 IO Status 畫面

確認 IO 都正常後，到 Configuration 的 Modbus，此頁面可以確認 IO 的 Modbus 的位置，如圖 9-21 所示。

Configuration

Information | Wireless | Network App | Time & Date | SNTP | Modbus | Control | General | Cloud | Firmware | Account

Coils Status(0X)

Setting Address

Item	Base Address	Length
DI Status	1	8
Counter Switch	33	8
Clear Counter	41	8
Clear Overflow	49	8
DI Latch Status	57	8
Expansion Bit	1001	32
Low Battery Status	5001	1

圖 9-21 WISE-4051 的 Modbus Address 表

這邊整理一下常用 IO 的 Modbus 位址：DI0～DI7 0x0001～0x0008

9.3.4 使用 WISE-4051 的 RS-485 的介面連接 Modbus RTU 的設備

此功能是本模組非常重要的一個功能，WISE-4051 可以利用 RS-485 的界面連接 Modbus RTU的設備。首先情境如下：希望透過 WISE-4051 的 Wi-Fi 讀取 ADAM-4017+ 與 ADAM-4055，連線架構如圖 9-22 所示。

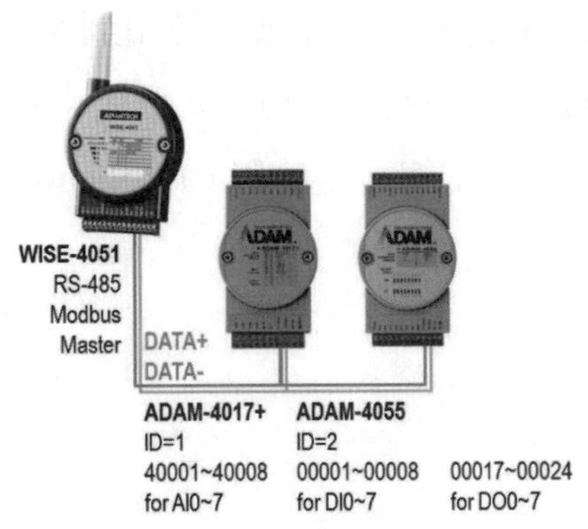

圖 9-22 WISE-4051 和 ADAM-4017+及 ADAM-4055 連線架構

基本的 ADAM-4K 設定完後，我們就要來設定 WISE-4051，先設定 Com Port 的 Baud Rate 等基本參數，按下 Submit，如圖 9-23 所示。

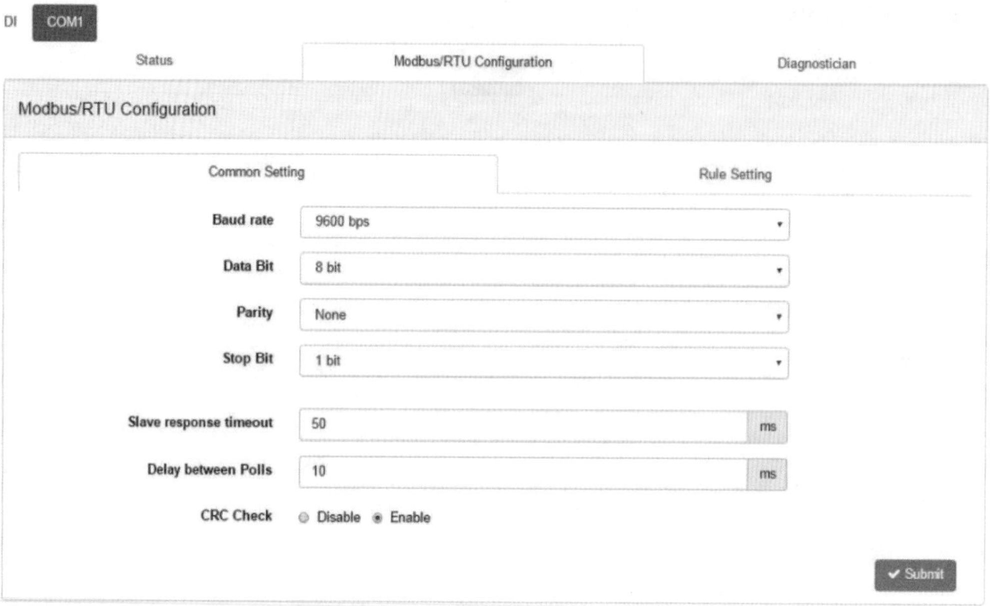

圖 9-23　Com Port 參數設定畫面

設定完後要設定 Rule Setting，這裡有幾個地方要設定。比如說 ID = 1 的設備是 ADAM-4017+，其 AI0～AI7 對應到 4x0001～4x0008，所以在 Rule 0 設定 Slave ID = 1，Type 爲 03 Holding register。**03 指的是 Modbus 的 Function Code，不是位置，4X 的位置是 Holding register，必須小心注意**。Start Address 是 4x0001 就填 1，Length 長度指的就是連續八個，R/W 就是是否可寫寫讀，**最後一個 Mapping Channel 要注意一下，指的是 Mapping 到 WISE-4051 裡面的位置，舉 Rule 1 與 Rule 2 爲例，Rule 1 的位置是 1～8，所以 Mapping Channel 就會使用到 8 個，所以 Rule 2 就必須從 8 開始(因爲數值是從 0 開始算)**。再回頭看 Rule 0 爲何也是從 0 開始，因爲 Rule 0 是使用 Holding register，但是 Rule 1 與 2 是使用 Coil Status，所以這兩個使用的位置是不一樣的，如圖 9-24 所示。

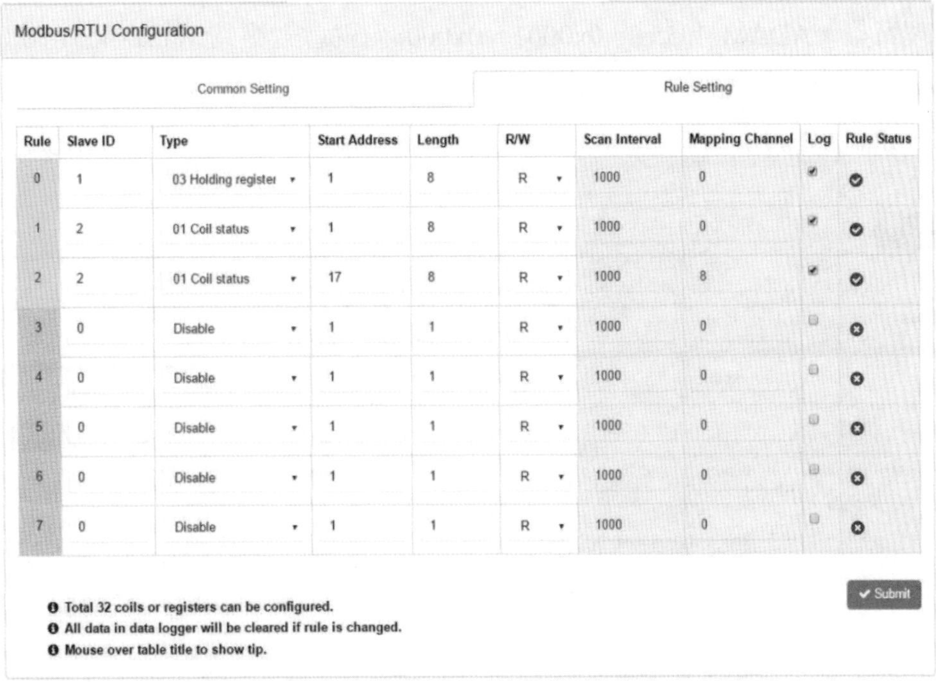

Modbus/RTU Configuration

Common Setting　　Rule Setting

Rule	Slave ID	Type	Start Address	Length	R/W	Scan Interval	Mapping Channel	Log	Rule Status
0	1	03 Holding register	1	8	R	1000	0	✔	✔
1	2	01 Coil status	1	8	R	1000	0	✔	✔
2	2	01 Coil status	17	8	R	1000	8	✔	✔
3	0	Disable	1	1	R	1000	0	☐	✖
4	0	Disable	1	1	R	1000	0	☐	✖
5	0	Disable	1	1	R	1000	0	☐	✖
6	0	Disable	1	1	R	1000	0	☐	✖
7	0	Disable	1	1	R	1000	0	☐	✖

Submit

- Total 32 coils or registers can be configured.
- All data in data logger will be cleared if rule is changed.
- Mouse over table title to show tip.

圖 9-24　Rule Setting 畫面

設定完後，就可以在 Com1 的 Word Status 也就是 4X 的位置看到原本 ADAM-4017+的 4x0001～4x0008 的值，映射到 WISE-4051 的 4x1001～4x1008。換句話說，往後只需要讀 WISE-4051 的 Modbus TCP 的 4x1001～4x1008 的值，就是讀原本 ADAM-4017+的 4x0001～4x0008 的值，如圖 9-25 所示。

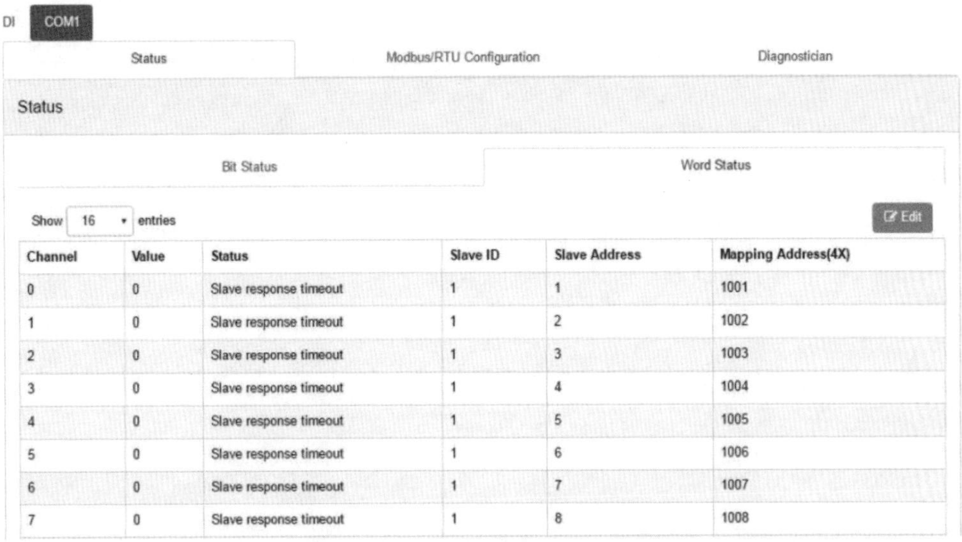

DI　COM1

Status　Modbus/RTU Configuration　Diagnostician

Status

Bit Status　Word Status

Show 16 entries　Edit

Channel	Value	Status	Slave ID	Slave Address	Mapping Address(4X)
0	0	Slave response timeout	1	1	1001
1	0	Slave response timeout	1	2	1002
2	0	Slave response timeout	1	3	1003
3	0	Slave response timeout	1	4	1004
4	0	Slave response timeout	1	5	1005
5	0	Slave response timeout	1	6	1006
6	0	Slave response timeout	1	7	1007
7	0	Slave response timeout	1	8	1008

圖 9-25　COM1 接收數值畫面

同理可證，ADAM-4055 的 0x0001～0x0008，就會對應到 WISE-4051 的 0x1001～0x1008，ADAM-4055 的 0x0017～0x0024，就會對應到 WISE-4051 的 0x1009～0x1016，如圖 9-26 所示。

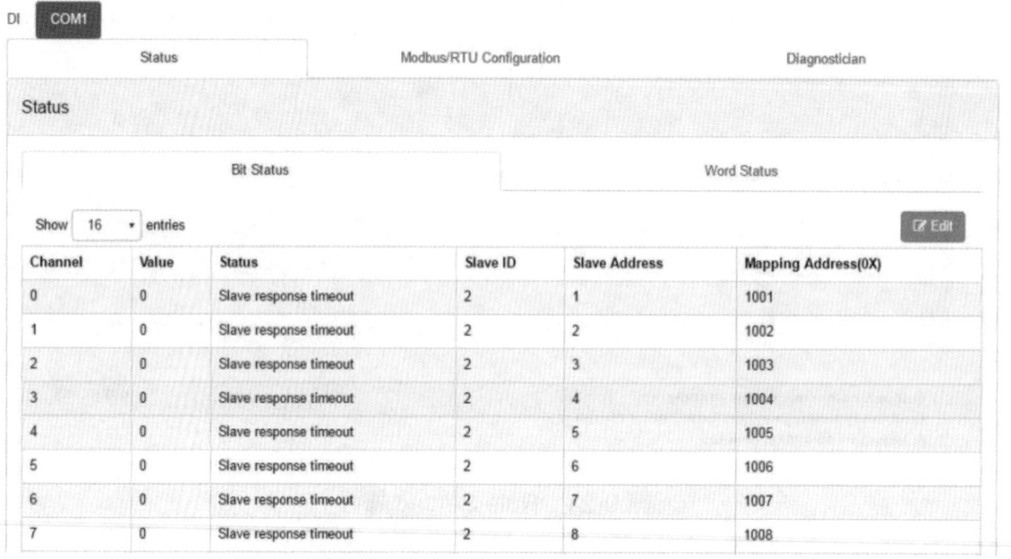

Channel	Value	Status	Slave ID	Slave Address	Mapping Address(0X)
0	0	Slave response timeout	2	1	1001
1	0	Slave response timeout	2	2	1002
2	0	Slave response timeout	2	3	1003
3	0	Slave response timeout	2	4	1004
4	0	Slave response timeout	2	5	1005
5	0	Slave response timeout	2	6	1006
6	0	Slave response timeout	2	7	1007
7	0	Slave response timeout	2	8	1008

圖 9-26　COM1 接收數值畫面

如表 9-1，即可達成其目的。

表 9-1

WISE-4051		ADAM-4055		WISE-4051		ADAM-4017+	
Bit Status	Mapped Modbus Address	I/O	Slave Modbus Address	Word Status	Mapped Modbus Address	I/O	Slave Modbus Address
Ch0	01001	DI0	00001	Ch0	41001	AI0	40001
Ch1	01002	DI1	00002	Ch1	41002	AI1	40002
Ch2	01003	DI2	00003	Ch2	41003	AI2	40003
Ch3	01004	DI3	00004	Ch3	41004	AI3	40004
Ch4	01005	DI4	00005	Ch4	41005	AI4	40005
Ch5	01006	DI5	00006	Ch5	41006	AI5	40006
Ch6	01007	DI6	00007	Ch6	41007	AI6	40007
Ch7	01008	DI7	00008	Ch7	41008	AI7	40008
Ch8	01009	DO0	00017	Ch8	41009		
Ch9	01010	DO1	00018	Ch9	41010		
Ch10	01011	DO2	00019	Ch10	41011		
Ch11	01012	DO3	00020	Ch11	41012		
Ch12	01013	DO4	00021	Ch12	41013		
Ch13	01014	DO5	00022	Ch13	41014		
Ch14	01015	DO6	00023	Ch14	41015		
Ch15	01016	DO7	00024	Ch15	41016		
Ch16	01017			Ch16	41017		
Ch17	01018			Ch17	41018		
Ch18	01019			Ch18	41019		
Ch19	01020			Ch19	41020		
Ch20	01021			Ch20	41021		
Ch21	01022			Ch21	41022		
Ch22	01023			Ch22	41023		
Ch23	01024			Ch23	41024		
Ch24	01025			Ch24	41025		
Ch25	01026			Ch25	41026		
Ch26	01027			Ch26	41027		
Ch27	01028			Ch27	41028		
Ch28	01029			Ch28	41029		
Ch29	01030			Ch29	41030		
Ch30	01031			Ch30	41031		
Ch31	01032			Ch31	41032		

Chapter 10

ADAM.Net Class Library

使用電腦要與 ADAM 或 Modbus 的設備做連線時，常常會遇到頭痛的問題：不會寫 Protocol，因此不知道要如何跟設備連接。

研華提供了一個非常方便的 Dotnet 的 Library，你可以輕易的使用並且跟 ADAM 做連線，在此小節會針對 Serial port 與 Ethernet 如何做連線來介紹。

請先至研華官網下載 ADAM.Net Class Library for ADAM/APAX series 並安裝，如圖 10-1 所示。

http://downloadt.advantech.com/download/downloadsr.aspx?File_Id=1-VRJH8D

Support / Downloads / Driver /

Document No. 1-115255407			
Date Updated	02-26-2015	Date Created	07-04-2006
Document Type	Driver	Related OS	Device Driver
Related Product	ADAM-6050 / ADAM-6051 / ADAM-6060 / ADAM-5000/485 / ADAM-4000-UTIL / ADAM-5000/TCP / ADAM-5056S-A / ADAM-4000 / ADAM-4011 / ADAM-4012 / ADAM-4013 / ADAM-4016 / ADAM-4017 / ADAM-4018 / ADAM-4021 / ADA...more		

ADAM. Net Class Library for ADAM/APAX series

Solution： ADAM. Net Class Library for ADAM/APAX series

Download File	Released Date	Download Site
AdamApax.NET Class Library VS2008 V8.02.0008.rar (V8.02.0008)	2015-02-25	Primary Secondary

圖 10-1 下載 Library 頁面

安裝完後就可在

C:\Program Files(x86)\Advantech\AdamApax.NET Class Library 的路徑找到資料。

圖 10-2　安裝路徑

此函示庫適用 Visual Studio 2008 以上的版本。

本小節使用的軟體是 Microsoft Visual Studio 2010 的 C#，可以到微軟官網下載 Visual c# 2010 Express 免費版本，如圖 10-3 所示。

https://www.visualstudio.com/downloads/download-visual-studio-vs#d-2010-express

圖 10-3　下載 Visual c# 2010 Express 頁面

完成後就可以使用 C#去編寫您所需求的程式。

10.1 使用 Library 連接 TCP 設備

首先設定一個情境，利用 Library 去連接 ADAM-6217 的 AI 模組，函式庫內有兩種範例程式可以選擇。

1. C:\Program Files(x86)\Advantech\AdamApax.NET Class Library\Sample Code\ADAM\Win32\CSharp\ADAM-6000 Series\Adam6217。

   這個範例是針對 6217 所設計的，但是他是利用 Modbus TCP 的原理去連接設備，所以我們還有另外一個選擇，位置如圖 10-4 所示。

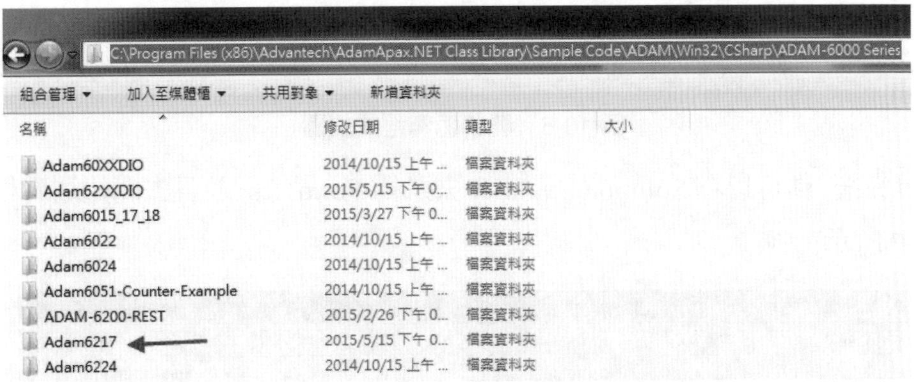

圖 10-4 第一個範例程式位置

2. C:\Program Files(x86)\Advantech\AdamApax.NET Class Library\Sample Code\ADAM\Win32\CSharp\Others\ModbusTCP。

   此範例是針對泛用型 Modbus TCP 的設備所設計的，所以只要是 Modbus TCP 都可以使用此範例，位置如圖 10-5 所示。

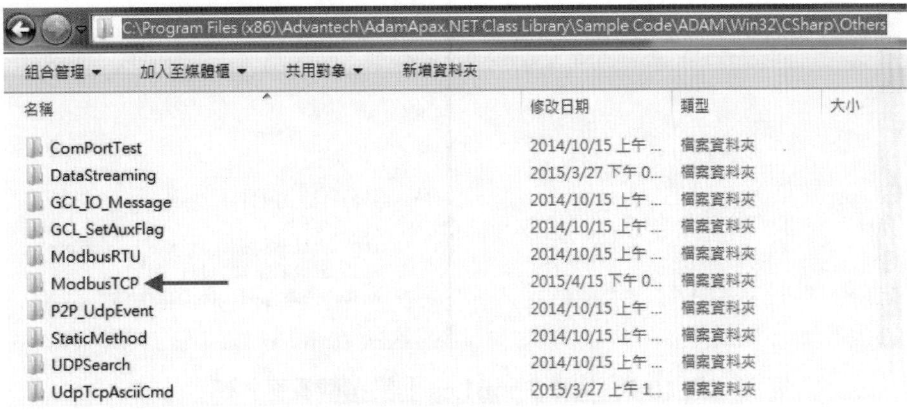

圖 10-5 第二個範例程式位置

10.1.1 使用 Adam6217 範例實現

首先使用 Adam6217 來做第一個範例。到 C:\Program Files(x86)\Advantech\AdamApax.NET Class Library\Sample Code\ADAM\Win32\CSharp\ADAM-6000 Series\Adam6217 執行 Adam6217.sln，如圖 10-6 所示。

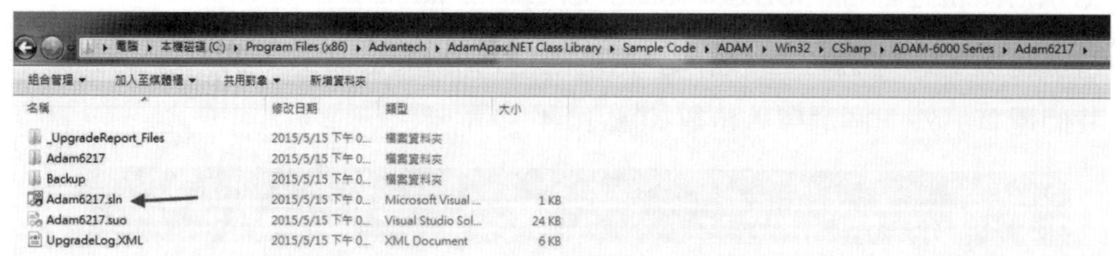

圖 10-6 開啓範例程式位置

執行完後，你可以在 Solution Explorer 去選擇 Form1.cs，並且去開始觀看程式碼，如圖 10-7 所示。

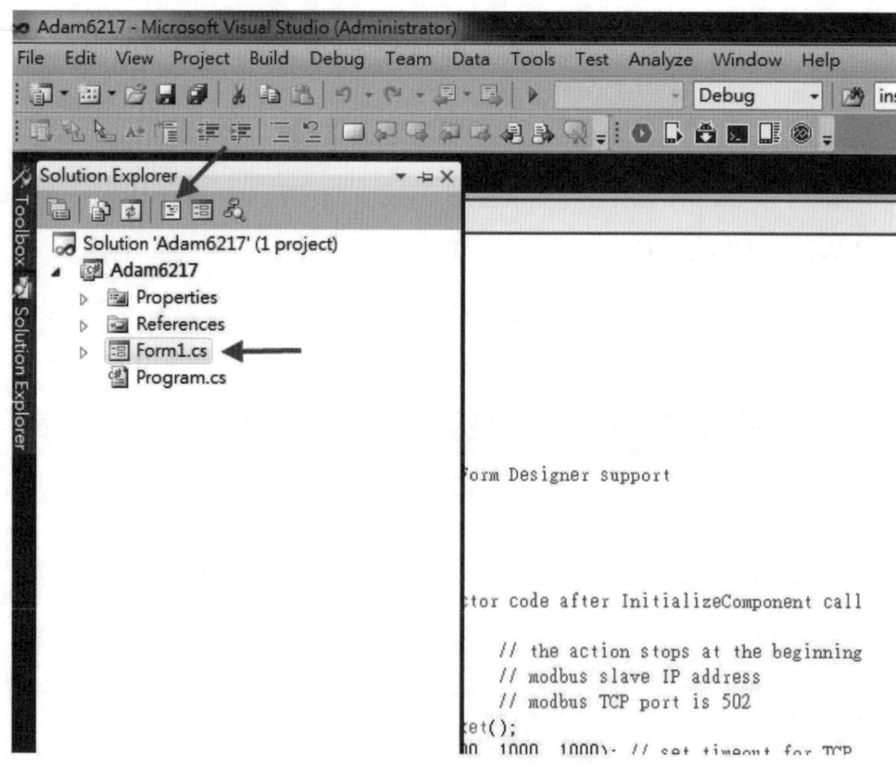

圖 10-7 選擇 Form1.cs 並點選觀看程式碼

進入後就可以看到一整串的 Code，只需要修改下面的 IP 位置指向使用的 ADAM-6217 即可，如圖 10-8 所示。

```
public Form1()
{
    //
    // Required for Windows Form Designer support
    //
    InitializeComponent();

    //
    // TODO: Add any constructor code after InitializeComponent call
    //
    m_bStart = false;            // the action stops at the beginning
    m_szIP = "192.168.0.10";     // modbus slave IP address
    m_iPort = 502;               // modbus TCP port is 502
    adamModbus = new AdamSocket();
    adamModbus.SetTimeout(1000, 1000, 1000); // set timeout for TCP
    adamModbus.AdamSeriesType = AdamType.Adam6200; // set AdamSeriesType for  ADAM-6217
    m_Adam6000Type = Adam6000Type.Adam6217; // the sample is for ADAM-6217

    m_iAiTotal = AnalogInput.GetChannelTotal(m_Adam6000Type);

    txtModule.Text = m_Adam6000Type.ToString();
    m_bChEnabled = new bool[m_iAiTotal];
    m_byRange = new ushort[m_iAiTotal];
}
```

圖 10-8　程式修改位置

修改完之後，執行 F5 Start Debugging，如圖 10-9 所示。

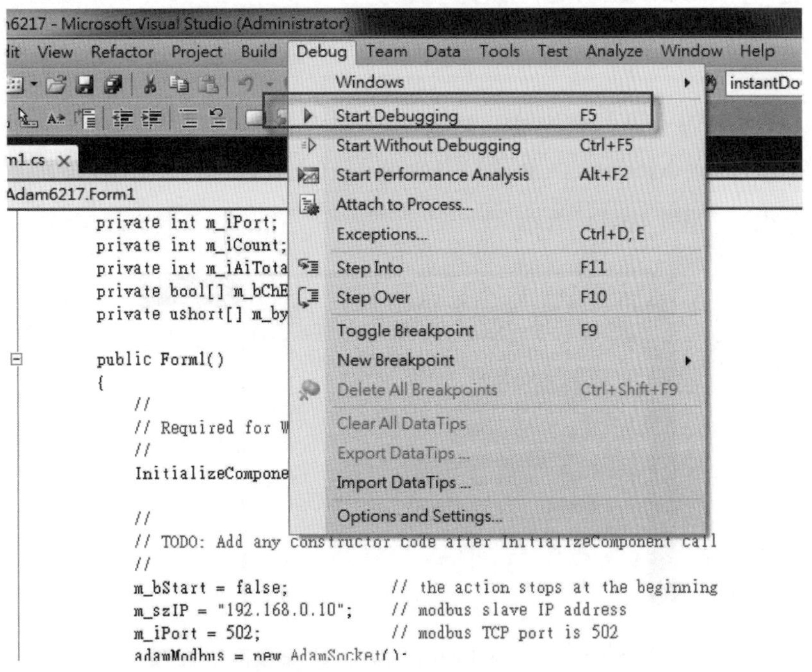

圖 10-9　Start Debugging

開啓後，按下 Start，就可以看到 ADAM-6217 現在接收到的電壓值，如圖 10-10 所示。

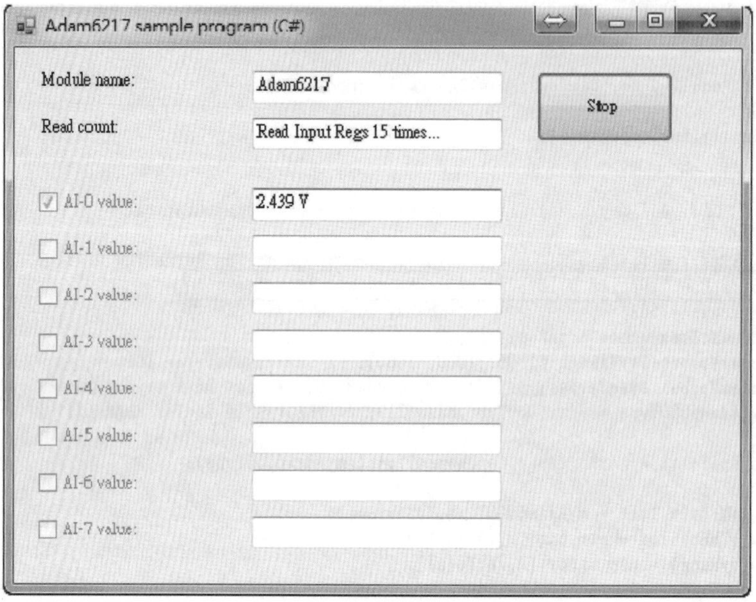

圖 10-10　程式執行畫面

10.1.2　使用 Modbus TCP 範例實現

再來使用 Modbus TCP 作範例，到

C:\Program Files(x86)\Advantech\AdamApax.NET Class Library\Sample Code\ADAM\Win32\CSharp\Others\ModbusTCP 執行 ModbusTCP.sln 跟前一節相同，選擇 Form1.cs 執行 View Code，如圖 10-11 所示。

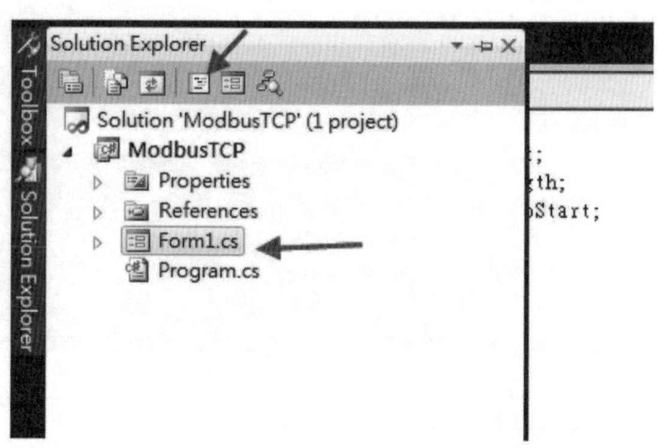

圖 10-11　選擇 Form1.cs 並點選觀看程式碼

要改的部分比 Adam6217 的範例多一個選項要改。除了 IP 位置以外，還多一個 m_bRegister，爲 True 時，讀的是 register，也就是 4X0001 的位置，所以此範例爲泛用型程式。除了可以讀 4X 的資料也可以讀 0X 的資料，當然可以去了解 Library，0X、1X、3X 與 4X 皆可以讀寫，如圖 10-12 所示。

```
public Form1()
{
    InitializeComponent();

    int iIdx, iPos, iStart;

    m_bStart = false;            // the action steps at the beginning
    m_bRegister = true;          // set to true to read the register, otherwise, read the coil
    m_szIP = "192.168.0.10";     // modbus slave IP address
    m_iPort = 502;               // modbus TCP port is 502
    m_iStart = 1;                // modbus starting address
    m_iLength = 8;               // modbus reading length
    adamTCP = new AdamSocket();
    adamTCP.SetTimeout(1000, 1000, 1000); // set timeout for TCP

    // fill the ListView
    if (m_bRegister) // The initial register list
    {
        iStart = 40000 + m_iStart; // The register starting position  (4X references)
        for (iIdx = 0; iIdx < m_iLength; iIdx++)
        {
            iPos = iStart + iIdx;
            listViewModbusCur.Items.Add(new ListViewItem(iPos.ToString()));
```

圖 10-12 程式修改部分

這邊所呈現的是原始資料也就是 Row Data，必須自行去做轉換，如圖 10-13 所示。

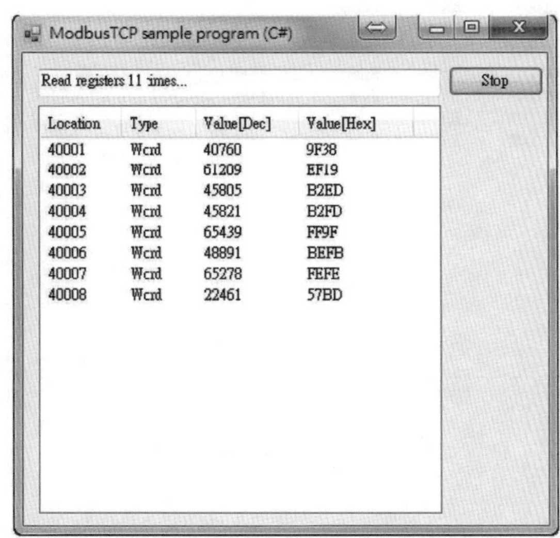

圖 10-13 程式執行畫面

同時也使用 ADAM-6250 來讀取 0X 的資料把原本的 Code m_bRegister 改為 False，並且把 IP 位置改為 ADAM-6250，如圖 10-14 所示。

```
public Form1()
{
    InitializeComponent();

    int iIdx, iPos, iStart;

    m_bStart = false;           // the action stops at the beginning
    m_bRegister = false;           // set to true to read the register, otherwise, read the coil
    m_szIP = "192.168.0.12";    // modbus slave IP address
    m_iPort = 502;              // modbus TCP port is 502
    m_iStart = 1;               // modbus starting address
    m_iLength = 8;              // modbus reading length
    adamTCP = new AdamSocket();
    adamTCP.SetTimeout(1000, 1000, 1000); // set timeout for TCP

    // fill the ListView
    if (m_bRegister) // The initial register list
    {
        iStart = 40000 + m_iStart; // The register starting position  (4X references)
        for (iIdx = 0; iIdx < m_iLength; iIdx++)
        {
```

圖 10-14　程式碼修改部分

資料就會從原本的 4X 變成 0X，如圖 10-15 所示。

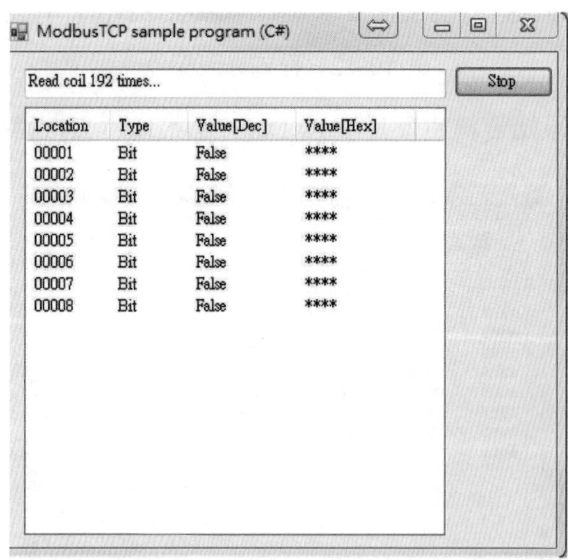

圖 10-15　程式執行畫面

10.1.3 使用 Adam62XXDIO 範例實現

使用的程式路徑為 C:\Program Files(x86)\Advantech\AdamApax.NET Class Library\Sample Code\ADAM\Win32\CSharp\ADAM-6000 Series\Adam62XXDIO 執行 Adam62XXDIO.sln 打開 Form1.cs 的 Code 後，需要去修改 IP 位置，並且修正下方模組為你要使用的模組，如圖 10-16 所示。

```
public Form1()
{
    //
    // Required for Windows Form Designer support
    //
    InitializeComponent();

    //
    // TODO: Add any constructor code after InitializeComponent call
    //
    m_bStart = false;           // the action stops at the beginning
    m_szIP = "192.168.0.12";    // modbus slave IP address
    m_iPort = 502;              // modbus TCP port is 502
    adamModbus = new AdamSocket();
    adamModbus.SetTimeout(1000, 1000, 1000); // set timeout for TCP

    m_Adam6000Type = Adam6000Type.Adam6250; // the sample is for ADAM-6250
    //m_Adam6000Type = Adam6000Type.Adam6251; // the sample is for ADAM-6251
    //m_Adam6000Type = Adam6000Type.Adam6256; // the sample is for ADAM-6256
    //m_Adam6000Type = Adam6000Type.Adam6260; // the sample is for ADAM-6260
    //m_Adam6000Type = Adam6000Type.Adam6266; // the sample is for ADAM-6266

    txtModule.Text = m_Adam6000Type.ToString();

    if (m_Adam6000Type == Adam6000Type.Adam6250)
    {
```

圖 10-16 程式碼修改部分

即可看到執行後的成果，如圖 10-17 所示。

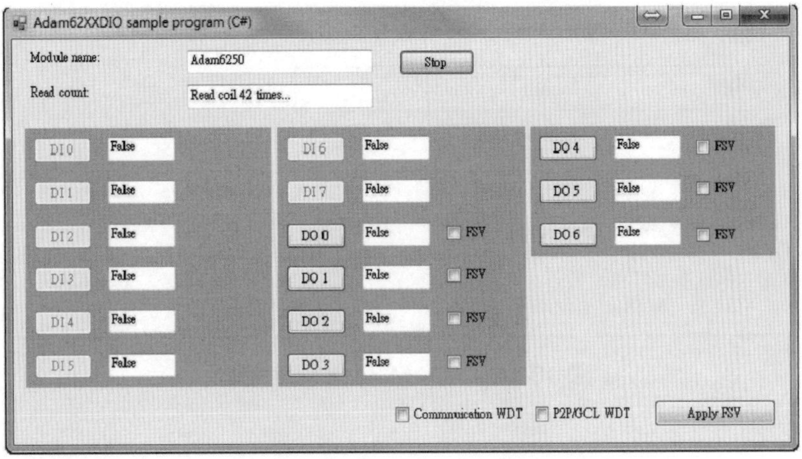

圖 10-17 程式執行畫面

10.2 使用 Library 連接 Serial 設備

前面一節介紹如何使用 Library 去連接 TCP 設備，此節開始介紹如何使用 Library 去連接 Serial 的設備。在研華 ADAM-4X00 系列的模組，大部分設備分為兩種 Protocol，一種為 Adavntech Command，一種為 Modbus RTU，在此節會一一介紹兩種 Protocol 的用法。

10.2.1 使用 Adam4017P_18P_19_19P 連接

使用程式路徑如下：

C:\Program Files(x86)\Advantech\AdamApax.NET Class Library\Sample Code\ADAM\Win32\CSharp\ADAM-4000 Series\Adam4017P_18P_19_19P

連接 ADAM-4118 的設備，開啓 Adam4017P_18P_19_19P.sln 因為範例是使用 **Advantech Command**，所以要注意 ADAM Protocol 是否為此設定，如圖 10-18 所示。

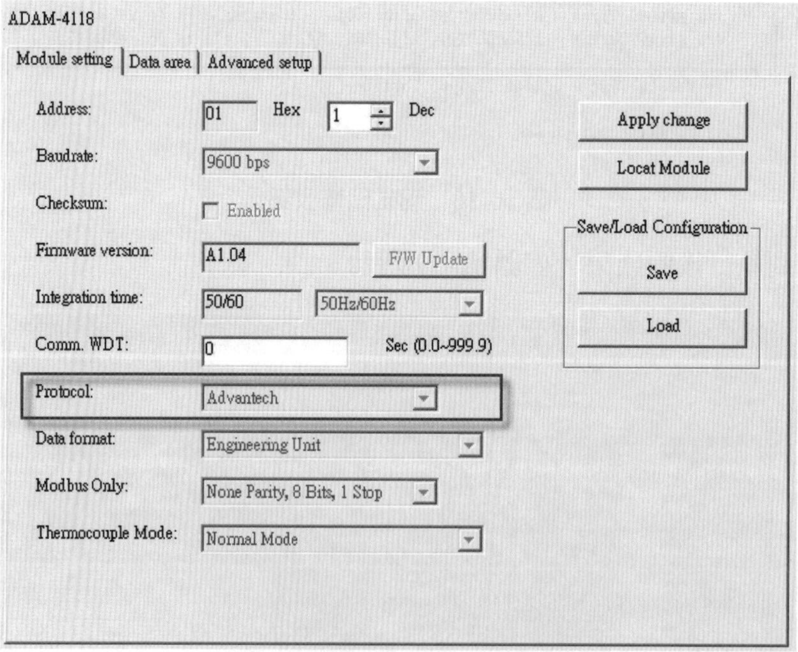

圖 10-18　ADAM-4118 設定畫面

因爲此範例適用於 ADAM-401X 的設備，所以我們必須自己加設備名稱，把預設 Adam4017P 用雙/註解掉，自行在下方新增，如圖 10-19 所示。

m_Adam4000Type = Adam4000Type.Adam4118;

```
public Form1()
{
    InitializeComponent();

    m_iCom = 1;      // using COM4
    m_iAddr = 1;     // the slave address is 1
    m_iCount = 0;    // the counting start from 0
    m_bStart = false;
    //m_Adam4000Type = Adam4000Type.Adam4017P; // the sample is for ADAM-4017P
    //m_Adam4000Type = Adam4000Type.Adam4018P; // the sample is for ADAM-4018P
    //m_Adam4000Type = Adam4000Type.Adam4019; // the sample is for ADAM-4019
    //m_Adam4000Type = Adam4000Type.Adam4019P; // the sample is for ADAM-4019P
    m_Adam4000Type = Adam4000Type.Adam4118;

    m_iChTotal = AnalogInput.GetChannelTotal(m_Adam4000Type);
    m_byRange = new byte[m_iChTotal];
    adamCom = new AdamCom(m_iCom);
    adamCom.Checksum = false; // disbale checksum

    txtModule.Text = m_Adam4000Type.ToString();
}
```

圖 10-19 程式碼新增部分

假如有其他的 AI 模組要在這裡實現，也可以這樣的方式使用。

除了修改模組編號外，還需要設定現在電腦要連接 ADAM 的 Com Port 與你 ADAM 設備的 ID(slave address)，如圖 10-20 所示。

```
    m_iCom = 1;      // using COM4
    m_iAddr = 1;     // the slave address is 1
    m_iCount = 0;    // the counting start from 0
    m_bStart = false;
    //m_Adam4000Type = Adam4000Type.Adam4017P; // the sample is for ADAM-4017P
    //m_Adam4000Type = Adam4000Type.Adam4018P; // the sample is for ADAM-4018P
    //m_Adam4000Type = Adam4000Type.Adam4019; // the sample is for ADAM-4019
    //m_Adam4000Type = Adam4000Type.Adam4019P; // the sample is for ADAM-4019P
    m_Adam4000Type = Adam4000Type.Adam4118;

    m_iChTotal = AnalogInput.GetChannelTotal(m_Adam4000Type);
    m_byRange = new byte[m_iChTotal];
    adamCom = new AdamCom(m_iCom);
    adamCom.Checksum = false; // disbale checksum

    txtModule.Text = m_Adam4000Type.ToString();
}
```

圖 10-20 程式碼修改部分

修改 Com Port 的設定，預設爲 9600, N, 8, 1，你必須修改成要連線的 ADAM 設定，如圖 10-21 所示。

```
private void buttonStart_Click(object sender, EventArgs e)
{
    if (m_bStart) // was started
    {
        m_bStart = false;
        timer2.Enabled = false;
        adamCom.CloseComPort();
        buttonStart.Text = "Start";
    }
    else
    {
        if (adamCom.OpenComPort())
        {
            // set COM port state, 9600,N,8,1
            adamCom.SetComPortState(Baudrate.Baud_9600, Databits.Eight, Parity.None, Stopbits.One);
            // set COM port timeout
            adamCom.SetComPortTimeout(500, 500, 0, 500, 0);
            m_iCount = 0; // reset the reading counter
            // get module config
            if (!adamCom.Configuration(m_iAddr).GetModuleConfig(out m_adamConfig))
            {
                adamCom.CloseComPort();
                MessageBox.Show("Failed to get module config!", "Error");
                return;
            }
            //
            RefreshChannelEnable();
            RefreshChannelRange();
            //
```

圖 10-21　程式碼修改部分

都完成後，執行程式就可以看到 4118 所讀取到的數據，如圖 10-22 所示。

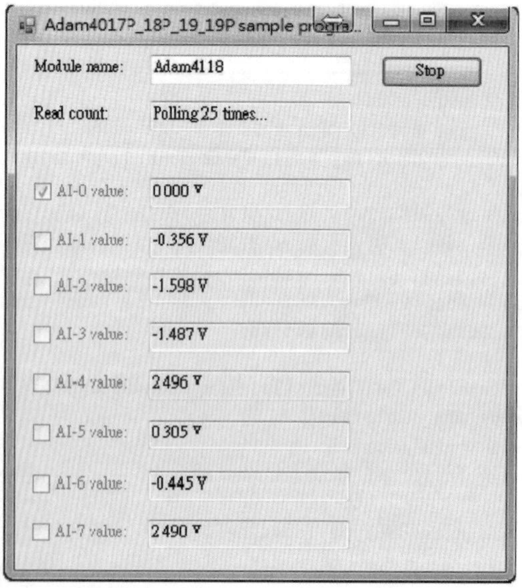

圖 10-22　程式執行畫面

10.2.2 使用 Adam40XXDIO 連接

使用範例程式位置如下：

C:\Program Files(x86)\Advantech\AdamApax.NET Class Library\Sample Code\ADAM\Win32\CSharp\ADAM-4000 Series\Adam40XXDIO

要連接 ADAM-4168 的設備，執行 Adam40XXDIO.sln **要注意，一樣是 ADAM Command Protocol**，再次確認後，跟上一項連接 ADAM-4118 一樣，必須改幾個參數。

1. 增加或修改設備名稱。
2. 設定你電腦的 Com Port 與 ADAM 的 Com Port。
3. Com Port 的設定，如 Baud rate, Data bit, Parity, Stop bit。

如圖 10-23 所示。

```
public Form1()
{
    InitializeComponent();
    m_iCom = 1;      // using COM4
    m_iAddr = 1;     // the slave address is 1
    m_iCount = 0;    // the counting start from 0
    m_bStart = false;
    //m_Adam4000Type = Adam4000Type.Adam4050; // the sample is for ADAM-4050
    //m_Adam4000Type = Adam4000Type.Adam4051; // the sample is for ADAM-4051
    //m_Adam4000Type = Adam4000Type.Adam4052; // the sample is for ADAM-4052
    //m_Adam4000Type = Adam4000Type.Adam4053; // the sample is for ADAM-4053
    //m_Adam4000Type = Adam4000Type.Adam4055; // the sample is for ADAM-4055
    //m_Adam4000Type = Adam4000Type.Adam4056S; // the sample is for ADAM-4056S
    //m_Adam4000Type = Adam4000Type.Adam4056SO; // the sample is for ADAM-4056SO
    //m_Adam4000Type = Adam4000Type.Adam4060; // the sample is for ADAM-4060
    //m_Adam4000Type = Adam4000Type.Adam4068; // the sample is for ADAM-4068
    //m_Adam4000Type = Adam4000Type.Adam4069; // the sample is for ADAM-4069
    m_Adam4000Type = Adam4000Type.Adam4168;

    m_iDITotal = DigitalInput.GetChannelTotal(m_Adam4000Type);
    m_iDOTotal = DigitalOutput.GetChannelTotal(m_Adam4000Type);
    if (m_Adam4000Type == Adam4000Type.Adam4050)
        InitAdam4050();
    else if (m_Adam4000Type == Adam4000Type.Adam4051)
        InitAdam4051();
    else if (m_Adam4000Type == Adam4000Type.Adam4052)
        InitAdam4052();
    else if (m_Adam4000Type == Adam4000Type.Adam4053)

private void buttonStart_Click(object sender, EventArgs e)
{
    if (m_bStart) // was started
    {
```

圖 10-23 程式碼修改部分

```
        panelDIO.Enabled = false;
        m_bStart = false;
        timer1.Enabled = false;
        adamCom.CloseComPort();
        buttonStart.Text = "Start";
    }
    else
    {
        if (adamCom.OpenComPort())
        {
            // set COM port state, 9600,N,8,1
            adamCom.SetComPortState(Baudrate.Baud_9600, Databits.Eight, Parity.None, Stopbits.One);
            // set COM port timeout
            adamCom.SetComPortTimeout(500, 1000, 0, 1000, 0);
            m_iCount = 0; // reset the reading counter
            // get module config
            if (!adamCom.Configuration(m_iAddr).GetModuleConfig(out m_adamConfig))
            {
                adamCom.CloseComPort();
                MessageBox.Show("Failed to get module config!", "Error");
                return;
            }
```

圖 10-23　程式碼修改部分（續）

執行後，即可看到模組的狀況，如圖 10-24 所示。

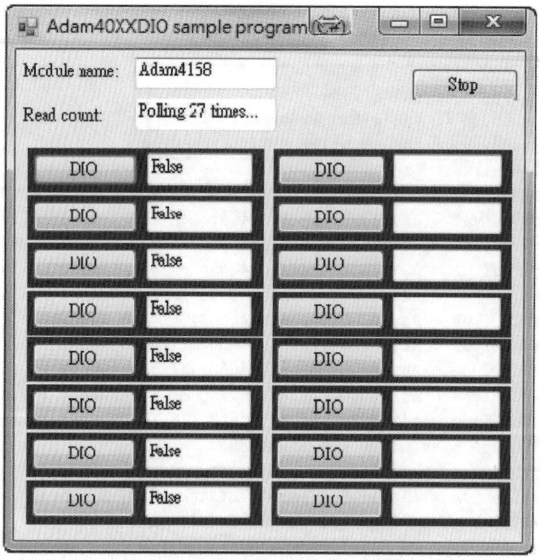

Adam40XXDIO sample program

Module name:	Adam4158		Stop
Read count:	Polling 27 times...		
DIO	False	DIO	
DIO	False	DIO	
DIO	False	DIO	
DIO	False	DIO	
DIO	False	DIO	
DIO	False	DIO	
DIO	False	DIO	
DIO	False	DIO	

圖 10-24　程式執行畫面

10.2.3　使用 Modbus RTU 連接

首先必須確認設備 Protocol 爲 **Modbus**，假如初始化也無法選擇 Modbus，表示此模組**不適用於 Modbus RTU**，如圖 10-25 所示。

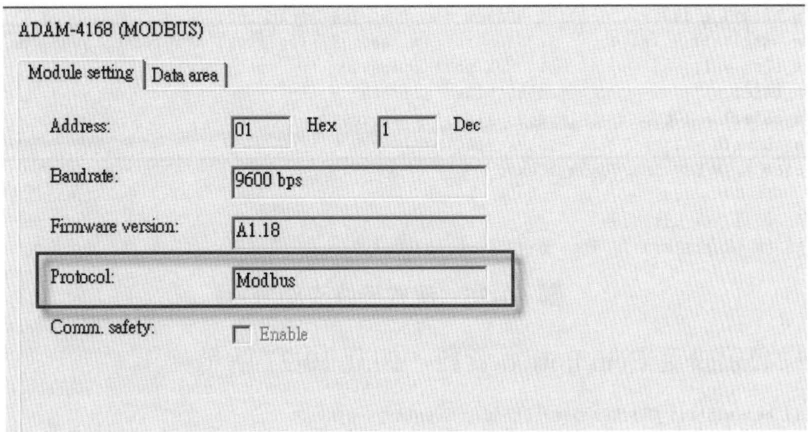

圖 10-25　ADAM-4168 確認 Protocol 畫面

使用的範例程式位置如下：

C:\Program Files(x86)\Advantech\AdamApax.NET Class Library\Sample Code\ADAM\Win32\CSharp\Others\ModbusRTU

選用的設備爲 ADAM-4168，執行 ModbusRTU.sln，此時設定就比前幾節複雜一點，有以下幾項：

1. 設定電腦的 Com Port(m_iCom)。
2. 模組的 ID 位置(m_iAddr)。
3. 讀取單位，因爲 4168 爲 Relay 的模組，位置是讀 0X，所以 m_bRegister 必須設定爲 false。
4. 資料起始位置(m_iStart)，因爲 4168 爲 Relay 輸出模組，他的 DO 位置爲 0X0017～0X0024，所以 m_iStart 設定爲 17。
5. 資料長度(m_iLength)，因爲數量爲 8，設定爲 8。

如圖 10-26 所示。

```
public Form1()
{
    InitializeComponent();

    int iIdx, iPos, iStart;

    m_bStart = false;   // the action stops at the beginning
    m_bRegister = false; // set to true to read the register, otherwise, read the coil
    m_iCom = 1;          // host COM port number
    m_iAddr = 1;         // modbus slave address
    m_iStart = 17;       // modbus starting address
    m_iLength = 8;       // modbus reading length
    adamCom = new AdamCom(m_iCom);

    // fill the ListView
    if (m_bRegister) // The initial register list
```

圖 10-26 程式碼修改部分

6. 這裡一樣必須設定 Com Port 等資料，如圖 10-27 所示。

```
private void buttonStart_Click(object sender, EventArgs e)
{
    if (m_bStart) // was started
    {
        m_bStart = false;        // starting flag
        timer1.Enabled = false; // disable timer
        adamCom.CloseComPort(); // close the COM port
        buttonStart.Text = "Start";
    }
    else    // was stoped
    {
        if (adamCom.OpenComPort())
        {
            // set COM port state
            adamCom.SetComPortState(Baudrate.Baud_9600, Databits.Eight, Parity.None, Stopbits.One);
            // set COM port timeout
            adamCom.SetComPortTimeout(500, 1000, 0, 1000, 0);
            m_iCount = 0; // reset the reading counter
            timer1.Enabled = true; // enable timer
            buttonStart.Text = "Stop";
```

圖 10-27 程式碼修改部分

執行後，即可看到模組的資料，如圖 10-28 所示。

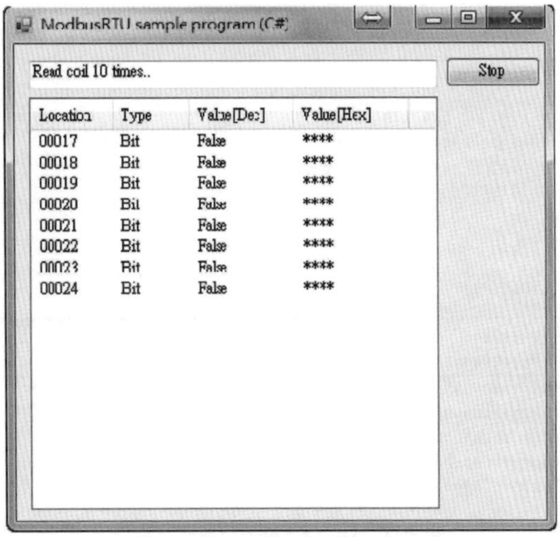

ModbusRTU sample program (C#)

Read coil 10 times..

Stop

Location	Type	Value[Dec]	Value[Hex]
00017	Bit	False	****
00018	Bit	False	****
00019	Bit	False	****
00020	Bit	False	****
00021	Bit	False	****
00022	Bit	False	****
00023	Bit	False	****
00024	Bit	False	****

圖 10-28 程式執行畫面

同時也測試一下使用 Modbus RTU 連接類比模組，這次使用 ADAM-4118 來做測試，要記得確認 Protocol 是否爲 Modbus，有以下幾個參數需要設定：

1. 設定電腦的 Com Port(m_iCom)。
2. 模組的 ID 位置(m_iAddr)。
3. 讀取單位，因爲 4118 爲 AI 的模組，位置是讀 4X，所以 m_bRegister 必須設定爲 true。
4. 資料起始位置(m_iStart)，因爲 4118 爲 AI 模組，他的 AI 位置爲 4X0001～4X0008，所以 m_iStart 設定爲 1。
5. 資料長度(m_iLength)，因爲數量爲 8，設定爲 8。

   如圖 10-29 所示。

```
public Form1()
{
    InitializeComponent();

    int iIdx, iPos, iStart;

    m_bStart = false;    // the action stops at the beginning
    m_bRegister = true; // set to true to read the register, otherwise, read the coil
    m_iCom = 1;          // host COM port number
    m_iAddr = 1;         // modbus slave address
    m_iStart = 1;        // modbus starting address
    m_iLength = 8;       // modbus reading length
    adamCom = new AdamCom(m_iCom);
```

圖 10-29 程式碼修改部分

6. 設定 Com Port 等資料，如圖 10-30 所示。

```
private void buttonStart_Click(object sender, EventArgs e)
{
    if (m_bStart) // was started
    {
        m_bStart = false;        // starting flag
        timer1.Enabled = false; // disable timer
        adamCom.CloseComPort(); // close the COM port
        buttonStart.Text = "Start";
    }
    else    // was stoped
    {
        if (adamCom.OpenComPort())
        {
            // set COM port state
            adamCom.SetComPortState(Baudrate.Baud_9600, Databits.Eight, Parity.None, Stopbits.One);
            // set COM port timeout
            adamCom.SetComPortTimeout(500, 1000, 0, 1000, 0);
            m_iCount = 0; // reset the reading counter
            timer1.Enabled = true; // enable timer
            buttonStart.Text = "Stop";
```

圖 10-30　程式碼修改部分

執行後一樣可以看到資料，如圖 10-31 所示。

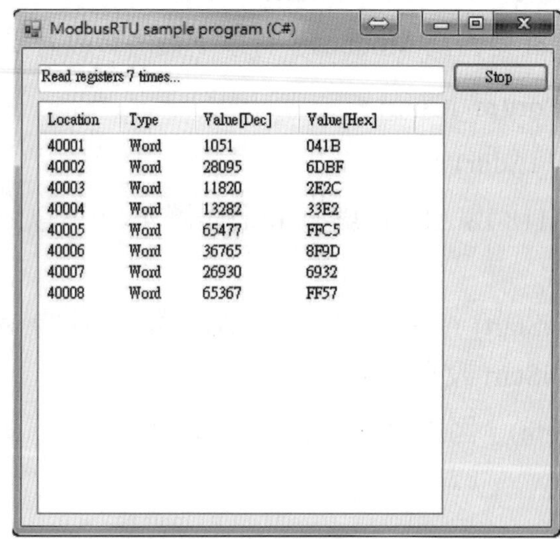

Location	Type	Value[Dec]	Value[Hex]
40001	Word	1051	041B
40002	Word	28095	6DBF
40003	Word	11820	2E2C
40004	Word	13282	33E2
40005	Word	65477	FFC5
40006	Word	36765	8F9D
40007	Word	26930	6932
40008	Word	65367	FF57

圖 10-31　程式執行畫面

Chapter 11

使用 Advantech Command 連接 Serial 設備

AdamApax.NET Class Library 除了提供 Modbus 與 Driver 以外，也提供 Advantech Command 的形式來做通訊。此形式可以不用管任何的 Library，只要對 Com Port 下 Command 即可，先決條件你模組 Protocol 的設定必須是 Advantech，如圖 11-1 所示。

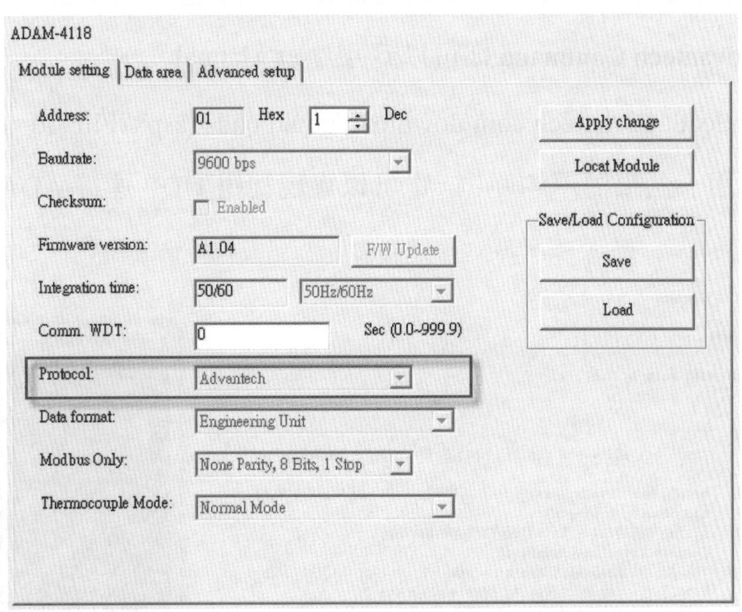

圖 11-1　ADAM-4118 的 Protocol 確認畫面

使用範例程式位置如下：

C:\Program Files(x86)\Advantech\AdamApax.NET Class Library\Sample Code\ADAM\Win32\CSharp\Others\ComPortTest

連接設備，執行 ComPortTest.sln，直接執行程式即可。

選擇好對應的 Com Port → Open，本小節 Send $01M(ID01 爲模組 ID)，模組回應!014118(ID014118)，如圖 11-2 所示。

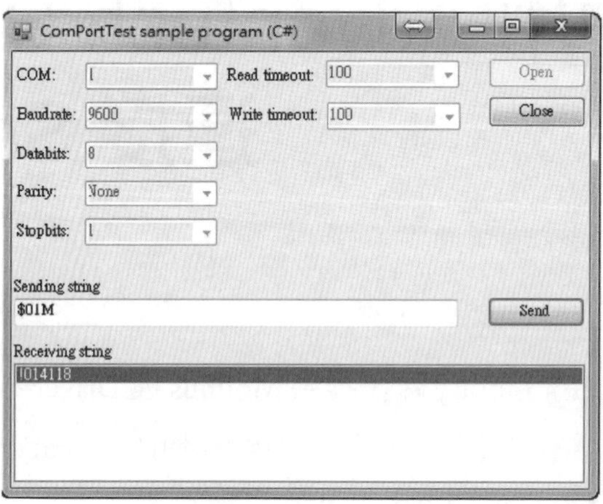

圖 11-2 程式執行畫面

相關的 Advantech Command 你可以參考 User Manual

http://downloadt.advantech.com/download/downloadsr.aspx?File_Id=1-NQGUAT

本小節選用一個很簡單的範例，也可以實現利用 UDP 連接 ADAM，如圖 11-3 所示。

```
namespace ASCII_Command
{
    class Program
    {
        static void Main(string[] args)
        {
            try
            {
                UdpClient udp = new UdpClient("192.168.0.10", 1025);

                byte[] b = System.Text.Encoding.UTF8.GetBytes("$01M"+"\r");
                udp.Send(b, b.Length);
                string sendData = Encoding.UTF8.GetString(b);
                Console.WriteLine(sendData);
                IPEndPoint RemoteIpEndPoint = new IPEndPoint(IPAddress.Any, 0);
                byte[] r = udp.Receive(ref RemoteIpEndPoint);
                string returnData = Encoding.UTF8.GetString(r);
                Console.WriteLine(returnData);
                Console.Read();
                udp.Close();
            }
            catch (Exception e)
```

```
file:///C:/Users/zero.lin/documents/visı
$01M
!016217
```

圖 11-3 範例執行畫面

利用很簡單的 UDP 丟 ASCII Code 與 ADAM 做溝通。以 ADAM-6217 爲例，只需要對 6217 的 UDP Port 1025 去傳 ASCII Command，傳送$01M，意思是詢問是什麼模組，ADAM-6217 就會回傳！016217。

此種方式非常的簡單方便，甚至跨平台都沒問題，現在講求萬物皆聯網的時代，但是平台又多如毛牛，這是一個可以跨平台的的簡單應用。

Chapter 12

ADAM-6200 REST

首先介紹一下什麼是 REST？

- REST(全名 Representational State Transfer 代表性的狀態轉移)爲 2000 年 Dr. Roy Fielding 提出的一篇博士論文。
- REST 並不是一種標準或協定，是一種軟體架構風格，適合應用在複雜的網路服務環境中，然而 HTTP 也是符合 REST 的架構的一項實作。
- REST 的設計概念已經運用在許多大型的網路系統中，近幾年 RESTful Web Service 更是引起開發者的討論與重視。
- 目前有很多著名的 Web Service 都是遵循 REST 的理念進行設計，像是 Amazon AWS, eBay, Facebook, Yahoo Web Service, Google Web Service 等等。
- 相較於傳統的 XML-PRC 與 SOAP 協定，REST 在設計上更加簡單且直覺，而且 REST 在 Web Service 上的實作可以算是比較輕量級的設計模式。

對應了 HTTP 動詞 POST、GET、PATCH/PUT、DELETE 到資料的新增、讀取、更新、刪除等四項操作。

/events/create

/events/show/1

/events/update/1

/events/destroy/1

變成

POST/events 對應到 Controller 中的 create action

GET/events/1 對應到 Controller 中的 show action

PATCH/events/1 對應到 Controller 中的 update action

DELETE/events/1 對應到 Controller 中的 destroy action

之後只要需要針對 POST、GET、PATCH 與 DELETE 去下 Command 即可到研華官網下載 ADAM-6200 的 User Manual：

http://downloadt.advantech.com/download/downloadsr.aspx?File_Id=1-NXTDWV

在附件 C 可以看到 REST 的蹤影。

本小節以 AI 爲範例，先看到手冊文件，如圖 12-1 所示。

只要透過 URI 格式 Send http://10.0.0.1/analoginput/all/value 就可以得到全部 CH 的資料。

<ADAM-6217 status=”OK”>

<AI>

<ID>0</ID>

<

VALUE>FFFF</VALUE>

</AI>

</ADAM-6217>

Request	The content-type will be 'application/x-www-form-urlencoded'. {id} : is the AI channel ID starting from 0 **Examples:** Use the following URI to get the AI-0 value. http://10.0.0.1/analoginput/0/value Use the following URI to get the all AI values. http://10.0.0.1/analoginput/all/value
Response	The content-type will be 'text/xml' If result is OK, the content will look like below <?xml version="1.0" ?> <ADAM-6217 status="OK"> <AI> <ID>0</ID> < VALUE>FFFF</VALUE> </AI> </ADAM-6217> If result is failed , the content will look like below <?xml version="1.0" ?> <ADAM-6217 status="{error}"> </ADAM-6217> {error} : The error message.
Remarks	If the {id} is out of range, the response will return HTTP status code 501 (Not implemented)

圖 12-1 ADAM-6217 的 REST 指令表

使用範例程式位置

C:\Program Files(x86)\Advantech\AdamApax.NET Class Library\Sample Code\ADAM\Win32\CSharp\ADAM-6000 Series\ADAM-6200-REST

模組使用 ADAM-6217 IP:192.168.0.1，執行 ADAM-6200-REST.sln

URI 下 http://192.168.0.10/analoginput/all/value 按下 Send HTTP request，即回傳 XML 資料。

範例也很貼心的給予 Convert Dataset，可以很清楚的看到每個 CH 的資料，如圖 12-2 所示。

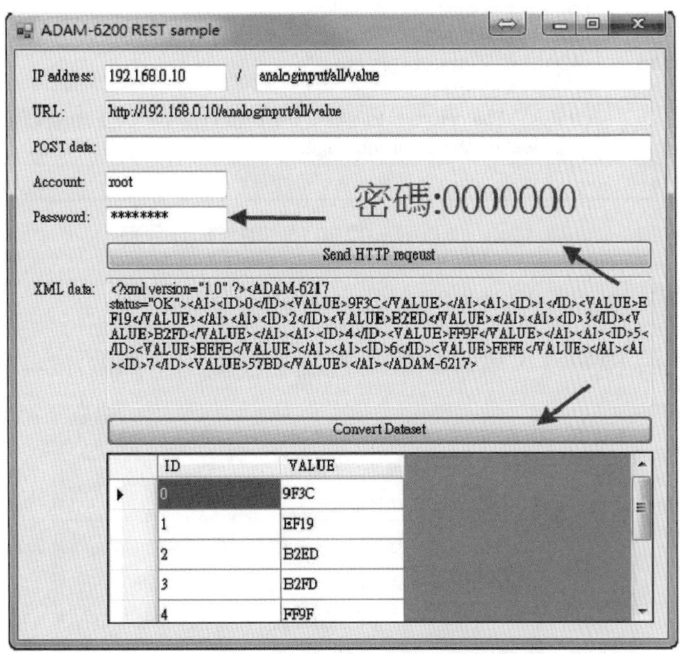

圖 12-2　程式執行畫面

下一個範例使用 ADAM-6250 IP：192.168.0.12，希望可以觸發 ADAM-6250 的 DO0，先看到文件，如圖 12-3 所示。

Request	The content-type will be 'application/x-www-form-urlencoded'. **Examples:** Use the following URI to set the DO value(s). http://10.0.0.1/digitaloutput/all/value The coming data with the request will be {name}={value} pair(s). {name} : The name of the channel, for example DO0. {value} : The value to be set to the indicated channel. For example, if the request is going to set channel 0, 1, 2 to value 1, then the name-value pairs will look like below: DO0=1&DO1=1&DO2=1
Response	The content-type will be 'text/xml' The content will look like below <?xml version="1.0" ?> <ADAM-6250 status="{status}"> </ADAM-6250> {status} : The result. If succeed, the result will be 'OK'; otherwise, the result will be the error message.
Remarks	

圖 12-3　ADAM-6250 的 REST 指令表

所以 URL 使用 http://192.168.0.12/digitaloutput/all/value

POST data 使用 DO0=1，就可以輕易控制 DO 輸出，如圖 12-4 所示。

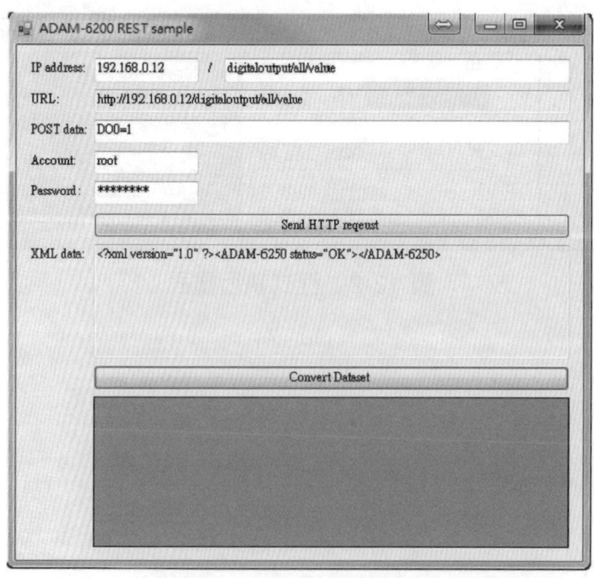

圖 12-4　程式執行畫面

針對 Source Code 來分析，這樣才能針對 REST 指令有所了解。首先看到 Send HTTP reqeust 按鈕，如圖 12-5 所示。

```
private void btnSend_Click(object sender, EventArgs e)
{
    try
    {
        if (txtPostData.Text.Length > 0) // POST
            SendPOSTRequest();
        else
            SendGETRequest();
    }
    catch (Exception err)
    {
        txtXML.Text = err.ToString();
    }
}
```

圖 12-5　request 按鈕內程式

所以當 POST 沒有資料的時候，就 Send GET。從 SendPOSTRequest()爲例來看，先 Create 一個 request，再把 POST 原始的 ASCII Code 轉變成 Byte，在 http 的標頭加入 Account 與 Password，方法使用 POST，再設定內容型態爲**"application/x-www-form-urlencoded"**，輸出即可，再去讀取回傳資料，修改後程式碼如圖 12-6 所示。

```
private void SendPOSTRequest()
{
    byte[] byData;
    string szResponse;
    System.IO.Stream outputStream, responseStream;
    System.IO.StreamReader reader;
    HttpWebRequest myRequest;
    HttpWebResponse myResponse;

    myRequest = (HttpWebRequest)WebRequest.Create(txtURL.Text); // create request
    byData = Encoding.ASCII.GetBytes(txtPostData.Text); // convert POST data to bytes
    myRequest.Headers.Add("Authorization", "Basic " + Convert.ToBase64String(Encoding.ASCII.GetBytes(txtAcount.Text + ":" + txtPassword.Text)));
    myRequest.Method = "POST";
    myRequest.KeepAlive = false;
    myRequest.ContentType = "application/x-www-form-urlencoded";
    myRequest.ContentLength = byData.Length;
    // send data
    outputStream = myRequest.GetRequestStream();
    outputStream.Write(byData, 0, byData.Length);
    outputStream.Close();
    // try to receive
    myResponse = (HttpWebResponse)myRequest.GetResponse();
    responseStream = myResponse.GetResponseStream();
    reader = new System.IO.StreamReader(responseStream, Encoding.ASCII);
    szResponse = reader.ReadToEnd();
    txtXML.Text = szResponse;
}
```

圖 12-6　修改後的程式碼

Chapter 13

把資料上傳至 Dropbox

首先到 Configuration 的 Cloud 設定 Dropbox，然後按下 Submit，如圖 13-1 所示。

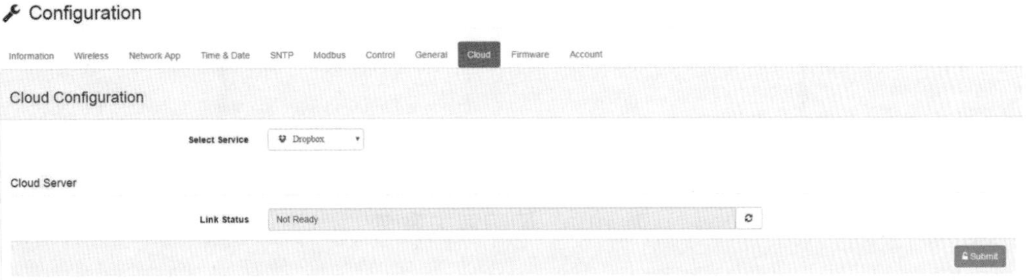

圖 13-1　Configuration 的 Cloud 設定畫面

輸入要存放的 Dropbox 帳號與密碼，然後登入，如圖 13-2 所示。

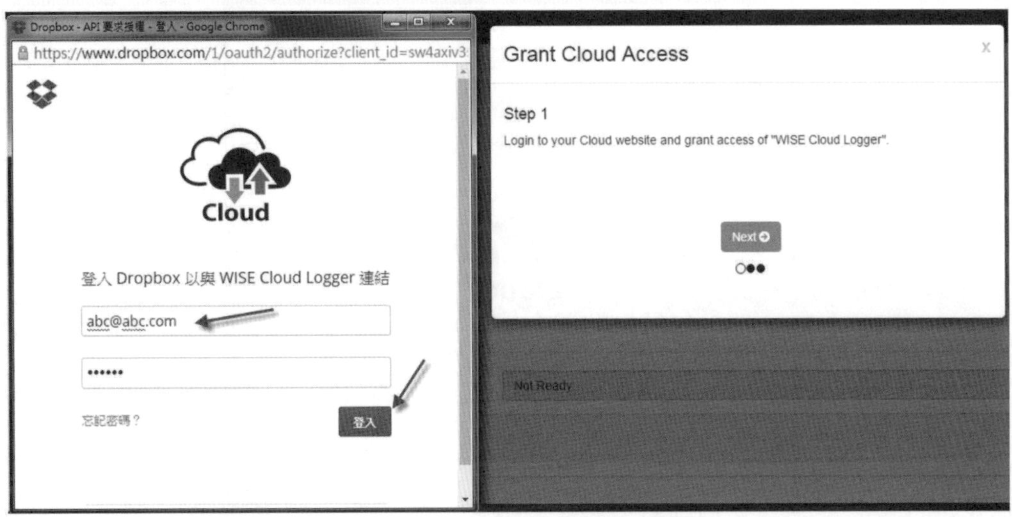

圖 13-2　Dropbox 登入畫面

此時會出現是否允許把 WISE 的資料存進 Dropbox，選擇允許，如圖 13-3 所示。

圖 13-3　權限要求畫面

此時會出現一串碼，將其複製下來，等一下會利用這一串碼來設定，如圖 13-4 所示。

圖 13-4　串碼出現畫面

點擊下一步，如圖 13-5 所示。

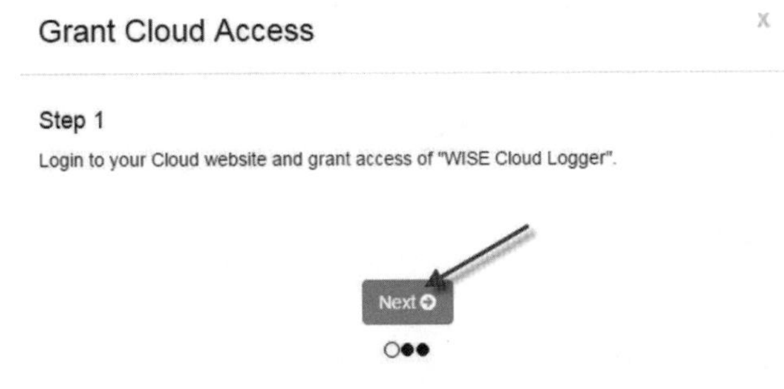

圖 13-5　點擊下一步

把剛剛那一串碼複製進去，按下 Submit，如圖 13-6 所示。

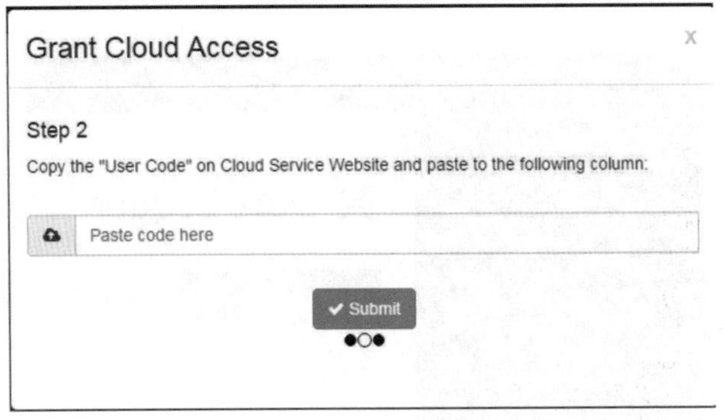

圖 13-6　複製畫面

之後就出現成功畫面，如圖 13-7 所示。因爲網路的關係可能會失敗，可以多試幾次。

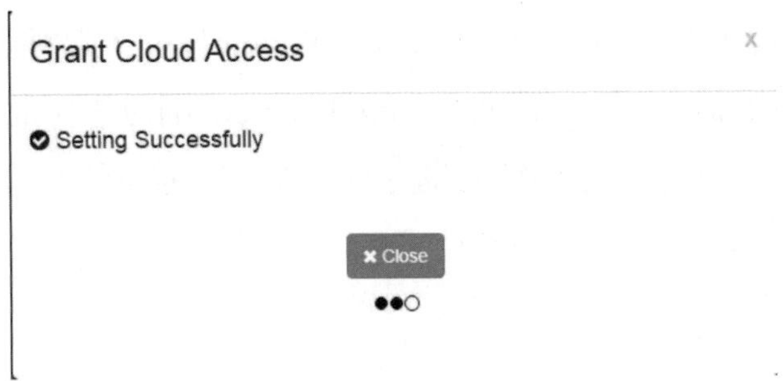

圖 13-7　成功畫面

這時候 Link Status 就會出現 Ready，表示你的 WISE 與 Dropbox 連接成功，如圖 13-8 所示。

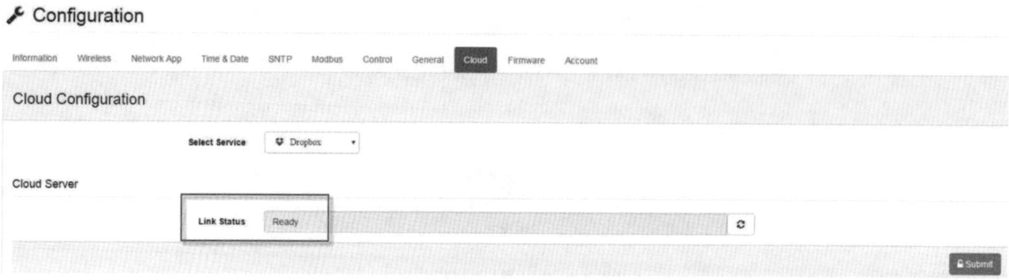

圖 13-8 確認連接 Dropbox 成功畫面

接下來設定資料儲存的部分，首先至 Advanced 的 Data Logger，如圖 13-9 所示。

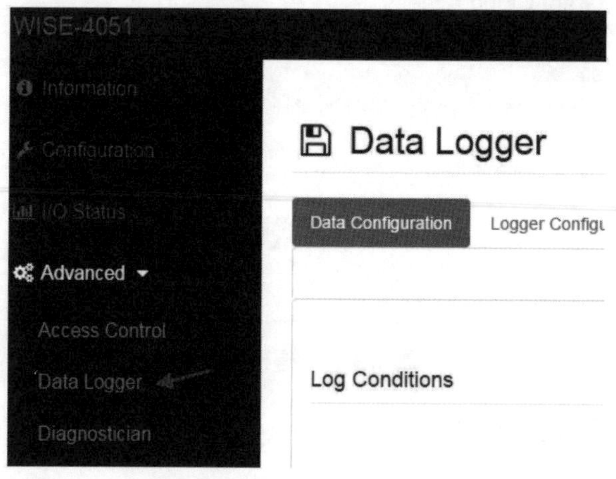

圖 13-9 Data Logger 畫面

進到這裡後，首先 Log Conditions 這邊把 Period 打開，這裡表示每 600 X 0.1 秒會把資料存進本地的儲存空間。下面的 Log Enabled 則是選擇此 IO 是否要記錄，Change of State 則是除了原本週期性的儲存外，假如狀態有改變會另外儲存一筆，可以都選或擇一使用，如圖 13-10 所示。

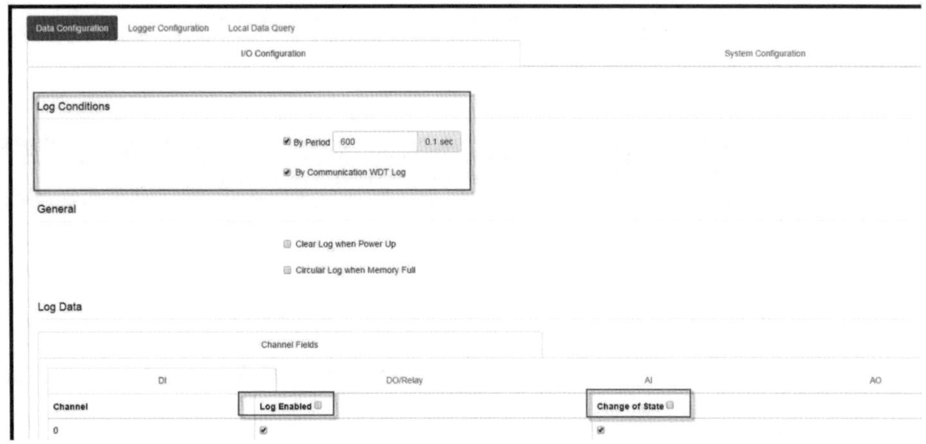

圖 13-10 Data Logger 內設定畫面

接下來是上傳雲端的設定，在 Memory Storage 那邊設定要上傳的 Log，本小節設定 I/O Log，此時下方的 Cloud Upload 就會出現，這裡有幾點必須注意：

1. File Name Format 你可以設定想要的格式，有兩種選擇，一種爲 YYYYMMDDHHMMSS，另一種爲 YYYYMMDD。
2. Timestamp Format，這裡有幾種表現方式，一個爲 TIM，是根據您的經緯度去記時間，另一個是 GMT，這是依照你現在的時區時間，直接上傳時間戳記。
3. IO Log Upload，這裡有兩種方式，一種是依據時間多久上傳一次，一種是依據多少筆數據上傳一次，**記得在測試的時候不要設太長**，這樣才能即時看到你測試的結果。

   設定畫面如圖 13-11 所示。

圖 13-11 Logger 設定畫面

此時在先前設定的 Dropbox 同步的資料夾應該就會看到資料不斷地進來，如圖 13-12 所示。

▸ Dropbox ▸ 應用程式 ▸ WISE_Cloud_Log ▸ WISE-4051_00D0C9F90432 ▸ signal_log ▸ 20161124

共用對象 ▾ 新增資料夾

名稱	修改日期	類型	大小
20161124173702.csv	2016/11/24 下午 ...	Microsoft Excel ...	1 KB
20161124173802.csv	2016/11/24 下午 ...	Microsoft Excel ...	1 KB
20161124173902.csv	2016/11/24 下午 ...	Microsoft Excel ...	1 KB
20161124174001.csv	2016/11/24 下午 ...	Microsoft Excel ...	1 KB
20161124174101.csv	2016/11/24 下午 ...	Microsoft Excel ...	1 KB
20161124174207.csv	2016/11/24 下午 ...	Microsoft Excel ...	1 KB
20161124174601.csv	2016/11/24 下午 ...	Microsoft Excel ...	1 KB
20161124174701.csv	2016/11/24 下午 ...	Microsoft Excel ...	1 KB
20161124174801.csv	2016/11/24 下午 ...	Microsoft Excel ...	1 KB
20161124174901.csv	2016/11/24 下午 ...	Microsoft Excel ...	1 KB
20161124175001.csv	2016/11/24 下午 ...	Microsoft Excel ...	1 KB
20161124175101.csv	2016/11/24 下午 ...	Microsoft Excel ...	1 KB
20161124175201.csv	2016/11/24 下午 ...	Microsoft Excel ...	1 KB
20161124175301.csv	2016/11/24 下午 ...	Microsoft Excel ...	1 KB
20161124175401.csv	2016/11/24 下午 ...	Microsoft Excel ...	1 KB
20161124175501.csv	2016/11/24 下午 ...	Microsoft Excel ...	1 KB
20161124175602.csv	2016/11/24 下午 ...	Microsoft Excel ...	1 KB
20161124175702.csv	2016/11/24 下午 ...	Microsoft Excel ...	1 KB
20161124175802.csv	2016/11/24 下午 ...	Microsoft Excel ...	1 KB
20161124175902.csv	2016/11/24 下午 ...	Microsoft Excel ...	1 KB
20161124180002.csv	2016/11/24 下午 ...	Microsoft Excel ...	1 KB
20161124180102.csv	2016/11/24 下午 ...	Microsoft Excel ...	1 KB
20161124180202.csv	2016/11/24 下午 ...	Microsoft Excel ...	1 KB
20161124180302.csv	2016/11/24 下午 ...	Microsoft Excel ...	1 KB

圖 13-12 Dropbox 同步資料夾畫面

Chapter 14

資料上傳 Private Server(私有網路)的設定

接下來延伸上一章節的 Dropbox，所以先必須把上一章節的東西設定完。最大的差別只是 Cloud 的設定，在 Select Service 那邊設定爲 Private Server，在此只需要設定你的 Server 的 IP 位置，之後開啓程式的時候，就可以看到程式的/upload_log 就會以資料，如圖 14-1 所示。

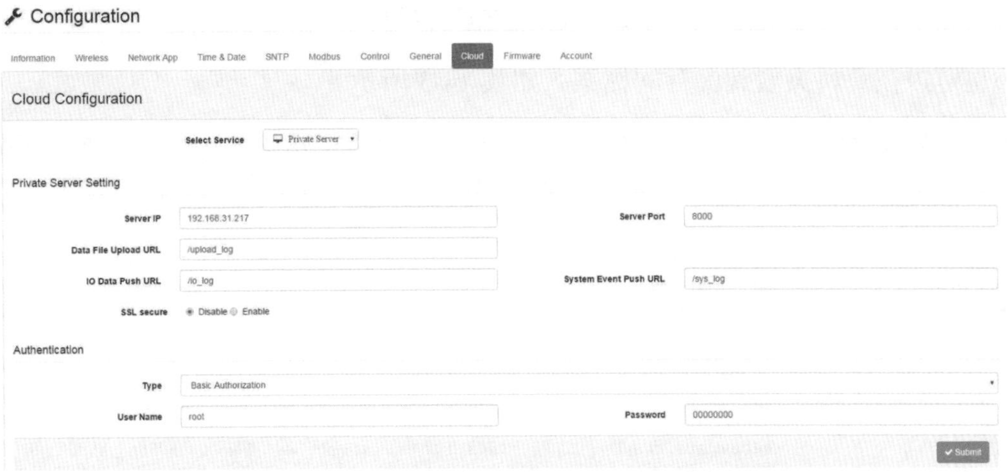

圖 14-1　Cloud 畫面

接下來使用.Net Class Library 裡面的 WISE-PrivateServer

範例程式路徑如下：

C:\Program Files(x86)\Advantech\AdamApax.NET Class Library\Sample Code\WISE\Win32\CSharp

直接編譯，不需要修改任何程式碼，此時就可以看到檔案源源不斷地進來，如圖 14-2 所示。

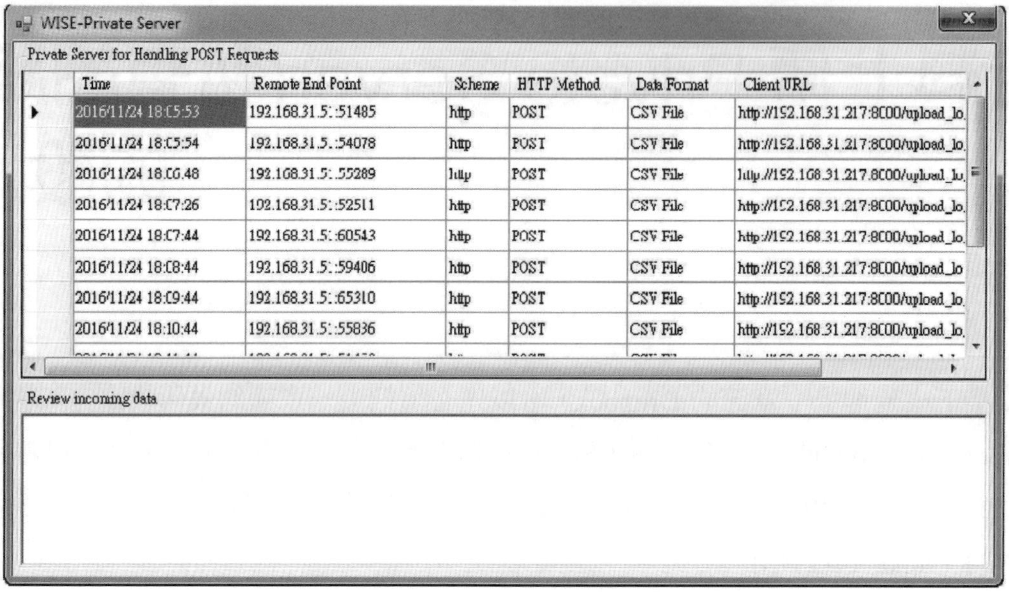

WISE-Private Server

Private Server for Handling POST Requests

Time	Remote End Point	Scheme	HTTP Method	Data Format	Client URL
2016/11/24 18:05:53	192.168.31.5::51485	http	POST	CSV File	http://192.168.31.217:8000/upload_lo
2016/11/24 18:05:54	192.168.31.5::54078	http	POST	CSV File	http://192.168.31.217:8000/upload_lo
2016/11/24 18:06:48	192.168.31.5::55289	http	POST	CSV File	http://192.168.31.217:8000/upload_lo
2016/11/24 18:07:26	192.168.31.5::52511	http	POST	CSV File	http://192.168.31.217:8000/upload_lo
2016/11/24 18:07:44	192.168.31.5::60543	http	POST	CSV File	http://192.168.31.217:8000/upload_lo
2016/11/24 18:08:44	192.168.31.5::59406	http	POST	CSV File	http://192.168.31.217:8000/upload_lo
2016/11/24 18:09:44	192.168.31.5::65310	http	POST	CSV File	http://192.168.31.217:8000/upload_lo
2016/11/24 18:10:44	192.168.31.5::55836	http	POST	CSV File	http://192.168.31.217:8000/upload_lo

Review incoming data

圖 14-2　程式執行畫面

也可以在資料夾看到儲存的檔案，如圖 14-3 所示。

« Win32 ▸ CSharp ▸ WISE-PrivateServer ▸ WISE-PrivateServer ▸ bin ▸ Release ▸ upload_log ▸ WISE-4051_00D0C9F90432 ▸ signal_log ▸ 20161124

加入至媒體櫃 ▾　共用對象 ▾　新增資料夾

名稱	修改日期	類型	大小
20161124180751.csv	2016/11/24 下午 ...	Microsoft Excel ...	1 KB
20161124180809.csv	2016/11/24 下午 ...	Microsoft Excel ...	1 KB
20161124180903.csv	2016/11/24 下午 ...	Microsoft Excel ...	1 KB
20161124180942.csv	2016/11/24 下午 ...	Microsoft Excel ...	1 KB
20161124181000.csv	2016/11/24 下午 ...	Microsoft Excel ...	1 KB
20161124181100.csv	2016/11/24 下午 ...	Microsoft Excel ...	1 KB
20161124181200.csv	2016/11/24 下午 ...	Microsoft Excel ...	1 KB
20161124181300.csv	2016/11/24 下午 ...	Microsoft Excel ...	1 KB
20161124181400.csv	2016/11/24 下午 ...	Microsoft Excel ...	1 KB
20161124181500.csv	2016/11/24 下午 ...	Microsoft Excel ...	1 KB
20161124181600.csv	2016/11/24 下午 ...	Microsoft Excel ...	1 KB
20161124181700.csv	2016/11/24 下午 ...	Microsoft Excel ...	1 KB
20161124181800.csv	2016/11/24 下午 ...	Microsoft Excel ...	1 KB
20161124181900.csv	2016/11/24 下午 ...	Microsoft Excel ...	1 KB

圖 14-3　Dropbox 同步資料夾畫面

第三篇　綜合應用篇

物聯網應用與智慧資料擷取

目錄

Chapter 15

物聯網應用與智慧資料擷取動手做做看

實習簡介

工業 4.0 爲近年來業界中最熱門的話題之一，智慧化的概念逐漸散播於人群。在智慧化的過程中最不可或缺的有兩大部分，第一部分就是各式各樣的感測器，利用感測器來感測周遭環境變化，像是溫度、濕度、二氧化碳濃度......等；第二部分則是將從感測器取得的資料透過控制器或遠端 I/O 設備傳遞給中央電腦，以便使用者做後續利用的資料擷取技術。本章節將介紹如何利用各式各樣的感測器以及研華 Advantech 的 ADAM-6000 系列和 WISE-4000 系列產品將感測器取得的資訊傳遞到電腦中，ADAM-6000 系列使用 Ethernet 乙太網路線傳輸資料，WISE-4000 系列則使用 Wi-Fi 無線網路傳輸資料。

本實習使用的模組如圖 15-1 所示，可依各實習單元之需求進行配置，亦可採用第一篇所介紹之整合式智慧感測與雲端監控應用模組，如圖 1-8、1-9 所示。

圖 15-1 實習用模組

由左到右依序爲電源供應器、WISE-4051、WISE-4012、ADAM-6217、ADAM-6224 和 ADAM-6250，其中，WISE-4051 作爲接收數位輸入訊號和 RS-485 輸入訊號使用，WISE-4012 作爲接收類比及數位輸入訊號和輸出數位訊號使用，ADAM-6217 作爲接收類比輸入訊號使用，ADAM-6224 作爲輸出類比訊號使用，ADAM-6250 作爲接收數位輸入訊號和輸出數位訊號使用。上方由左至右依序爲路由器和電腦，路由器作爲整合 ADAM-6000、WISE-4000 系列設備和電腦使用，電腦則做爲資料擷取監控伺服器使用。

實習一到實習七將介紹 ADAM-6000 系列產品，如何使用 ADAM-6000 系列產品透過有線網路將接收到的類比和數位輸入訊號傳輸到電腦，如何透過電腦控制輸出類比和數位訊號，爲此段實習的重點。

實習八到實習十四則介紹 WISE-4000 系列產品，如何使用 WISE-4000 系列產品透過無線網路將接收到的類比和數位輸入訊號傳輸到電腦或行動設備，如何透過電腦或行動設備控制輸出數位訊號，爲此段實習的重點。

實習十五到實習十八將介紹 ADAM-6000 系列產品的其他功能，例如 Peer to Peer、GCL、Data Stream……等，使用者可依照不同的使用需求來選擇想要的功能以達到想要的應用情境。

附錄則介紹如何將 ADAM 與 WISE 系列設備整合並製作成可用於遠端監控的人機介面。

每項實習所需時間約爲半小時到一個小時不等，透過此篇，讀者將可了解如何使用研華 Advantech 的 ADAM-6217、ADAM-6224、ADAM-6250、WISE-4012 和 WISE-4051 等遠端資料擷取 I/O 模組，且可依不同的使用環境或感測器，選用適當的遠端 I/O 模組來實現所需情境應用。

實習一：ADAM-6000 系列設備連線和軟體安裝設定

一、學習目標

學會如何透過電腦與 ADAM-6000 系列設備連線，並依照需要的使用情境來做硬體和軟體安裝設定。

二、使用設備

硬體：

ADAM-6217　1 台

24V 電源供應器　1 台

乙太網路線　1 條

電腦　1 台

軟體：

Microsoft Windows 7 或以上版本

.NET Framework 2.0 或以上版本

Advantech Adam/Apax .NET Utility

三、實驗步驟

規格確認

ADAM-6000 系列產品的設定方式大同小異，本實習選擇使用類比輸入模組 ADAM-6217 作爲範例，首先確認 ADAM-6217 的規格，其規格如表 15-1 所示。

表 15-1　ADAM-6217 類比輸入規格

類比輸入	
輸入頻道數	8
輸入類型	V, mV ,mA
輸入範圍	±150 mV, ±500 mV, ±1 V, ±5V, ±10 V, 0～20 mA, 4～20mA
取樣頻率	10 samples/second(total)
解析度	16-bit
乙太網路孔	2-port
通訊協定	Modbus/TCP, TCP/IP, UDP, HTTP, DHCP

首先看到 ADAM-6217 有 8 個頻道的類比輸入模組，而且有 2 個網路孔，通訊協定有支援 Modbus TCP、TCP/IP、UDP 與 HTTP 等，本實習設定使用最常用的 Modbus TCP 來做示範。

再來確認要使用的類比輸入範圍是否符合需求，取樣頻率是否符合實習需求。表格內寫 10 samples/second(total)，其意義為使用 8 個頻道時，每個頻道的取樣頻率為 10/8 samples/sec.，若只使用 2 個頻道，那取樣頻率為 10/2 samples/sec.，如只用一個頻道，此時每秒就有 10 次的取樣頻率。

此外，必須透過指撥開關設定 ADAM-6217 的輸入模式。拆開 ADAM-6217 的外殼後，在內部電路板上可看見共 8 個指撥開關，一個開關代表一個頻道的輸入模式，分為電壓模式和電流模式，預設為電壓模式。使用者可依照不同的使用情境來選擇不同的輸入模式，指撥開關的位置和輸入模式的關係圖如表 15-2 所示。

表 15-2 指撥開關位置和頻道輸入模式關係表

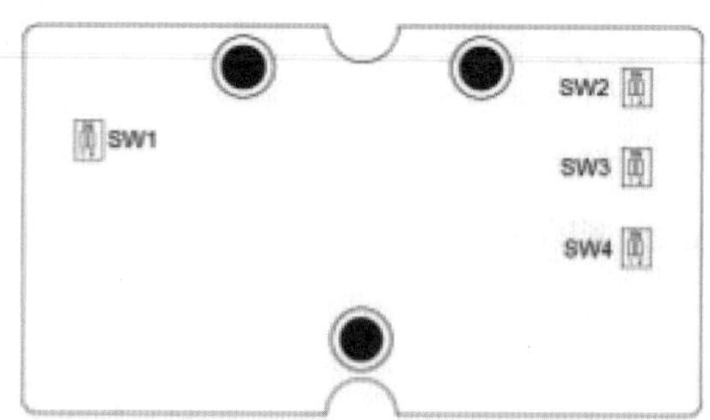

Switch	SW1		SW2		SW3		SW4	
Poition	1	2	1	2	1	2	1	2
Channel	Ch1	Ch0	Ch3	Ch2	Ch5	Ch4	Ch7	Ch6
ON	Current Mode							
OFF	Voltage Mode(Default)							

連線網卡設定

確認完規格與硬體設定之後，再來必須做與電腦連線的網路確認，因為 ADAM-6217 是使用網路做通訊與設定，所以必須確認網路是否可以正常連線，本實習設定的環境是使用電腦直接跟 ADAM-6217 做連線設定。

利用標準的 RJ-45 乙太網路線，做電腦與 ADAM-6217 之間做連結，但是必須確認使用的電腦是否會自動跳線，假如不行或不確定的話，記得中間加一顆 SWITCH 做轉換。

因為正常使用的網路習慣，只要網路線一插上去，自動就有 DHCP Server 會配 IP 給使用者，不需要做任何設定，但是在此環境並沒有 DHCP Server 會配 IP 給電腦，所以必須給電腦網卡一個 IP 位置。首先先到 Windows 的控制台選擇**網路和共用中心**，如圖 15-2 所示。

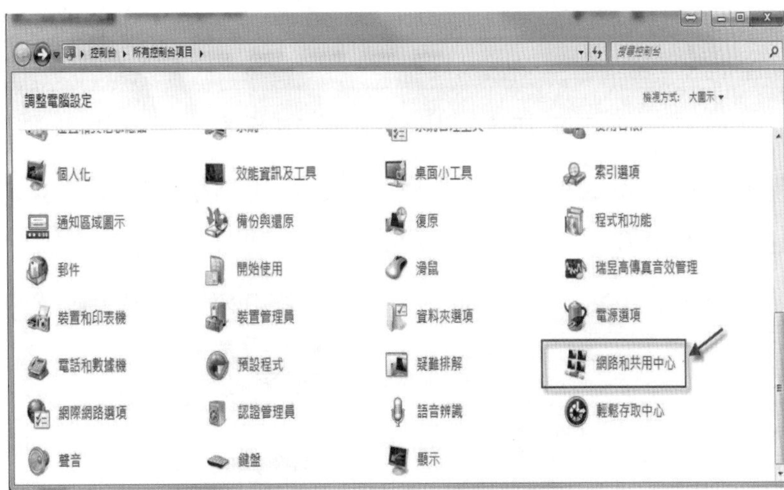

圖 15-2　電腦控制台畫面

進入**網路和共用中心**之後如圖 15-3 所示，選擇**變更介面卡設定**。

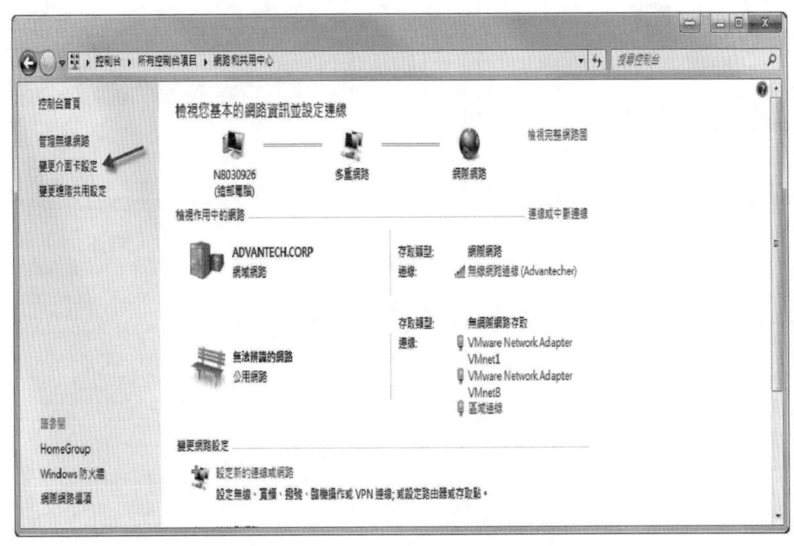

圖 15-3　網路和共用中心畫面

出現網路連線選項，如圖 15-4 所示。選擇**區域連線**以設定要連接 ADAM-6217 的網卡 IP 資訊。

圖 15-4 變更介面卡設定畫面

點擊**區域連線**-進入**區域連線狀態**如圖 15-5(a)，再點擊**內容(P)**。進入後尋找網際網路通訊協定選項 TCP/IPv4，然後點擊**內容**(R)，如圖 15-5(b)所示。

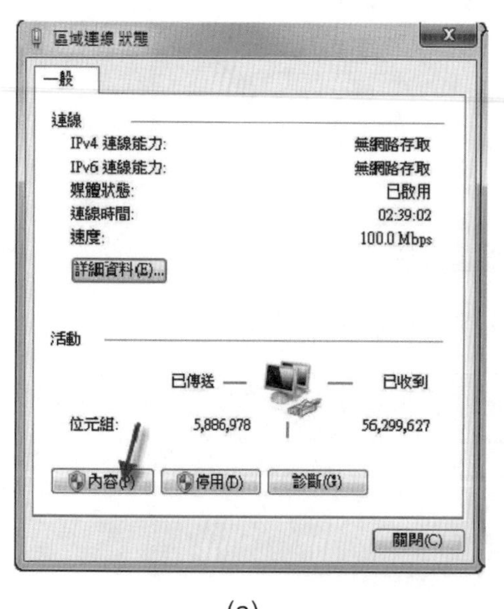

(a)

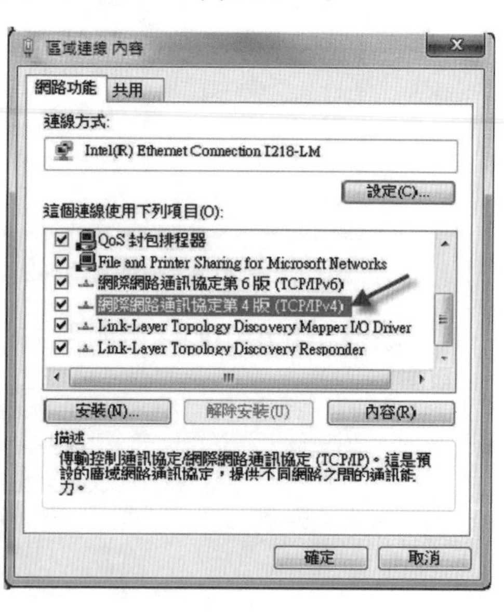

(b)

圖 15-5 進入網卡內容示意圖

進入網際網路通訊協定內容後，如圖 15-6 所示，即可以設定的 IP 位置。本實習設定 IP 爲 192.168.0.1，子網路遮罩設定爲 255.255.255.0，之後按**確定**，此時表示網卡的 IP 設定完成。

網際網路通訊協定第 4 版 (TCP/IPv4) - 內容
如果您的網路支援這項功能，您可以取得自動指派的 IP 設定。否則，您必須詢問網路系統管理員正確的 IP 設定。
自動取得 IP 位址(O)
使用下列的 IP 位址(S):
IP 位址(I): 192 . 168 . 0 . 1
子網路遮罩(U): 255 . 255 . 255 . 0
預設閘道(D)
自動取得 DNS 伺服器位址(B)
使用下列的 DNS 伺服器位址(E):
慣用 DNS 伺服器(P):
其他 DNS 伺服器(A):
結束時確認設定(L)
進階(V)
確定 取消

圖 15-6 修改網卡的 IP 畫面

設定完成後可以在**區域連線狀態**，如圖 15-7(a)，再點擊**詳細資料(E)**。利用此介面再次確認 IP 位置是否設定正確，如圖 15-7(b)，若 IP 設定固定位址無誤後，便可和 ADAM-6217 連接。

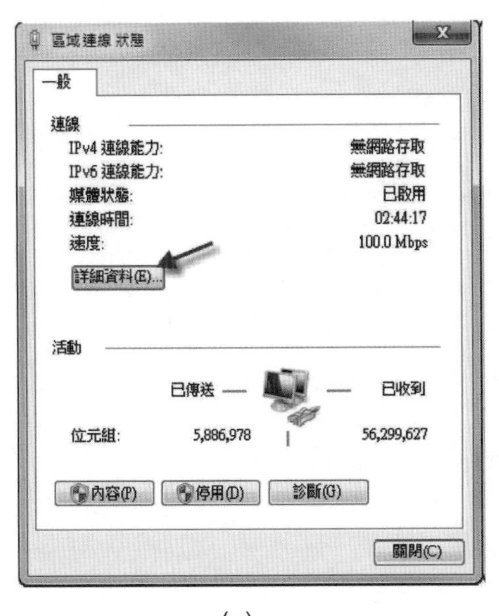

(a)

(b)

圖 15-7 網卡詳細資料

Utility 安裝並與電腦連線

首先要將 ADAM-6217 與電腦的硬體網路連線完成，接線方法如圖 15-8 所示。

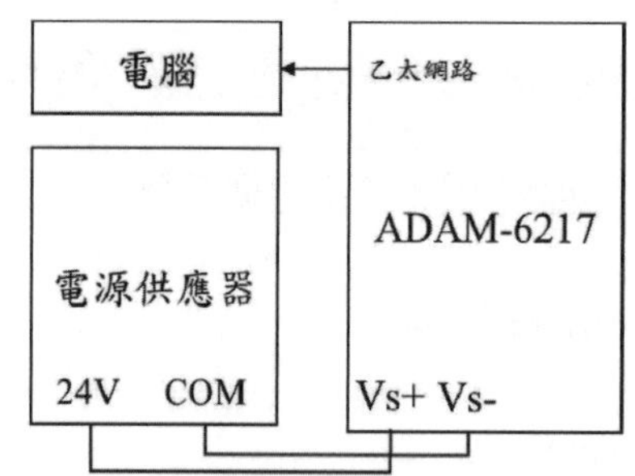

圖 15-8 ADAM-217 與電腦接線示意圖

連接完畢後，就可以開始使用 Advantech Adam/Apax .NET Utility 軟體去做設定。首先必須先取得 Advantech Adam/Apax .NET Utility 軟體以進行連線設定，請至以下網址：

http://support.advantech.com.tw/support/DownloadSRDetail_New.aspx?SR_ID=1-2AKUDB&Doc_Source=Download

進入後請選擇 Win32/64 的版本，假如是 XP，請先安裝.NET Framework 2.0，如圖 15-9 所示。

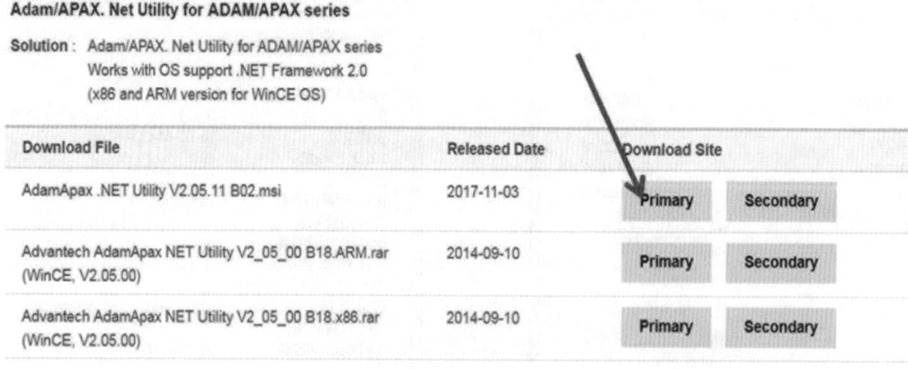

圖 15-9 Advantech Adam Utility 下載頁面

下載並安裝結束之後，桌面上會建立好程式的捷徑 

，打開 Advantech Adam/Apax .NET Utility 即可見以下畫面，如圖 15-10。選擇 **Ethernet**，然後點擊**放大鏡按鈕** 🔍，開始尋找 ADAM 相關模組。

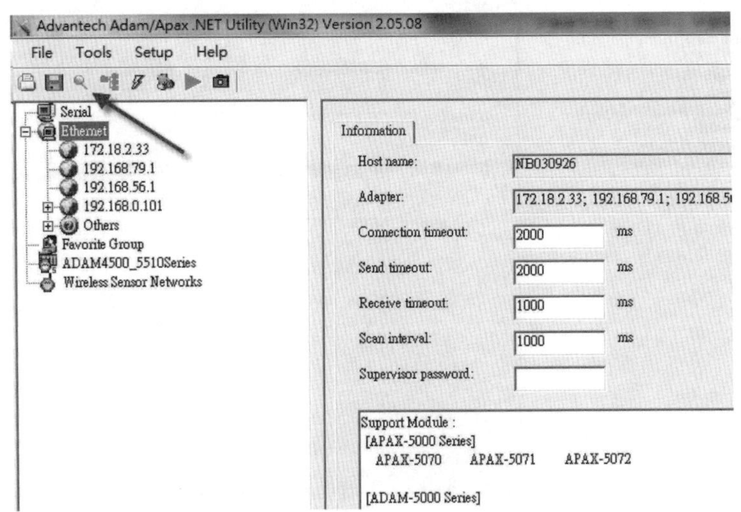

圖 15-10　進入 Utility 並點擊尋找示意圖

此時可以在 **Others** 找到 ADAM-6217，ADAM-6X00 系列產品之預設 IP 位置爲 10.0.0.1，如圖 15-11 所示。

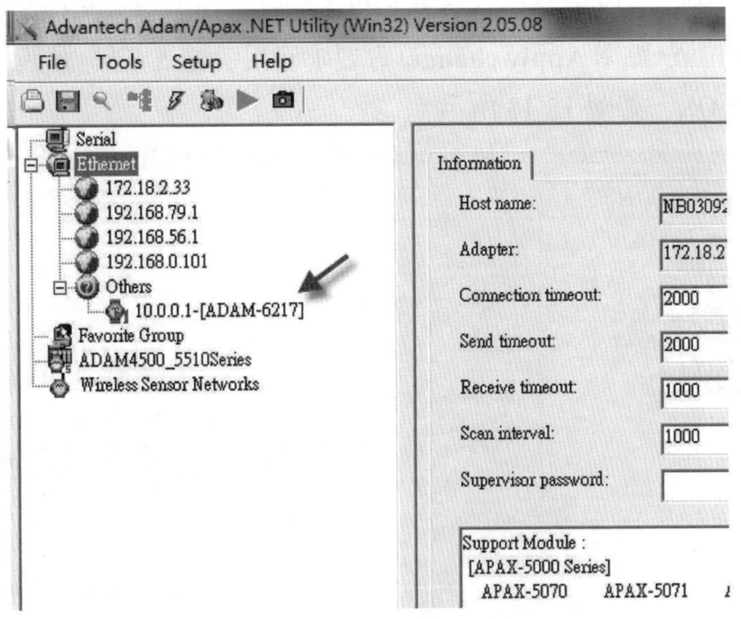

圖 15-11　點選 ADAM-6217 示意圖

此時須在 IP 位置欄位修改 ADAM-6217 的 IP 位址，必須修改成和電腦網卡 IP 相同網域，也就是必須跟網卡前面三碼一樣，如 192.168.0.2，這個數字 2，必須視檢是否有其他設備有一樣的 IP 位址，避免 IP 位址相同而導致衝突，如圖 15-12 所示。

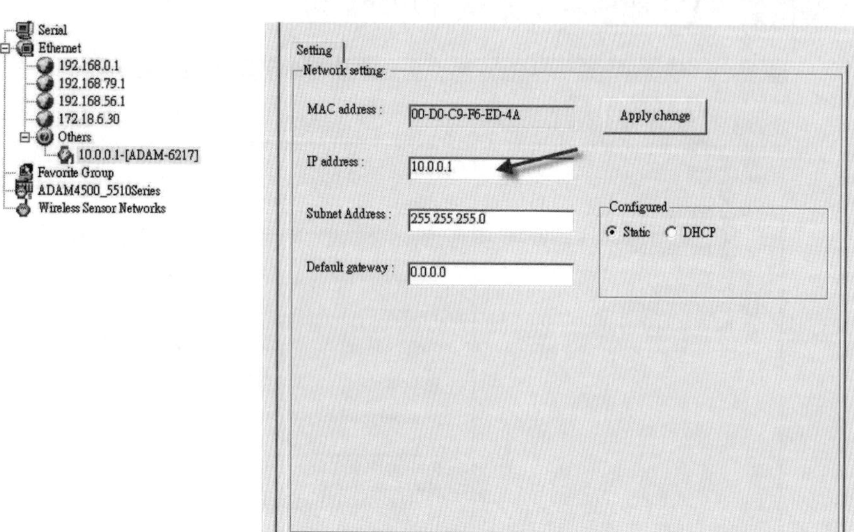

圖 15-12　設定 ADAM IP 示意圖

至於右邊的 **Configured**，選用預設的 **Static**，表示是固定 IP。DHCP 適用於設備上方有一個 AP，其表示 IP 是浮動的，可自動分配 IP 給使用者。所以之後 IP 是多少，使用者無法立即得知，必須重新再使用 Utility 觀看才知道，因此不建議使用此模式。

設定好 IP 位置，點擊 **Apply change**，會要求使用者輸入密碼，預設為 00000000(八個零)，然後按 OK，如圖 15-13 所示。

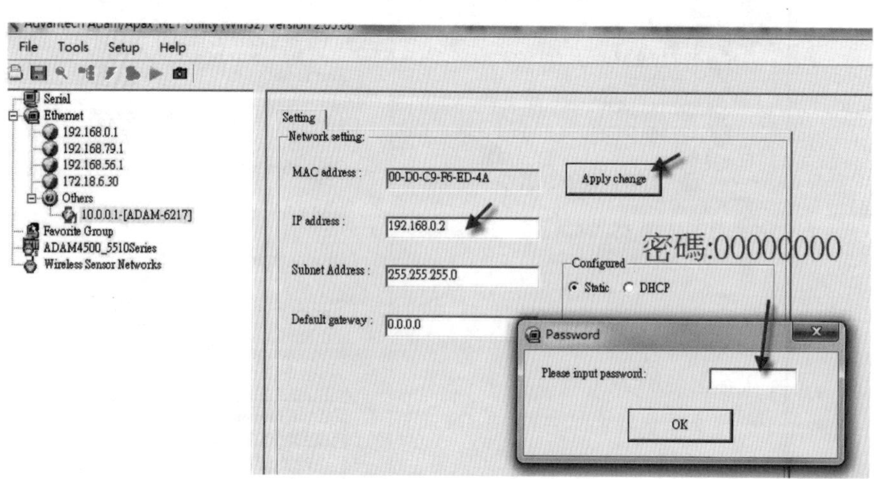

圖 15-13　修改密碼示意圖

此時會出現 Please wait，設定完後，就可以在 192.168.0.2 裡面看到 ADAM-6217 的內容與功能，如圖 15-14 所示，此時表示連線完成。

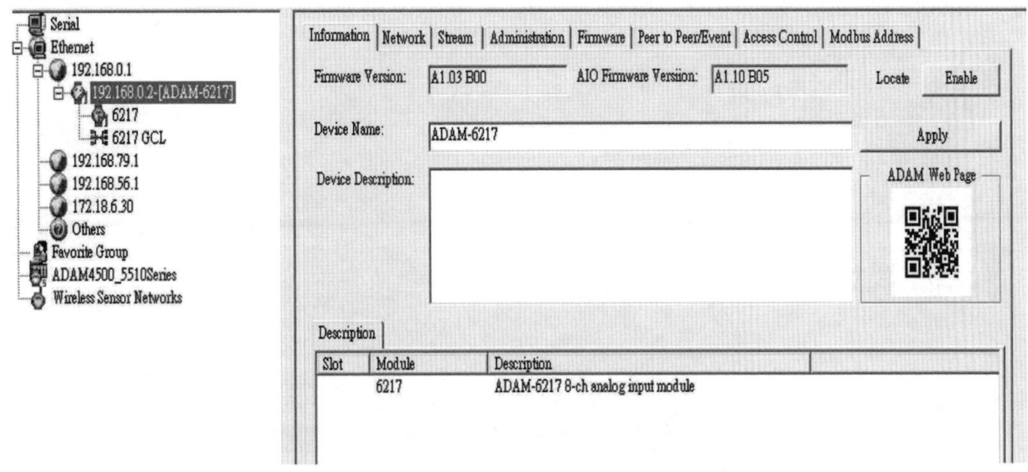

圖 15-14　ADAM-6217 的內容與功能示意圖

接著就可以開始設定 ADAM-6217 的類比輸入功能選項，點擊 **6217**，此時會再度要求輸入密碼，密碼預設為 00000000，如圖 15-15 所示。

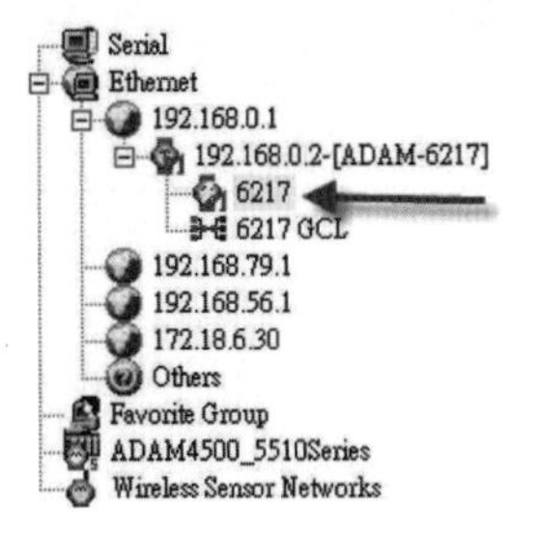

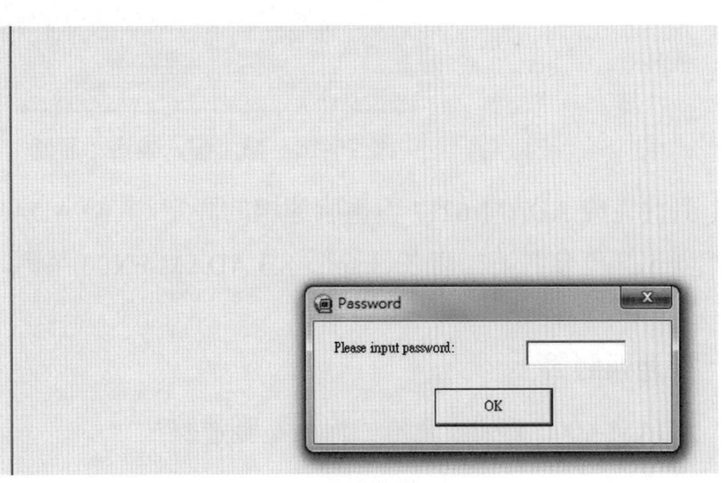

圖 15-15　進入類比輸入設定示意圖

進入後，可以在此頁面設定 Input Range，指的是輸入範圍，可依照不同的使用需要來設定輸入範圍；Burnout 指的是斷線檢知，但是只有在 Range 爲 4～20 mA 時才有作用；Enable 指要開幾個通道去取樣，通道開得愈少取樣愈快，如圖 15-16 所示。

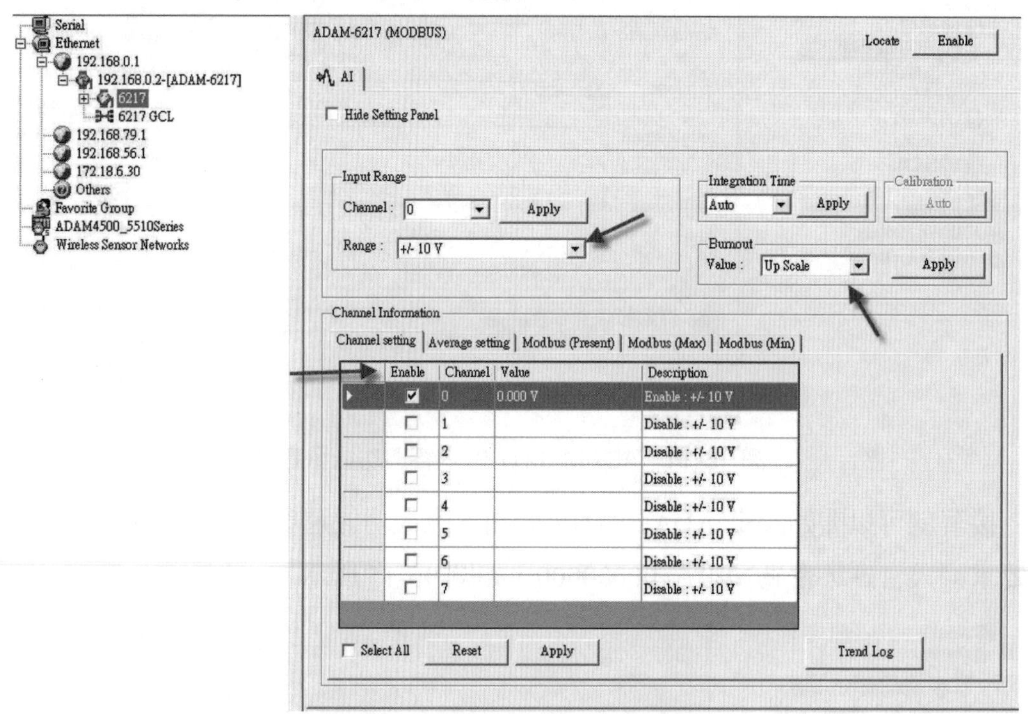

圖 15-16　類比輸入設定示意圖

到此完成 ADAM-6217 與電腦連線的設定，其餘 ADAM-6000 系列產品設定程序亦相同，詳可參考第二篇之 chapter 8.3 ADAM-6X00 系列。

四、問題與討論

1. ADAM-6000 系列設備是如何和電腦連線？

2. ADAM-6217 有哪些類比輸入模式？該如何切換？

3. 爲何連接 ADAM-6000 系列設備的網卡與其 IP 位址前三位需相同？

實習二：運用 ADAM-6224 之類比輸出與 ADAM-6217 之類比輸入連接

一、學習目標

了解如何透過網路控制 ADAM-6224 輸出類比訊號，並利用 ADAM-6217 接收此類比訊號。

二、使用設備

硬體：

ADAM-6217　1 台

ADAM-6224　1 台

24V 電源供應器　1 台

乙太網路線　2 條

電腦　1 台

軟體：

Microsoft Windows 7 或以上版本

.NET Framework 2.0 或以上版本

Advantech Adam/Apax .NET Utility

三、實驗步驟

規格確認

首先看到 ADAM-6224 的規格，其規格如表 15-3 所示。

表 15-3　ADAM-6224 規格

類比輸出	
頻道數	4
輸出類型	V, mA
輸出範圍	0～5 V, 0～10 V ±5 V, ±10V, 0～20 mA, 4～20 mA
解析度	12-bit
乙太網路孔	2-port
通訊協定	Modbus/TCP, TCP/IP, UDP, HTTP, DHCP
數位輸入	
頻道數	2
輸入類型	乾接點
邏輯狀態表式	Logic 0：Open;Logic 1：Closed to DGND

此設備有 4 個類比輸出的接點和 4 個數位輸入的接點，此實習將利用 Utility 來設定 ADAM-6224 的兩個頻道分別輸出電壓和電流訊號，並利用 ADAM-6217 來接收這些訊號。

硬體連接與設定

本實習將利用 ADAM-6224 的類比輸出來輸出訊號並利用 ADAM-6217 來接收。ADAM-6224 的類比輸出可分為電壓訊號和電流訊號兩種，輸出時皆是由 AO 接點輸出高電位訊號，經過外部負載後再連接到 GND 接點，形成一迴路。ADAM-6217 的類比輸入亦可分為電壓訊號和電流訊號兩種，接收輸入須將高電位連接至 AI+接點，再由 AI-接點連接到其他設備或接地。本實習將 ADAM-6224 的 AO0 設定為電壓輸出，AO1 設定為電流輸出，並分別接到 ADAM-6217 的 AI2 和 AI3 的接點上，接線方法如圖 15-17 所示。

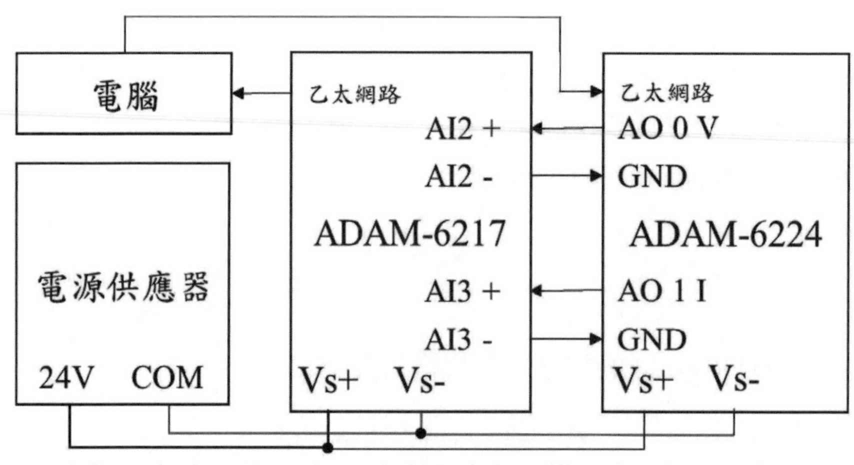

圖 15-17 ADAM-6217 與 ADAM-6224 和電腦連線接線示意圖

此外，需透過內部指撥開關將 ADAM6217 的 ch2 和 ch3 輸入模式分別設定為電壓輸入模式和電流輸入模式。

軟體設定

之後開啓 Utility 先選擇 ADAM-6224，本實習將 ADAM-6224 的 AO 0 設定爲電壓輸出(範圍 0～10V)，AO 1 設定爲電流輸出(範圍 0～20 mA)，AO 1 設定值爲 14.999 mA，設定完後按下 **Set** 即完成設定，如圖 15-18 所示。

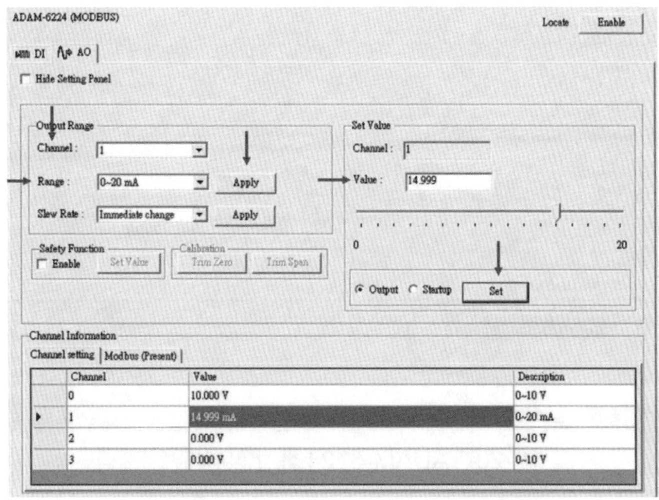

圖 15-18　ADAM-6224 類比輸出畫面

此外，也必須先將 ADMA-6217 的 ch2 和 ch3 輸入範圍分別設定爲±10 V 和 0～20 mA 並將 **Enable** 打勾，設定結束後按下 **Apply**，如圖 15-19 所示。

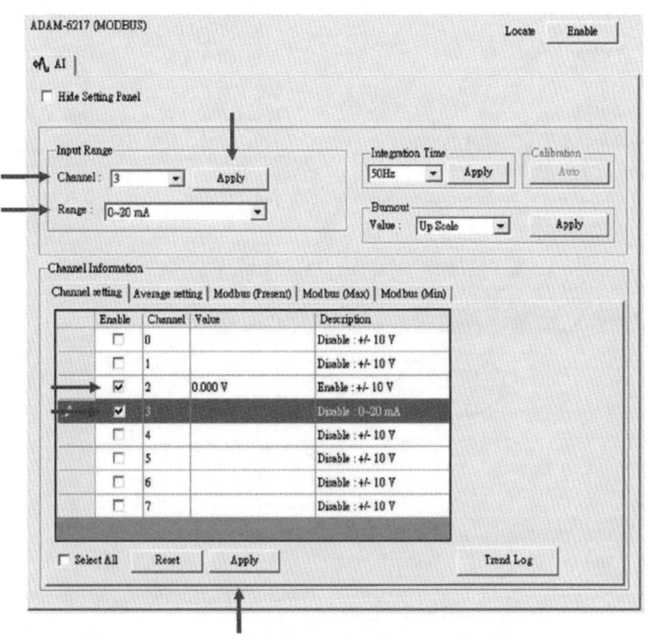

圖 15-19　ADAM-6217 類比輸入設定畫面

四、實驗結果

本實習設定 ADAM-6224 的 ch0 輸出為 6 V，ch1 輸出為 15 mA，如圖 15-20 所示。

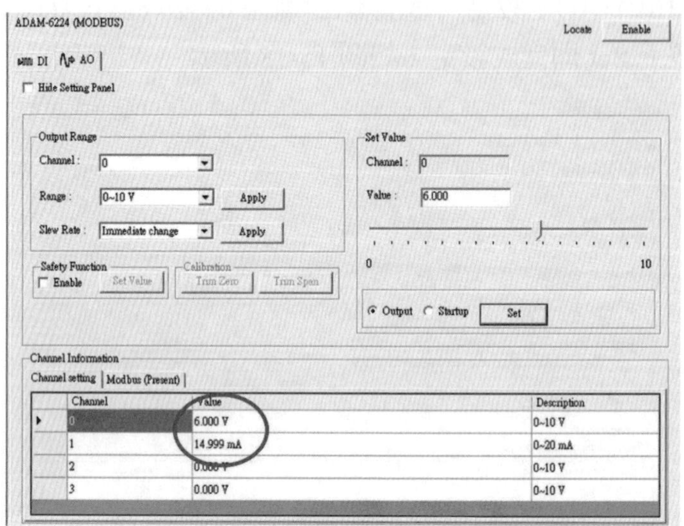

圖 15-20 ADAM-6224 類比輸出設定畫面

接著點進 ADAM-6217 選擇類比輸入就可以看到剛剛設定的輸出類比值，ADAM-6217 的 ch2 輸入約為 6 V，ch3 輸入約為 15 mA，如圖 15-21 所示。

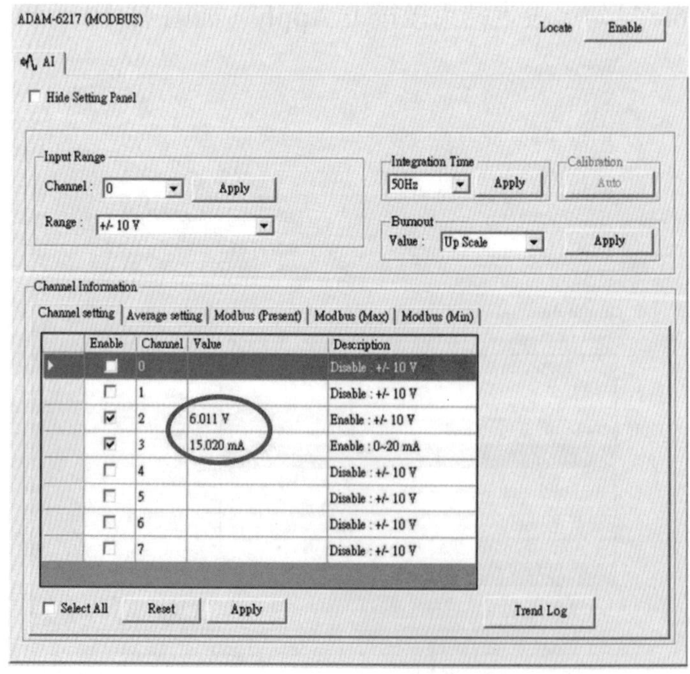

圖 15-21 ADAM-6217 讀取類比訊號畫面

五、實驗記錄

訊號類型	□電壓 □電流	□電壓 □電流	□電壓 □電流	□電壓 □電流
6224 輸出範圍設定	□~V □~mA	□~V □~mA	□~V □~mA	□~V □~mA
輸出頻道(ch)				
輸出設定值(AO)				
6217 輸入範圍設定	□~V □~mA	□~V □~mA	□~V □~mA	□~V □~mA
輸入頻道(ch)				
輸入讀值(AI)				
誤差值(AI-AO)				
電表量測值				

六、問題與討論

1. 在使用 ADAM-6224 輸出類比訊號時須先設定哪三個參數？

2. 在使用 ADAM-6217 讀取類比訊號時須先設定哪兩個參數？

3. 在使用 ADAM-6217 接收類比訊號時若發現顯示的接收值和實際值差異過大時，可先檢查哪一項設定？

實習三：運用 ADAM-6217 與類比輸出感測器連接

一、學習目標

了解如何將感測器的類比輸出透過 ADAM-6217 的有線網路傳輸將感測器的感測資料傳遞至電腦中，並驗證傳遞的資訊是否正確。

二、使用設備

硬體：

ADAM-6217　1 台

類比輸出感測器　1 台

24V 電源供應器　1 台

三用電表　1 台

乙太網路線　1 條

電腦　1 台

軟體：

Microsoft Windows 7 或以上版本

.NET Framework 2.0 或以上版本

Advantech Adam/Apax .NET Utility

三、實驗步驟

規格確認

首先是要先確定選用的類比輸出感測器的輸出範圍，本實習選用一個溫度和二氧化碳濃度感測器作爲範例，其輸出電壓範圍爲 0～10 V，感測溫度 T 範圍爲 0～50 ℃，感測二氧化碳 CO_2 濃度範圍爲 0～2000 ppm，可透過線性換算得到將讀取到的類比電壓值轉換爲溫度和二氧化碳濃度，線性關係如圖 15-22 所示。

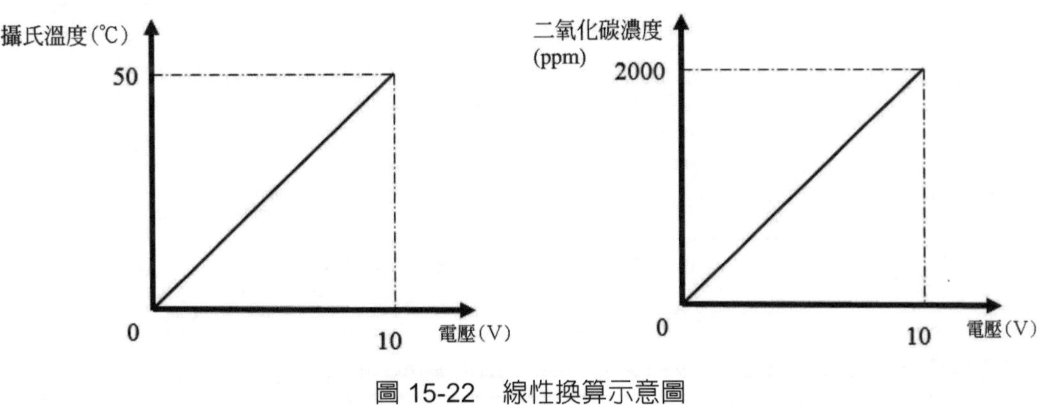

圖 15-22 線性換算示意圖

硬體連接與設定

本實習將利用類比輸出感測器來輸出訊號並利用 ADAM-6217 來接收。ADAM-6217 的類比輸入可分爲電壓訊號和電流訊號兩種，接收輸入須將高電位連接至 AI+接點，再由 AI-接點連接到其他設備或接地。本實習類比輸出串接到 ADAM-6217 的 AI2+接點上，再將 AI2–接點接地。順帶一提，若 AI+和 AI–反接，則感測值會變成實際值的反相。接線圖如圖 15-23 所示。

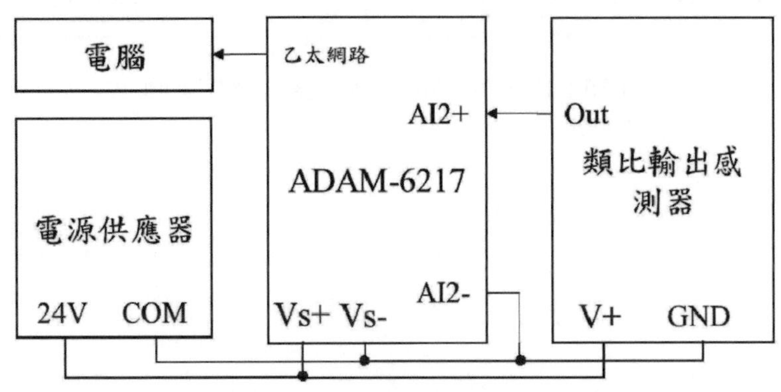

圖 15-23 ADAM-6217 和類比輸出感測器以及電腦接線示意圖

此外，必須先將 ADAM-6217 的 AI 2 的輸入模式透過指撥開關設定為電壓輸入模式。

軟體設定

硬體設定結束之後，接著進行軟體設定，要將軟體內的輸入 Range 改為±10 V，如圖 15-24 所示。

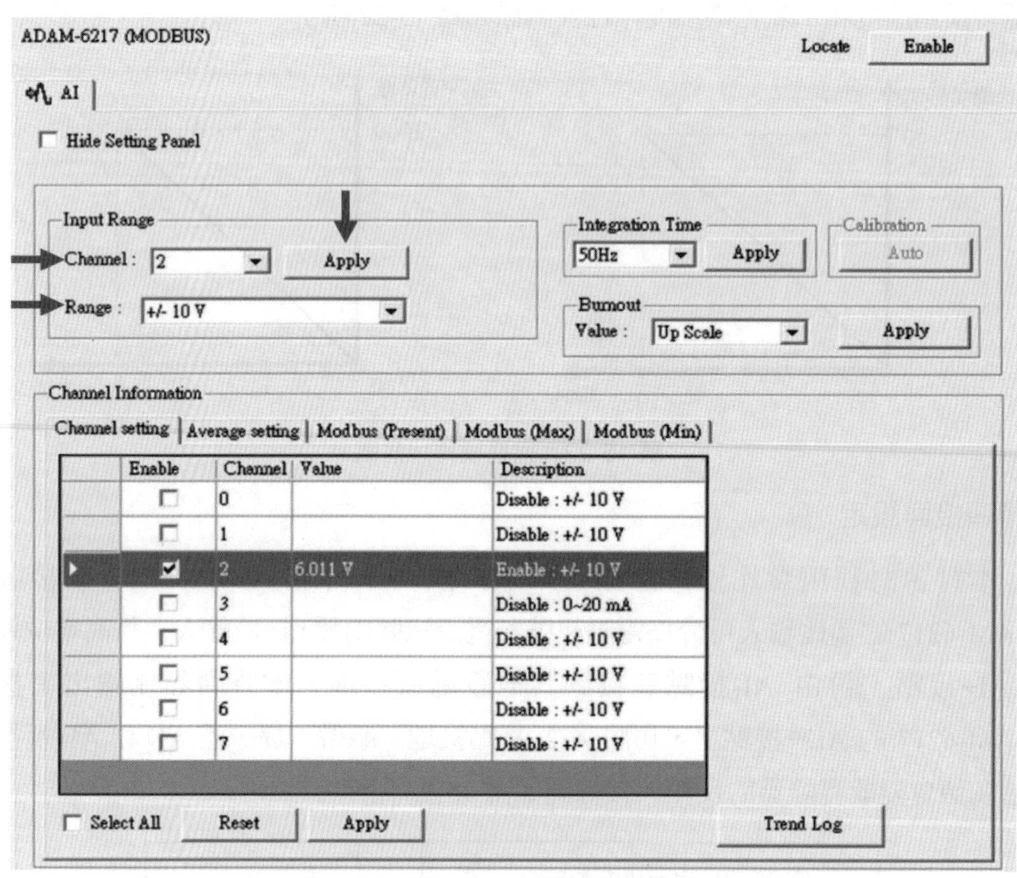

圖 15-24　ADAM-6217 數位輸入設定畫面

四、實驗結果

在 Utility 上就可以看到由 ADAM-6217 傳回感測器輸出的類比電壓值，再經由線性換算之後即可得知感測器量測得到的環境溫度 T 和二氧化碳 CO_2 濃度。

首先為感測溫度的輸出，可從 ADAM-6217 上看到感測器回傳的電壓值，如圖 15-25 所示。

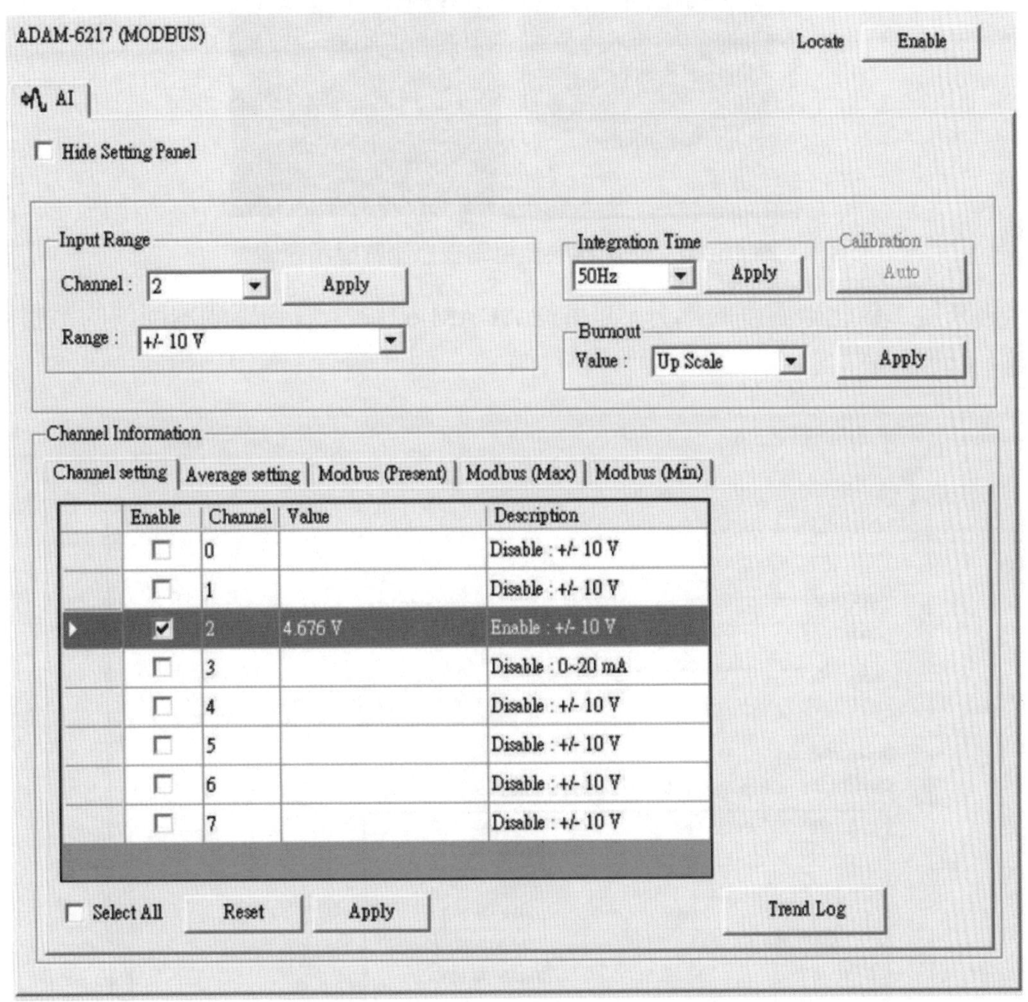

圖 15-25　ADAM-6217 接收類比輸入畫面

可利用三用電表來驗證得到的值是正確的，再經過類比電壓值經過線性換算之後即可得到感測器測到的溫度 T，如式(15-1)所示。

$$\frac{T}{50}=\frac{4.67}{10} \tag{15-1}$$

可得溫度 T 約爲 23.4℃，本實習選用的感測器上附有顯示器，亦可由此驗證，如圖 15-26 所示。

圖 15-26　感測器與三用電表感測數據示意圖

再來是二氧化碳濃度的部分，亦可從 ADAM-6217 上看到感測器回傳的電壓值，如圖 15-27 所示。

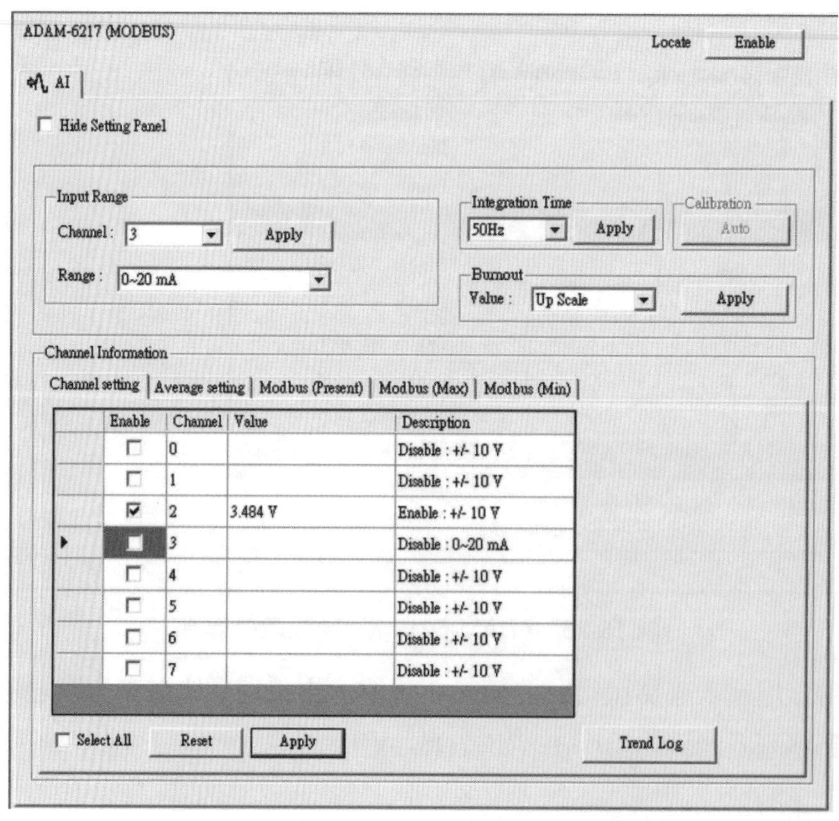

圖 15-27　ADAM-6217 接收類比輸入畫面

可利用三用電表來驗證得到的值是正確的，再經過類比電壓值經過線性換算之後即可得到感測器測到的二氧化碳 CO_2 濃度，如式(15-2)所示。

$$\frac{CO_2}{2000}=\frac{3.48}{10} \tag{15-2}$$

可得二氧化碳 CO_2 濃度約為 696 ppm，本實習選用的感測器上附有顯示器，亦可由此驗證，如圖 15-28 所示。

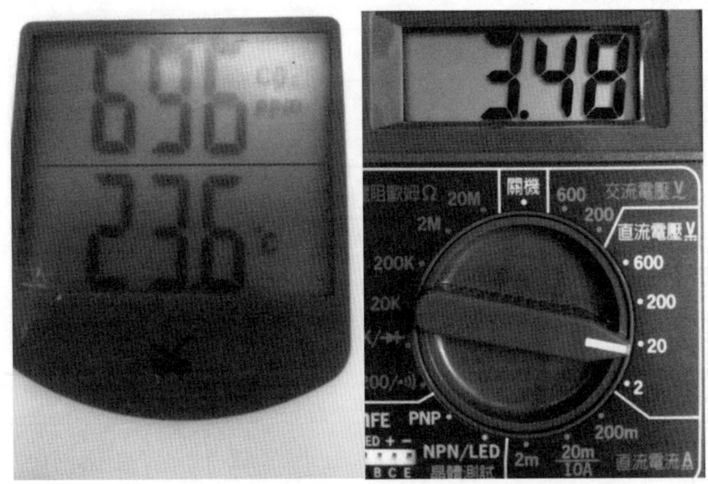

圖 15-28　感測器與三用電表感測數據示意圖

五、實驗記錄

1. 繪出選用的類比輸出感測器其類比輸出(水平軸)和感測物理量(垂直軸)關係圖：

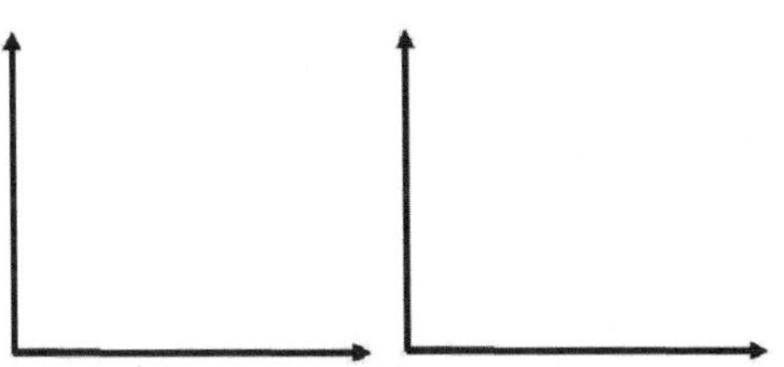

2. 實驗記錄表

訊號類型	□電壓 □電流	□電壓 □電流	□電壓 □電流	□電壓 □電流
感測器物理量範圍				
感測器類比輸出範圍	□~V □~mA	□~V □~mA	□~V □~mA	□~V □~mA
感測器靈敏度*				
感測器物理量(SM)				
感測器類比輸出(SO)				
6217 輸入範圍設定	□~V □~mA	□~V □~mA	□~V □~mA	□~V □~mA
輸入頻道(ch)				
輸入類比值(AI)				
AI 量測靈敏度#				
代表的物理量(AIM)				
AI 類比誤差值(AI-SO)				
AI 量測物理量誤差值(AIM-SM)				

*：感測器靈敏度＝類比值輸出變化/物理量輸入變化

#：AI 量測靈敏度＝物理量輸出變化/類比值輸入變化

六、問題與討論

1. ADAM-6217 在接收類比輸入值時可看爲一量測計，其接線方式爲何？

2. 如何將類比輸出感測器的輸出類比值轉換爲其代表的物理量？

3. 在使用 ADAM-6217 讀取類比訊號時須先設定哪兩個參數？

4. 本實習之感測溫度範圍為 0～50℃，其輸出電壓範圍為 0～10 V，若輸出電壓增加 0.5V，則感測溫度變化為多少度(℃)？

5. 本實習之二氧化碳濃度感測範圍為 0～2000 PPM，其輸出電壓範圍為 0～10 V，若輸出電壓增加 0.25V，則感測之二氧化碳濃度變化多少 PPM？

實習四：運用 ADAM-6250 之數位輸出與 ADAM-6250 之數位輸入連接

一、學習目標

了解如何透過乙太網路連線 ADAM-6250 並使其輸出數位訊號，利用自身數位輸入接口接收此數位訊號。

二、使用設備

硬體：

ADAM-6250　1 台
乙太網路線　2 條
24V 電源供應器　1 台
電腦 1 台

軟體：

Microsoft Windows 7 或以上版本
.NET Framework 2.0 或以上版本
Advantech Adam/Apax .NET Utility

三、實驗步驟

規格確認

首先來看一下 ADAM-6250 的規格如表 15-4 所示，詳可參考第二篇之 chapter 8.3.6 與 8.3.7。

表 15-4　ADAM-6250 規格

規格	
通訊協定	Modbus/TCP,TCP/IP,UDP,HTTP,DHCP, SNVP, MQTT
數位輸入	
頻道數	8
輸入類型	乾接點或濕接點
數位輸出	
頻道數	7
輸出電壓範圍	10～30 V
輸出電流	每一頻道 100 mA

ADAM-6250 有 8 個數位輸入的接口，可透過內部指撥開關切換選擇接乾接點或濕接點，7 個數位輸出的接口，利用乙太網路來傳輸資料，此實習將利用 Utility 來設定 ADAM-6250 使其輸出數位訊號並用自身的數位輸入頻道來接收此訊號。

ADAM-6250 指撥開關位置與輸入類型關係可參考第二篇之圖 8-20 所示。

小知識

- 乾接點(Dry- contact)爲輸出不帶電的數位輸出，輸出只分開和閉兩種狀態，亦常分常開(NO)和常閉(NC)兩種接點模式，常見的乾接點如繼電器輸出、微動開關、各種按鈕開關……等等皆爲乾接點數位輸出，詳參見第二篇之圖 8-24 乾接點示意圖。

小知識

- 濕接點(Wet- contact)爲輸出帶電的數位輸出，分爲高準位輸出和低準位輸出，兩個接點之間有極性關係，不能反接。常見的低準位輸出爲 NPN 型的開汲極電晶體輸出；常見的高準位輸出爲 PNP 型的開源極電晶體輸出。常見的濕接點輸出如電磁式和電容式的近接開關或光電開關皆爲濕接點數位輸出，詳參見第二篇之圖 8-25 濕接點示意圖。

硬體連接與設定

本實習將利用 ADAM-6250 的數位輸出來輸出訊號並利用自身的數位輸入接點來接收此訊號。ADAM-6250 的數位輸出雖然爲 Sink Type 輸出，但在動作時，其輸出不帶正電，而是類似於微動開關的乾接點輸出。接線時，高電位訊號須連接負載後再連接至 ADAM-6250 的 DO，低電位須連接到 DGND。由於 ADAM-6250 的數位輸出並不帶正電，故須將 ADAM-6250 的數位輸入模式設定爲乾接點模式。

ADAM-6250 在乾接點模式時，當 DI 和 DGND 接點間形成通路時爲 1，當 DI 和 DGND 接點間斷路時爲 0。爲檢知外部是否爲通路，會從 DI 接點發出高電位訊號，若和 DGND 接點形成通路，此訊號會透過 DGND 接口進入 ADAM-6250 內部形成一迴路。故接線方法爲將輸出高電位訊號的 ADAM-6250 的 DI 0 接點接至自身的 DO 0

上，由於 ADAM-6250 的 DGND 爲共用接點，在內部已連接，故不需再另外連接。接線方法如圖 15-29 所示。

需先透過內部指撥開關將 ADAM-6250 的 DI 0 和 DI 1 數位輸入模式設定爲乾接點模式，詳參見第二部分圖 15-26。

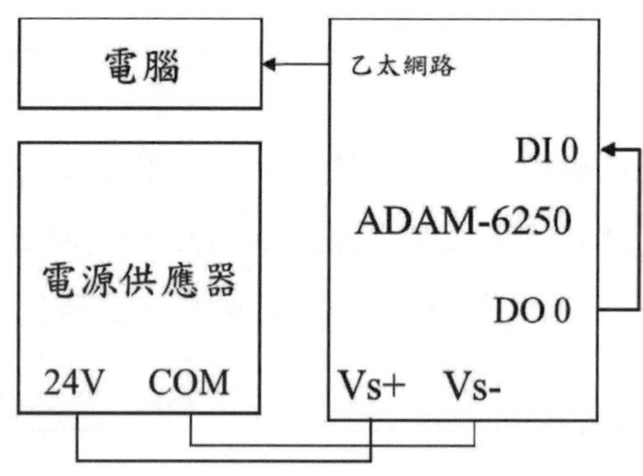

圖 15-29 ADAM-6250 和電腦接線示意圖

軟體控制

本實習透過 Advantech Adam/Apax .NET Utility 監控 ADAM-6250 的數位輸入和控制數位輸出，監控和控制畫面如圖 15-30 所示。

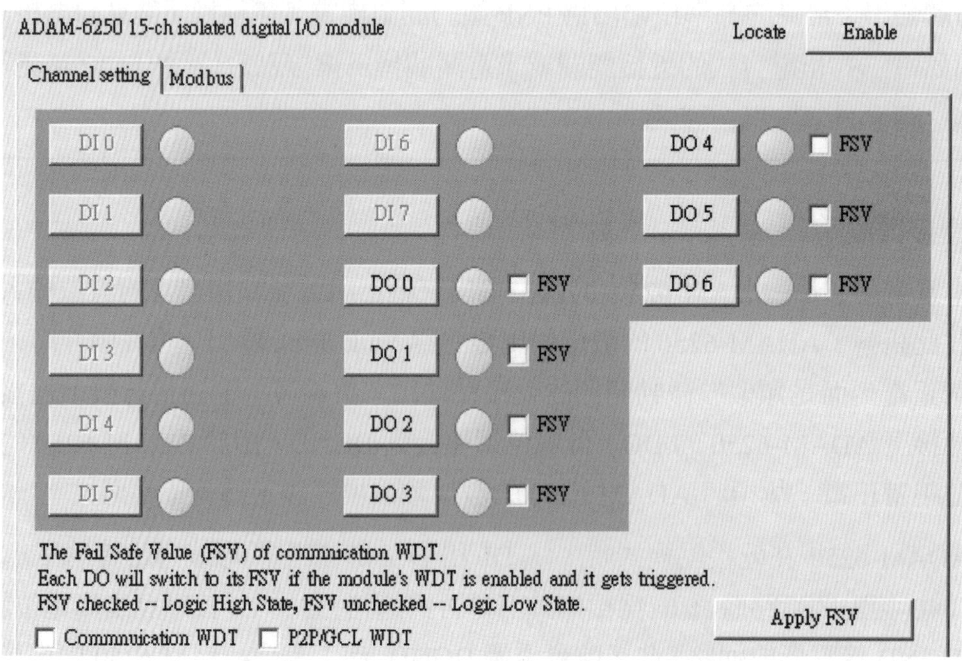

圖 15-30 ADAM-6250 之監控與控制畫面

四、實驗結果

ADAM-6250 的輸出 DO 0 為 0 時的結果如圖 15-31，可發現數位輸入 DI 0 也為 0。

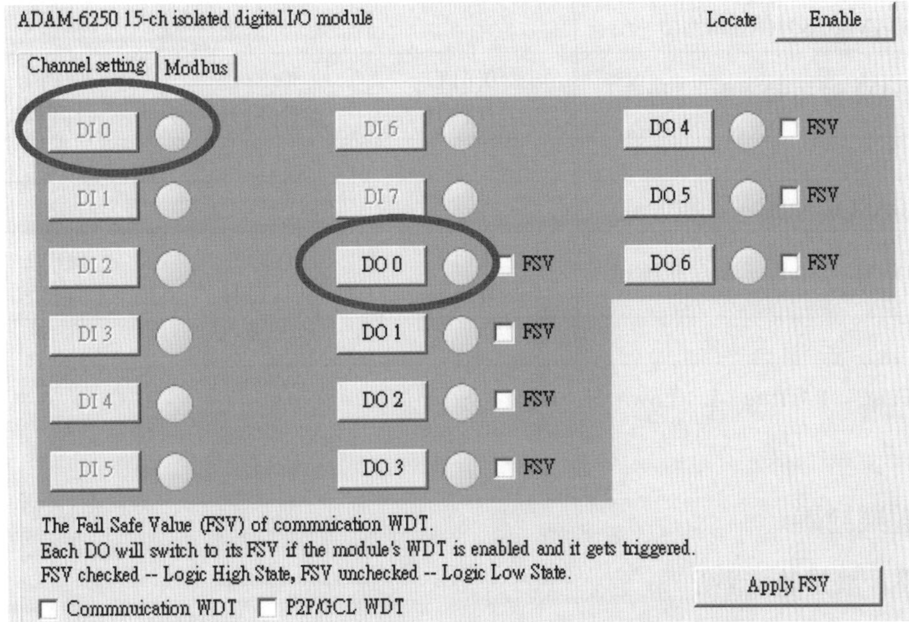

圖 15-31　ADAM-6250 數位輸出與數位輸入狀態 0

ADAM-6250 的輸出 DO 0 為 1 時的結果如圖 15-32，可發現數位輸入 DI 0 也為 1。

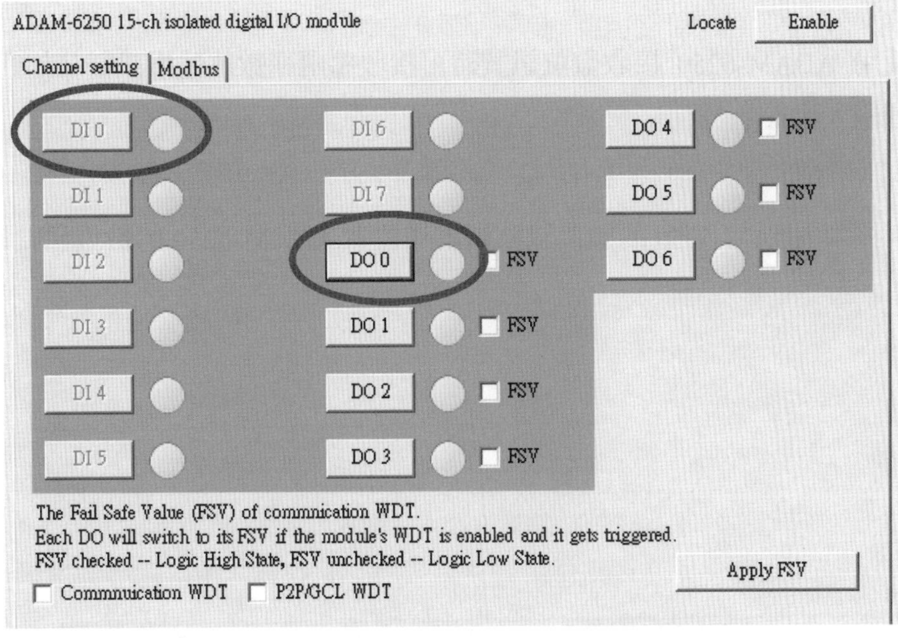

圖 15-32　ADAM-6250 數位輸出與數位輸入狀態 1

五、實驗記錄

輸出入模式設定	□乾接點 □濕接點	□乾接點 □濕接點	□乾接點 □濕接點
ADAM-6250 輸出頻道(0～6)			
ADAM-6250 輸出數位訊號值	□0(F)/L □1(T)/H	□0(F)/L □1(T)/H	□0(F)/L □1(T)/H
ADAM-6250 輸入頻道(0～7)			
ADAM-6250 輸入數位訊號值	□0(F)/L □1(T)/H	□0(F)/L □1(T)/H	□0(F)/L □1(T)/H

F：False　T：True　L：Low　H：High

六、問題與討論

1. 解釋什麼是乾接點？

2. 解釋什麼是濕接點？

3. 在使用 ADAM-6250 接收數位訊號時可接收哪兩種數位輸出訊號？如何切換這兩種輸入模式？

4. 如何控制 ADAM-6250 的數位訊號輸出和監看 ADAM-6250 的數位訊號輸入？

實習五：運用 ADAM-6250 與乾接點數位輸出感測器連接

一、學習目標

了解如何將乾接點的數位輸出感測器透過 ADAM-6250 的有線網路傳輸傳遞至電腦中。

二、使用設備

硬體：

ADAM-6250　1 台

機械式微動開關　1 個

轉動開關　1 個

按鈕開關　1 個

乙太網路線　1 條

24V 電源供應器　1 台

電腦　1 台

軟體：

Microsoft Windows 7 或以上版本

.NET Framework 2.0 或以上版本

Advantech Adam/Apax .NET Utility

三、實驗步驟

規格確認

本實習使用的微動開關的構造如圖 15-33 所示，有 1 個 NO 接點(或稱 a 接點)、1 個 NC 接點(或稱 b 接點)和 1 個 COM 接點(或稱 c 接點)，未作動時 NC 和 COM 接點形成通路，作動時 NO 和 COM 接點形成通路，機械式微動開關是屬於乾接點的 DO 輸出。

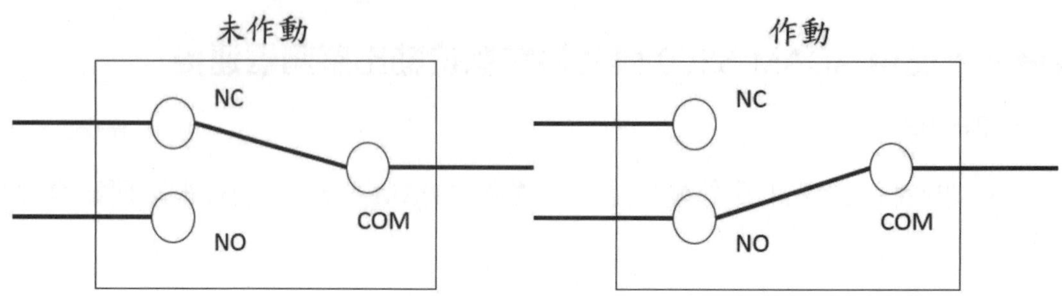

圖 15-33 微動開關構造示意圖

本實習使用的非自保式按鈕開關的構造如圖 15-34 所示，共有兩組接點，一組 NO 接點和一組 NC 接點，透過一個按鈕來做通路切換，且不具自保持性，放開之後即恢復原狀。此按鈕開關是屬於乾接點的 DO 輸出。

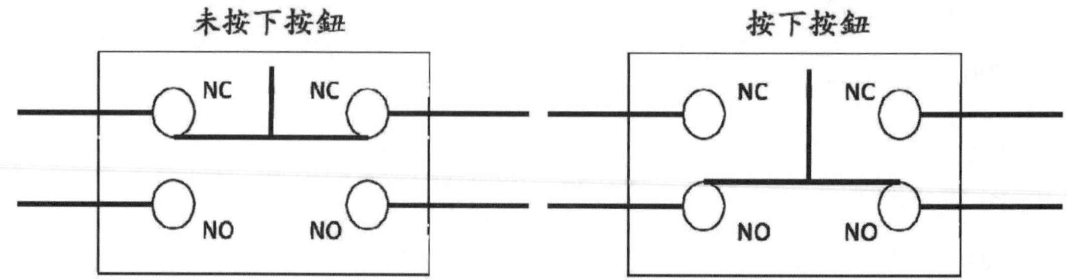

圖 15-34 非自保式按鈕動開關構造示意圖

本實習使用的自保式轉動開關的構造如圖 15-35 所示，共有兩組接點，一組 NO 接點和一組 NC 接點，透過一個轉動開關來切換，且具有自保持特性，再次轉動後才會回復。自保式轉動開關是屬於乾接點的 DO 輸出。

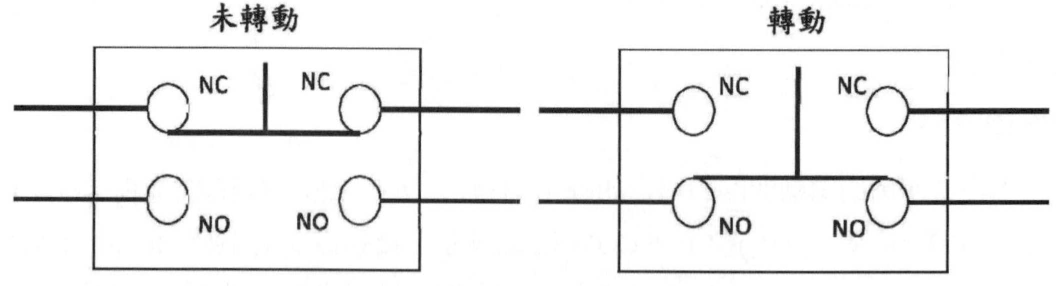

圖 15-35 自保式轉動開關構造示意圖

硬體連接與設定

本實習將利用 ADAM-6250 的數位輸入接點來接收此訊號。ADAM-6250 在乾接點模式時，當 DI 和 DGND 接點間形成通路時爲 1，當 DI 和 DGND 接點間斷路時爲 0。爲檢知外部是否爲通路，會從 DI 接點發出高電位訊號，若和 DGND 接點形成通路，此訊號會透過 DGND 接口進入 ADAM-6250 內部形成一迴路。無論爲 NO 還是 NC 接點，接線方法爲將輸出高電位訊號的 ADAM-6250 的 DI 0 接點接至乾接點數位輸出感測器的其中一個接點上，再將另一接點接到 ADAM-6250 的 DGND 上。本實習將 ADAM-6250 的 DI 0 和 DGND 接在微動開關的 NO 和 COM 上，在作動時 DI 0 接收到爲 1，反之爲 0，接線圖如圖 15-36 所示。

本實習需先透過內部指撥開關將 ADAM-6250 的 DI 0 和 DI 1 數位輸入模式設定爲乾接點模式。

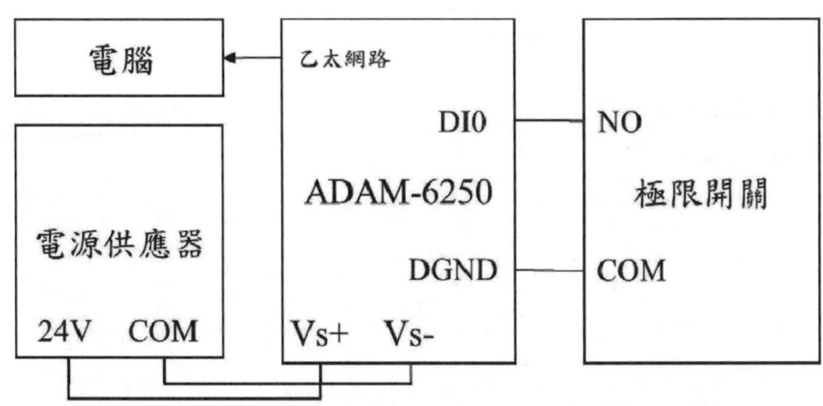

圖 15-36　ADAM-6250 和極限開關以及電腦接線示意圖

而轉動(切換)開關和按鈕開關的接法相同，將 NO 接點分別接在 DI 0 和 DGND 上，將 NC 接點分別接在 DI 1 和 DGND 上。在作動時，DI 0 接收到爲 1，DI 1 接收到爲 0；在未作動時 DI 0 接收到爲 0，DI 1 接收到爲 1，接線圖如圖 15-37 所示。

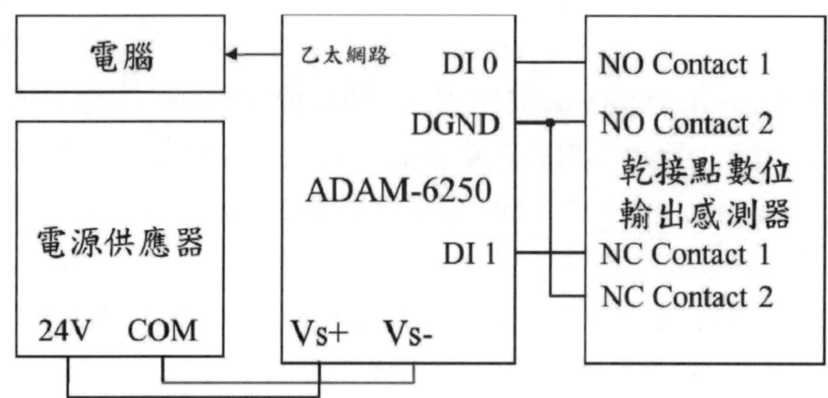

圖 15-37　ADAM-6250 和轉動開關和按鈕開關以及電腦接線示意圖

四、實驗結果

全部設定與接線完成之後就可以連線到 ADAM-6250，進入 Advantech Adam/Apax .NET Utility，選擇 ADAM-6250，即可看見 ADAM-6250 的接收值傳輸到電腦中並顯示出來，顯示頁面如圖 15-38 所示。

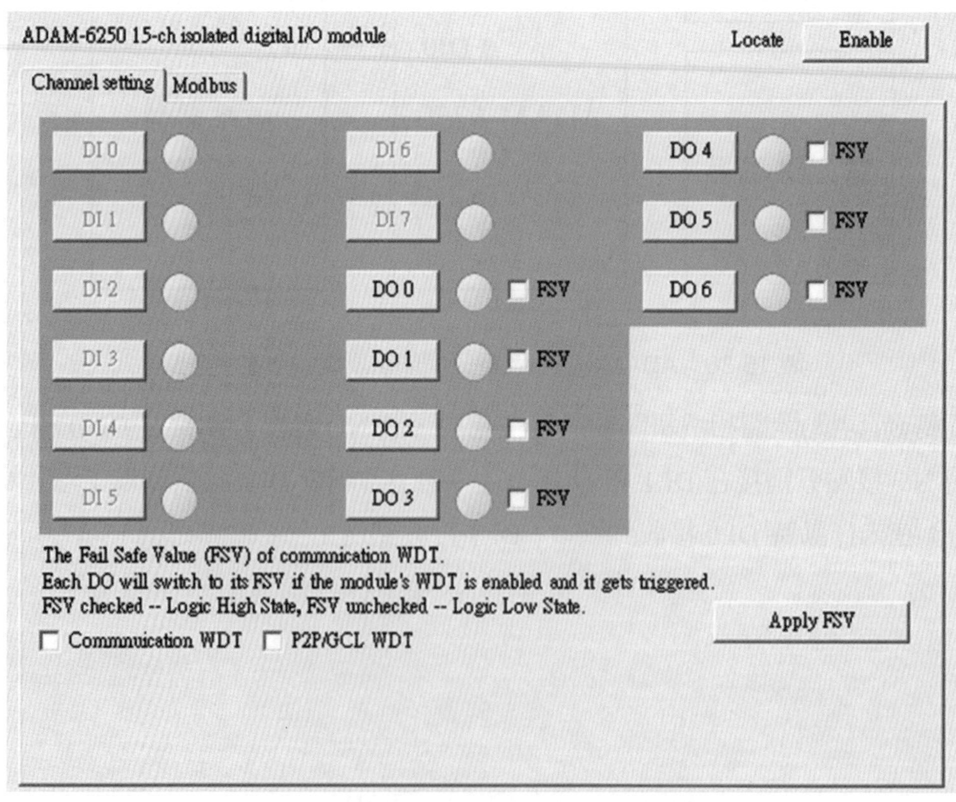

圖 15-38　ADAM-6250 數位輸入監看畫面

首先是微動開關，按下開關時 NO 接點即爲作動，如圖 15-39 所示。

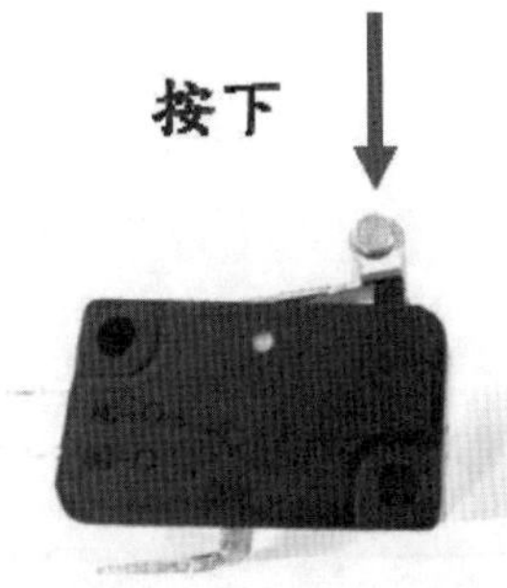

圖 15-39 微動開關作動示意圖

微動開關未作動時的結果如圖 15-40，可發現 ADAM-6250 的數位輸入 DI 0 爲 0。

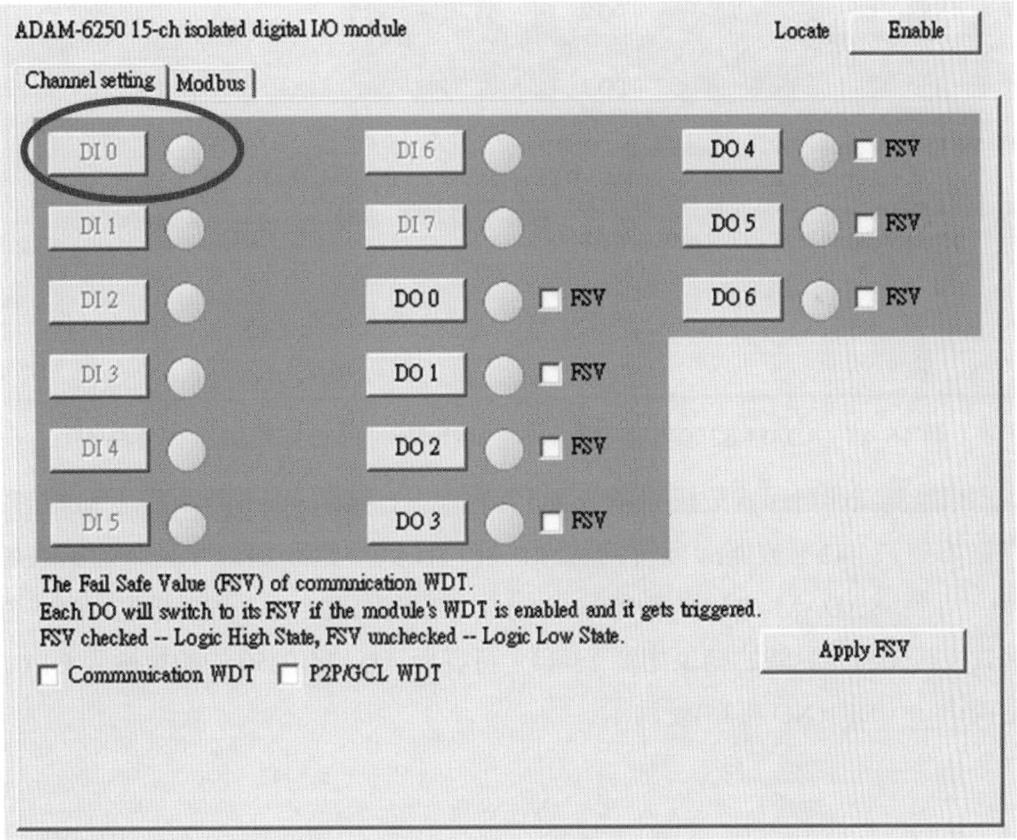

ADAM-6250 15-ch isolated digital I/O module　Locate　Enable

Channel setting | Modbus

DI 0　DI 6　DO 4 FSV
DI 1　DI 7　DO 5 FSV
DI 2　DO 0 FSV　DO 6 FSV
DI 3　DO 1 FSV
DI 4　DO 2 FSV
DI 5　DO 3 FSV

The Fail Safe Value (FSV) of commnication WDT.
Each DO will switch to its FSV if the module's WDT is enabled and it gets triggered.
FSV checked -- Logic High State, FSV unchecked -- Logic Low State.　Apply FSV
Commnuication WDT　P2P/GCL WDT

圖 15-40 ADAM-6250 在微動開關未作動時接收到的 NO 接點訊號(DI 0 為 0)

微動開關作動時的結果如圖 15-41，可發現 ADAM-6250 的數位輸入 DI 0 變爲 1。

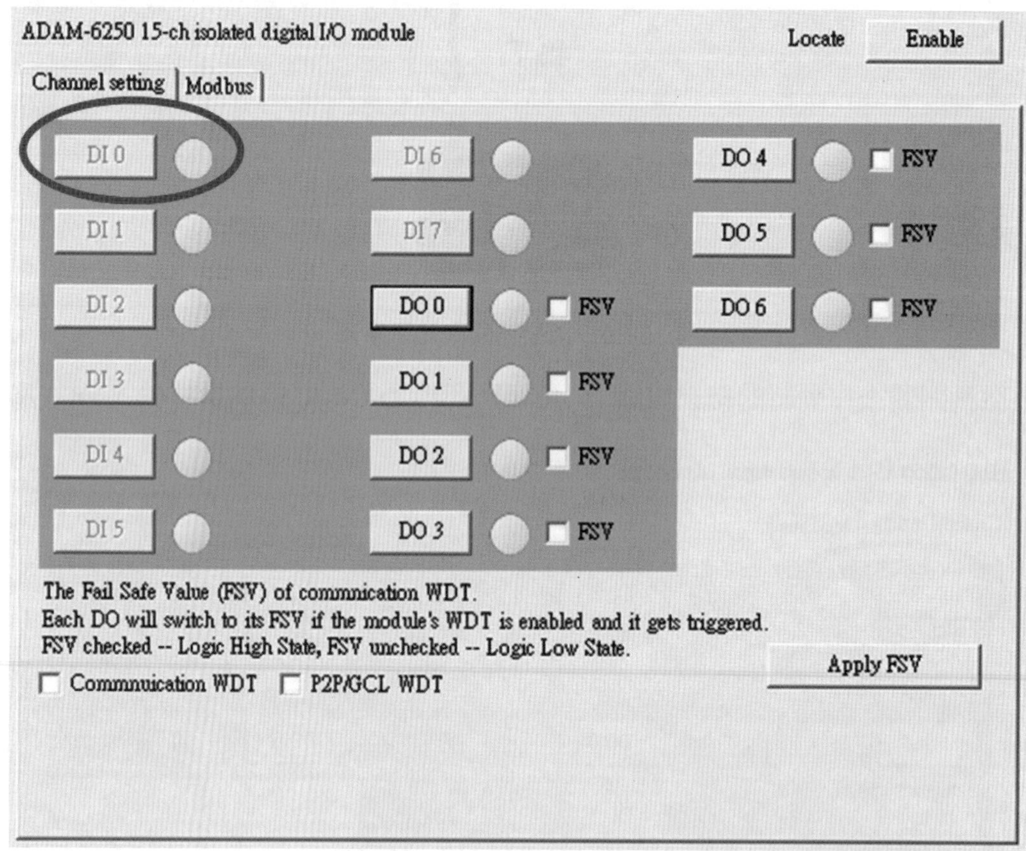

圖 15-41 ADAM-6250 在微動開關作動時接收到的 NO 接點訊號(DI 0 為 1)

再來是測試非自保式按鈕開關之 NO 接點與 NC 接點，按下時開關時 NO 接點即爲作動如圖 15-42，放開即爲復歸狀態。非自保式按鈕開關未作動時的結果如圖 15-43，可發現 ADAM-6250 的數位輸入 DI 0(NC 接點)爲 1 DI 1(NO 接點)爲 0。當非自保式按鈕開關作動時的結果如圖 15-44，可發現 ADAM-6250 的數位輸入 DI 0(NC 接點)變爲 0，DI 1(NO 接點)變爲 1。

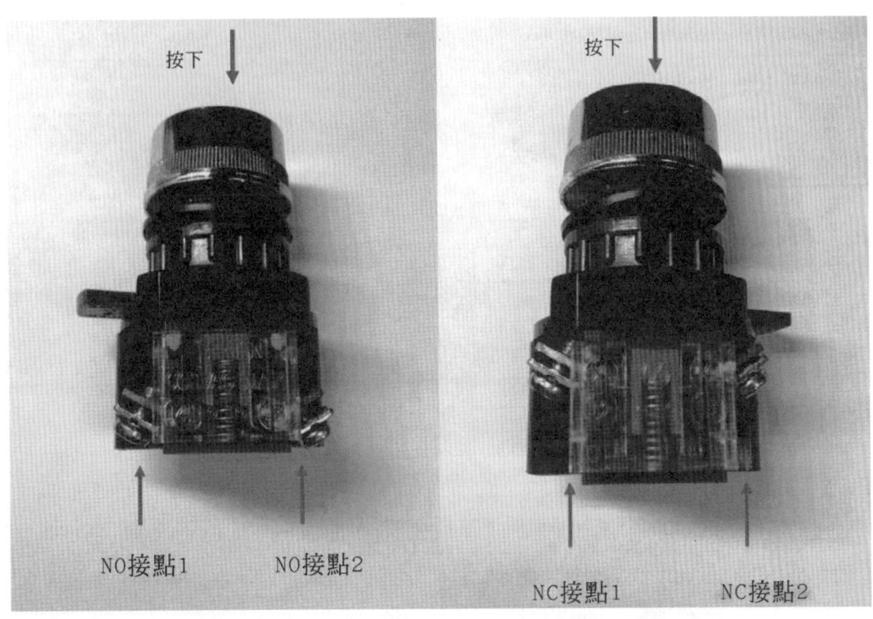

圖 15-42 非自保式按鈕開關作動示意圖

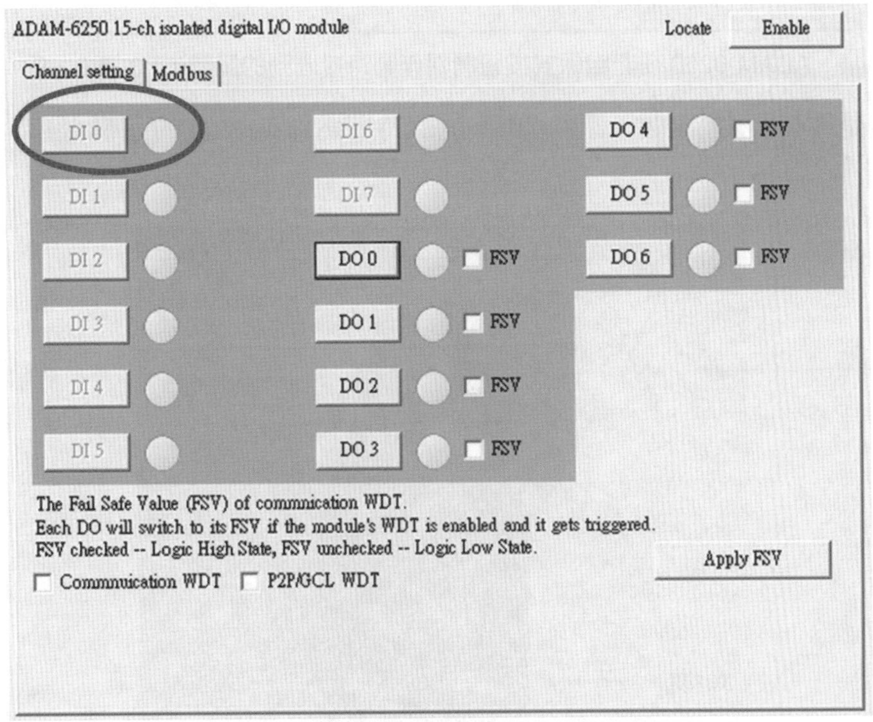

圖 15-43 ADAM-6250 在非自保式按鈕開關未作動時接收到的訊號(DI 0 為 1，DI 1 為 0)

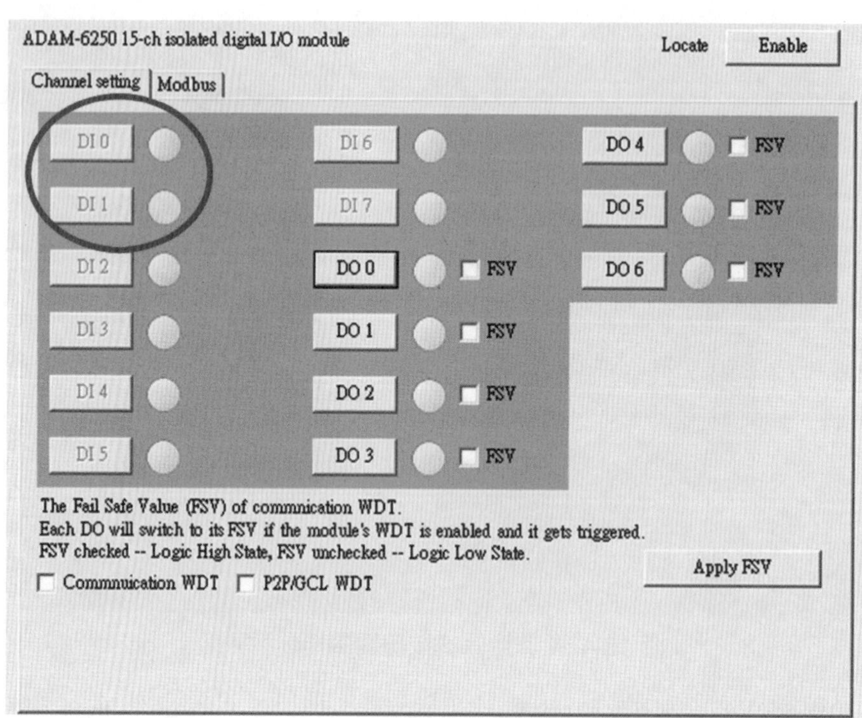

圖 15-44 ADAM-6250 在非自保式按鈕開關作動時接收到的訊號(DI 0 為 0，DI 1 為 1)

最後是轉動(切換)開關，轉動(順轉)開關時即爲作動(NO)，反轉開關時即爲復歸(NC)。

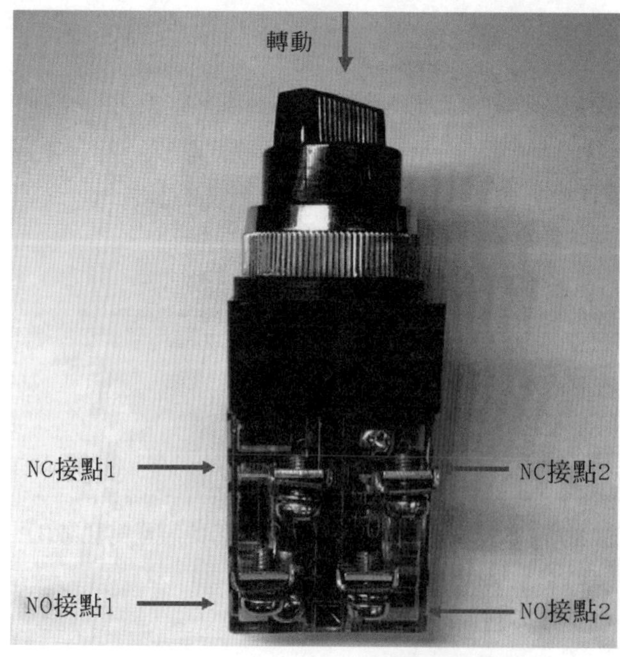

圖 15-45 自保式轉動開關作動示意圖

再來是測試自保式轉動(切換)開關之 NO 接點與 NC 接點，轉動(順轉)時開關時 NO 接點即爲作動如圖 15-45，反轉後即爲復歸狀態。自保式切換開關未作動時的結果與非自保式按鈕開關同如圖 15-43，可發現 ADAM-6250 的數位輸入 DI 0(NC 接點)爲 1 DI 1(NO 接點)爲 0。當自保式切換開關作動時的結果如圖 15-44，可發現 ADAM-6250 的數位輸入 DI 0(NC 接點)變爲 0，DI 1(NO 接點)變爲 1。

五、實驗記錄

ADAM-6250 輸入模式設定	□乾接點 □濕接點	□乾接點 □濕接點	□乾接點 □濕接點
連接之感測器	微動開關	按鈕開關	轉動開關
ADAM-6250 輸入頻道(0～7)	NO： NC：	NO： NC：	NO： NC：
未作動時輸入狀態	□0/F □0/F □1/T □1/T	□0/F □0/F □1/T □1/T	□0/F □0/F □1/T □1/T
作動時輸入狀態	□0/F □0/F □1/T □1/T	□0/F □0/F □1/T □1/T	□0/F □0/F □1/T □1/T

0/F：False 1/T：True

六、問題與討論

1. 解釋什麼是 a 接點、b 接點和 c 接點？

2. 要如何將 ADAM-6250 的數位輸入模式設定爲乾接點模式？

3. 若未將 ADAM-6250 設定爲乾接點模式而直接開始實驗，會出現何種結果？應如何做可得到類似結果？

實習六：運用 ADAM-6250 與濕接點數位輸出連接

一、學習目標

了解何謂濕接點並將開關的狀態資訊透過 ADAM-6250 的有線網路傳輸傳遞至電腦中。

二、使用設備

硬體：

ADAM-6250 1 台

電磁式近接開關 1 個

電容式近接開關 1 個

乙太網路線 1 條

24V 電源供應器 1 台

電腦 1 台

軟體：

Microsoft Windows 7 或以上版本

.NET Framework 2.0 或以上版本

Advantech Adam/Apax .NET Utility

三、實驗步驟

規格確認

本實習使用的電磁式近接開關和電容式近接開關的基本構造相同，有 3 個接點，1 個接電源正電、1 個接電源接地和 1 個輸出，當金屬待測物靠近電磁式近接開關時會作動，當非金屬待測物靠近電容式近接開關時會作動。電磁式近接開關和電容式近接開關屬於濕接點的數位輸出。

硬體連接與設定

本實習將利用 ADAM-6250 的數位輸入接點來接收此訊號。ADAM-6250 在濕接點模式時，會由 DI 接收感測器之輸出，感測輸出是否帶正電，再將 DI COM 和感測器電源共地。在接線上，將濕接點數位輸出感測器的輸出接到 DI 4 接口，DI COM 則接回電源供應器共地，接線圖如圖 15-46 所示。

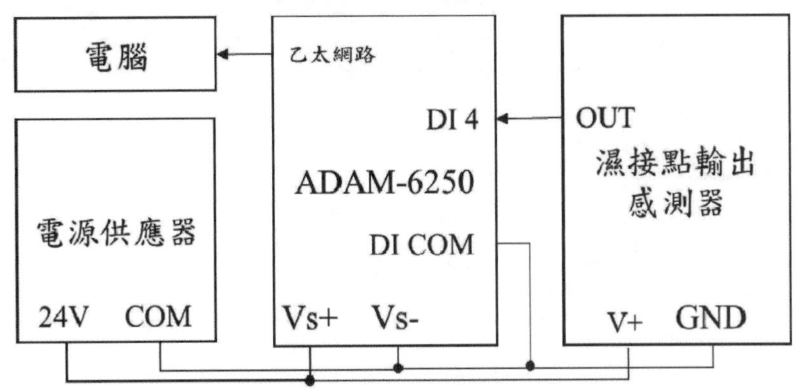

圖 15-46　ADAM-6250 與濕接點輸出以及電腦接線示意圖

此外，需透過 ADAM-6250 的內部指撥開關將數位輸入模式設定為濕接點模式。

四、實驗結果

全部設定與接線完成之後就可以使用 Advantech Adam/Apax .NET Utility 連線到 ADAM-6250，即可看見感測器的量測值透過 ADAM-620 的有線網路傳輸到電腦中並顯示出來。

首先是電磁式近接開關，當金屬物體靠近至有效感應區域時即為作動，如圖 15-47 所示。

圖 15-47　電磁式近接開關示意圖

NPN 近接開關未作動時的結果如下：

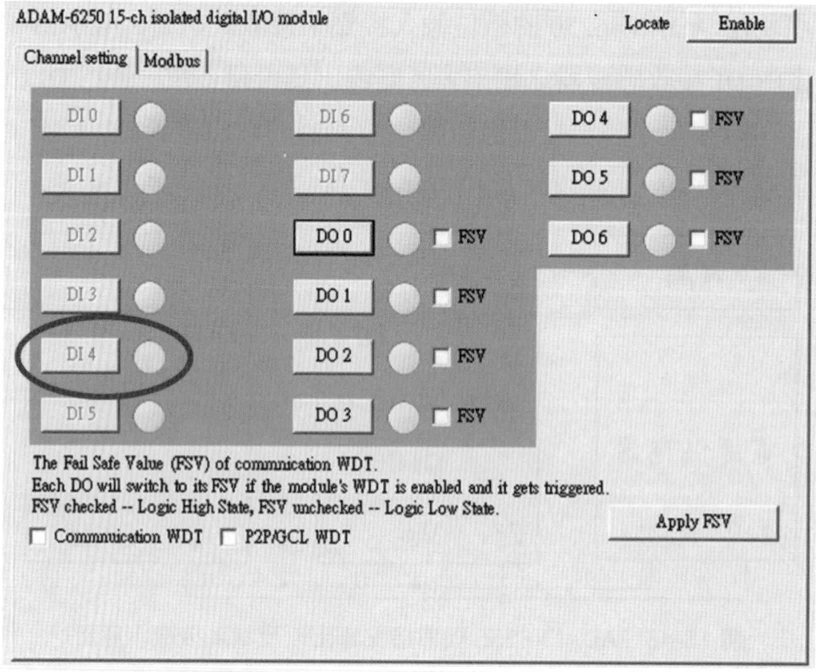

圖 15-48　ADAM-6250 在 NPN 近接開關未作動時接收到的訊號

NPN 近接開關作動時的結果如下：

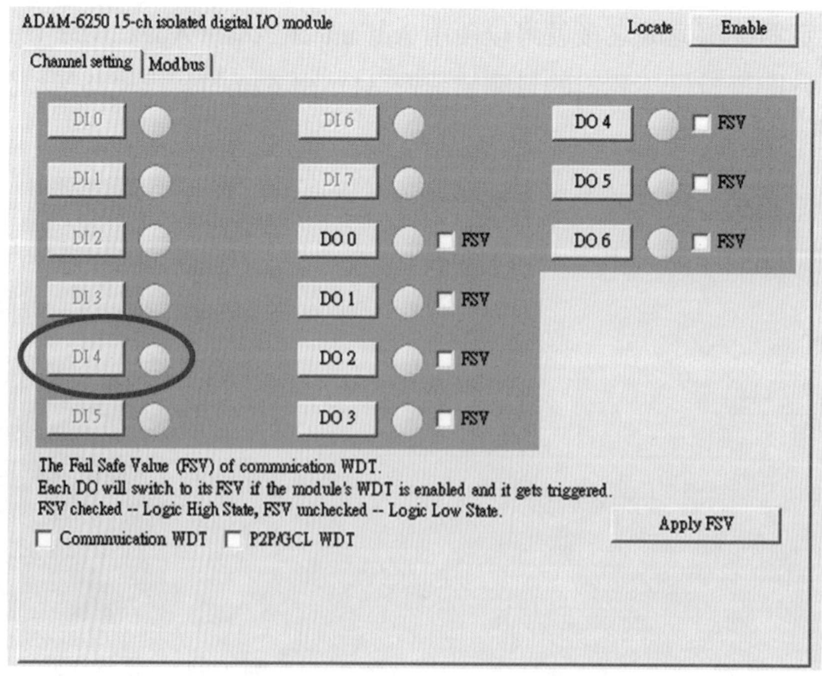

圖 15-49　ADAM-6250 在 NPN 近接開關作動時接收到的訊號

此時會發現一個問題 ADAM-6250 回傳值會跟實際情況爲反相，這是由於本實習選用的感測器爲 NPN 電晶體輸出，屬於負邏輯輸出，在未感測到物體時回傳爲 1(因爲高準位)，感測到物體時回傳爲 0(因爲低準位)，但只要能成功感應感測器有無作動即可。

再來是電容式近接開關，當非金屬物體靠近時即爲作動，如圖 15-50 所示。

圖 15-50 電容式近接開關示意圖

NPN 電容式近接開關未作動時的結果如下：

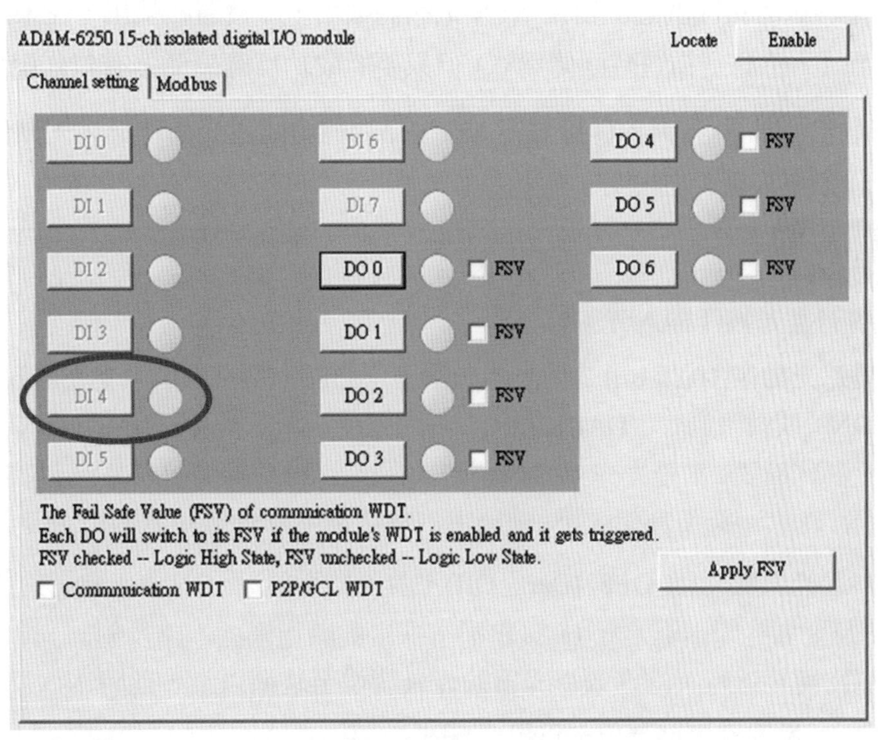

圖 15-51 ADAM-6250 在電容式近接開關未作動時接收到的訊號

NPN 電容式近接開關作動時的結果如下：

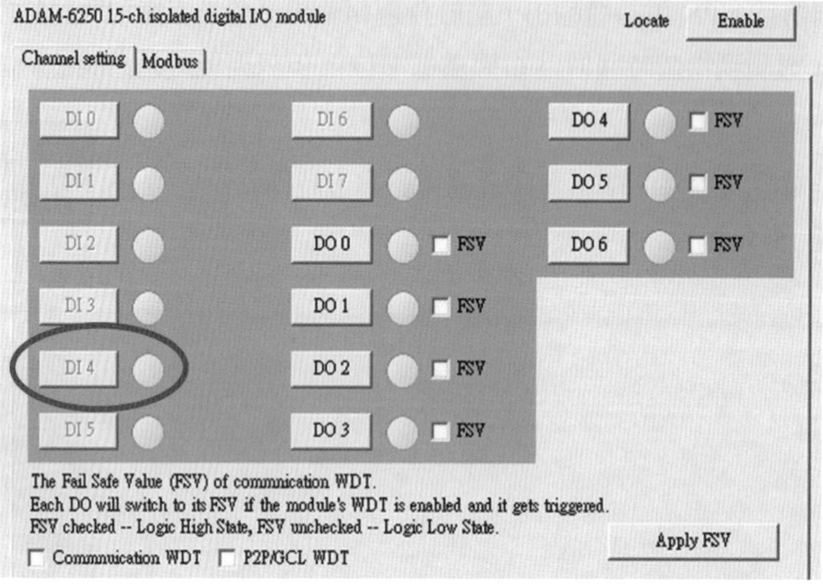

圖 15-52　ADAM-6250 在電容式近接開關作動時接收到的訊號

此時會發現一個問題 ADAM-6250 回傳值會跟實際情況為反相，這是由於本實習選用的電容式近接開關感測器為 NPN 電晶體輸出，即負邏輯輸出，在未感測到物體時回傳為 1，感測到物體時回傳為 0，但只要能成功反應感測器有無作動即可。

若採用光電開關，則其 NO 接點與 NC 接點功能會隨遮光動作與入光動作模式選擇而定，詳如小常識 3 之說明。

小知識

光電開關的遮光動作與入光動作

- **什麼是遮光動作(Dark on)**？受光器非遮光時 OFF (Light Off)，受光器遮光未受光時 ON，或稱暗動作 (DARK ON)。對照型或遮蔽式光電開關之 NO 接點通常採用此動作模式。當投光光束被遮蔽時，當進入受光器的光量將降至基準以下，此時 NO 接點才輸出動作(NPN 型輸出低準位，PNP 型輸出高準位)。
- 受光器遮光未受光時 OFF (Dark Off)，受光器受光時 ON，或稱亮動作(Light ON)。反射式光電開關之 NO 接點通常採用此動作模式。當反射式光電開關的待檢測物體接近時，當進入受光器的光量將增至基準以上，此時 NO 接點才輸出動作(NPN 型輸出低準位，PNP 型輸出高準位)。

五、實驗記錄

ADAM-6250 輸入模式設定	□濕接點	□濕接點	□濕接點	□濕接點
連接之感測器	電磁式近接開關	電容式近接開關	反射式光電開關	遮蔽式光電開關
ADAM-6250 輸入頻道(0～7)				
未作動時 輸入狀態	□0/F □1/T	□0/F □1/T	暗動作：□0 □1 亮動作：□0 □1	暗動作：□0 □1 亮動作：□0 □1
作動時 輸入狀態	□0/F □1/T	□0/F □1/T	暗動作：□0 □1 亮動作：□0 □1	暗動作：□0 □1 亮動作：□0 □1

0/F：False 1/T：True

六、問題與討論

1. 解釋什麼是 NPN 輸出接點和 PNP 輸出接點？

2. 要如何將 ADMA-6250 的數位輸入模式設定爲濕接點模式？

3. 若未將 ADAM-6250 設定爲濕接點模式而直接開始實驗，會出現何種結果？

4. 爲何電磁式和電容式近接感測器的輸出和 ADAM-6250 的回傳結果是相反的？

5. 解釋光電開關的遮光動作與入光動作。

實習七：運用 ADAM-6250 之數位輸出控制燈泡的亮暗

一、學習目標

了解如何控制 ADAM-6250 輸出數位訊號並利用一個燈號來反映出結果。

二、使用設備

硬體：

ADAM-6250 1 台

24V 指示燈 1 個

乙太網路線 1 條

24V 電源供應器 1 台

電腦 1 台

軟體：

Microsoft Windows 7 或以上版本

.NET Framework 2.0 或以上版本

Advantech Adam/Apax .NET Utility

三、實驗步驟

硬體連接

本實習將利用 ADAM-6250 的數位輸出來控制燈泡的亮暗。ADAM-6250 的數位輸出雖然為 Sink Type 輸出，但其在動作時，輸出並不帶正電，而是類似於微動開關的乾接點輸出。接線時，高電位須連接負載後再連接至 ADAM-6250 的 DO，低電位須連接到 DGND。ADAM-6250 的數位輸出的意義相當於一個開關，在接線上，將燈號與 ADAM-6250 串接，使其達到如同開關的效果，且也須將高電位連接至 DO COM 上，燈號示意圖與接線方法如圖 15-53 和圖 15-54 所示。

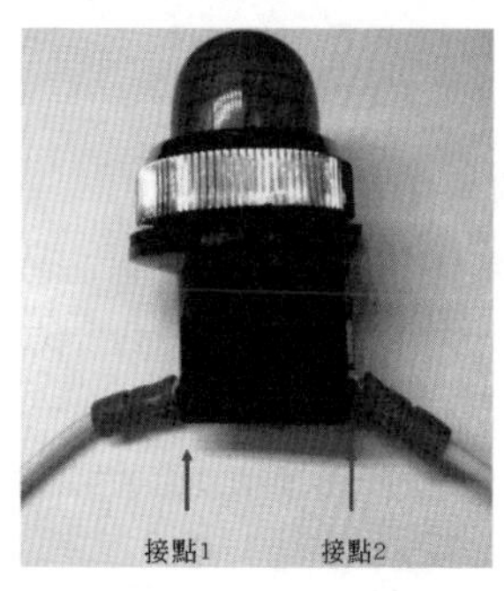

圖 15-53 燈泡示意圖

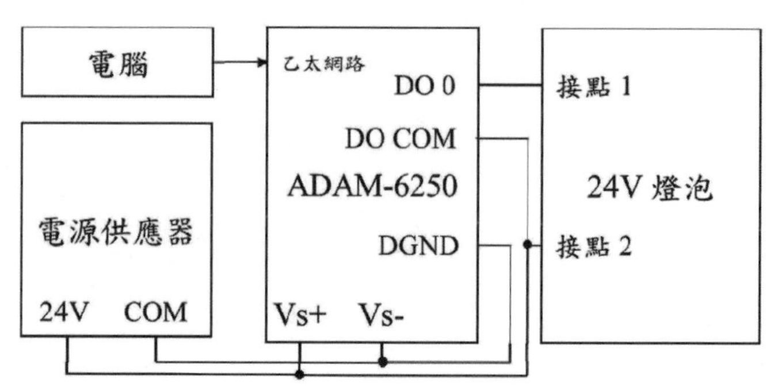

圖 15-54 ADAM-6250 和燈泡以及電腦接線示意圖

軟體控制

本實習要使用 ADAM-6250 輸出數位訊號，連線到 ADAM-6250 之後即可利用 DO 開關來控制要輸出的數位訊號，輸出為 1 時，燈號亮起，反之則為暗。

四、實驗結果

進入 ADAM-6250 的 DO 控制頁面如圖 15-55 所示。

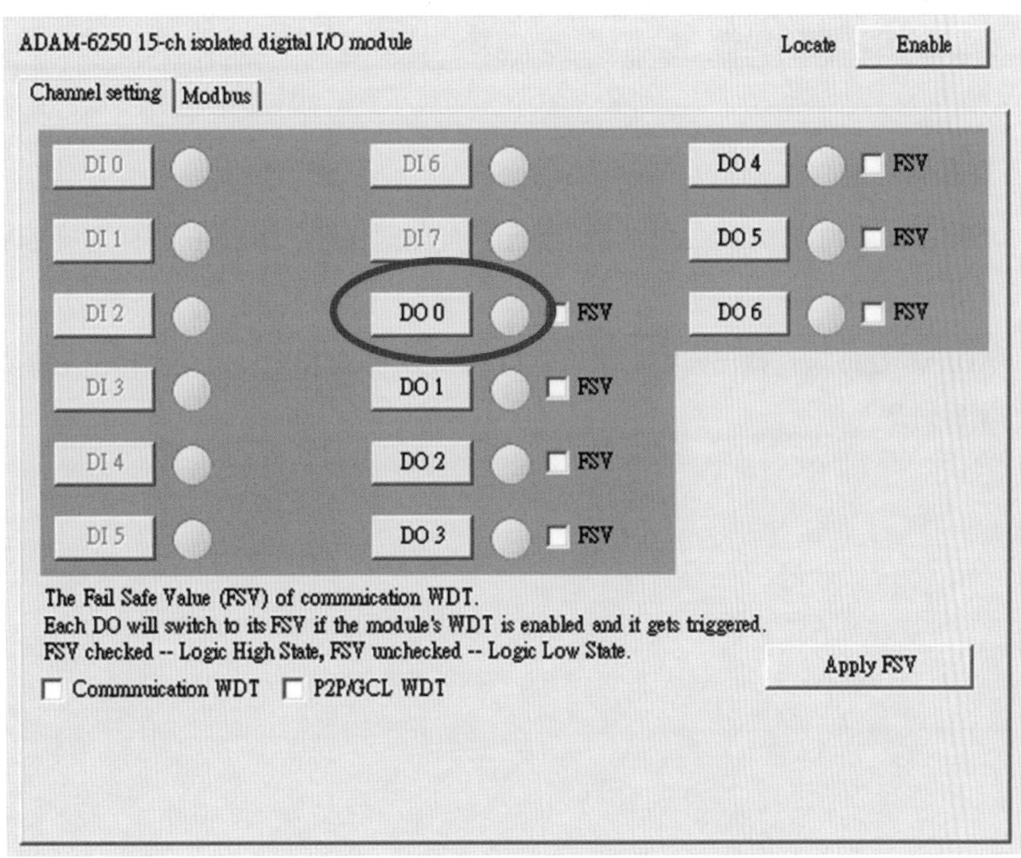

圖 15-55　ADAM-6250 數位輸出控制畫面

輸出為 OFF 時燈泡是暗的，輸出為 ON 時燈泡會發亮。

五、實驗記錄

ADAM-6250 輸出頻道(0～7)			
連接之輸出裝置(24V)	燈泡		
輸出狀態(未作動時)	□0/F	□0/F	□0/F
未作動時裝置輸出狀態	□暗　□亮		
輸出狀態(作動時)	□1/T	□1/T	□1/T
作動時裝置輸出狀態	□暗　□亮		

六、問題與討論

1. 本實習使用的 ADAM-6250 的數位輸出功能如同什麼？DO com 爲何需接 24V？

2. ADAM-6250 數位輸出因電壓電流限制，若要控制高電壓或高功率輸出，解決方案爲何？

實習八：WISE-4000 系列設備連線和設定

一、學習目標

學會如何透過電腦與 WISE-4000 系列設備連線並依照需要的使用情境來做軟體設定。

二、使用設備

硬體：

WISE-4012　1 台

24V 電源供應器　1 台

電腦(具無線網卡)　1 台

軟體：

Microsoft Windows 7 或以上版本

Microsoft Windows 7 以上版本

支援 HTML5 之瀏覽器

三、實驗步驟

規格確認

先前實習利用 ADAM-6000 系列的連接是利用有線網路傳輸資料，本實習將利用 WISE-4012 來建立無線網路傳輸架構，WISE-4000 系列設備連線方式也是大同小異，本實習選擇 WISE-4012 當作範例講解如何與 WISE 系列設備連線，和先前一樣要先確定 WISE-4012 的規格和輸入範圍，如表 15-5 所示。

表 15-5　WISE-4012 規格

規格	
通訊協定	Modbus/TCP, TCP/IP, UDP, HTTP,DHCP
IEEE 標準	IEEE802.11 b/g/n
類比輸入	
頻道數	4
輸入類型	mV, V, mA
輸入範圍	±150mV, ±500mV, ±1V, ±5V, ±10V, 0～150mV, 0～500mV, 0～1V, 0～5V, 0～10V, 0～20mA, 4～20mA, ±20mA
解析度	16-bit
取樣頻率	10Hz (total)
數位輸入	
頻道數	和類比輸入共享
輸入類型	乾接點
輸入頻率	0.1～2 Hz
數位輸出	
頻道數	2(Sink Type)
邏輯狀態表示	Logic 0：Open; Logic 1：Close to GND
輸出額定	Open collector to 30V, 400 mA max

WISE-4012 有 4 個通用輸入的接點和 2 個數位輸出的接點，通用輸入的意思爲可接收類比或數位訊號，可透過軟體設定選擇想要的輸入模式，值得注意的是當 WISE-4012 的通用輸入若作爲數位輸入時只可接收乾接點輸入的訊號。利用 Wi-Fi 無線網路來傳輸資料，可透過電腦或手機的瀏覽器直接設定，不需要另外使用軟體設定，且可將取得的資料上傳至雲端儲存。

WISE-4012 的背面具有指撥開關，第一位開關在 OFF 的位置時，WISE-4012 的設定爲 AP 模式；若此開關在 ON 的位置，WISE-4012 的設定爲 Station 模式。

和 WISE-4012 連線並利用瀏覽器設定

首先要先確定 WISE-4012 後方的指撥開關第一位為 OFF，開關在 OFF 的位置時，表示 WISE-4012 的設定為 AP 模式，可使用筆電的的無線網卡連線 WISE-4012 並做設定。接著，必須先建立 WISE-4012 與電腦的硬體連線，接線圖如圖 15-56 所示。

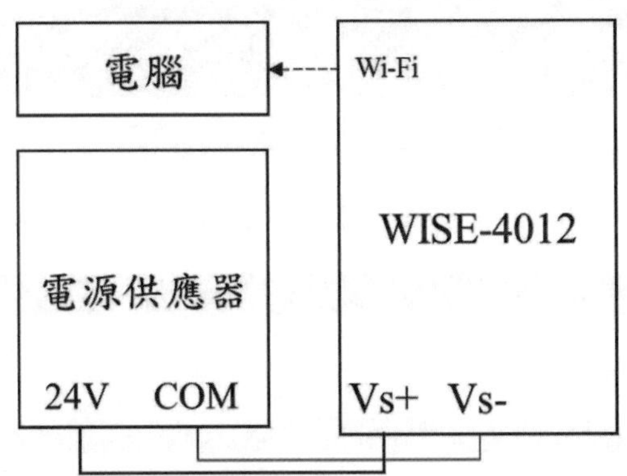

圖 15-56　WISE-4012 與電腦接線示意圖

之後利用筆電的 WIFI 去連線到 WISE-4012 上，連線後 WISE-4012 會使用 DHCP 自動分配 IP 給筆電，圖 15-57 所示。

圖 15-57　筆電連線到 WISE-4012 示意圖

連線後，使用瀏覽器(Chrome、Firefox、Safari 與 IE 皆可以，但是 IE 必須 9 以上才有支援 HTML5)，打開瀏覽器後鍵入預設的 IP 位置 192.168.1.1。

進入後預設 Account：root，預設 Password：00000000(八個零)，如圖 15-58 所示。

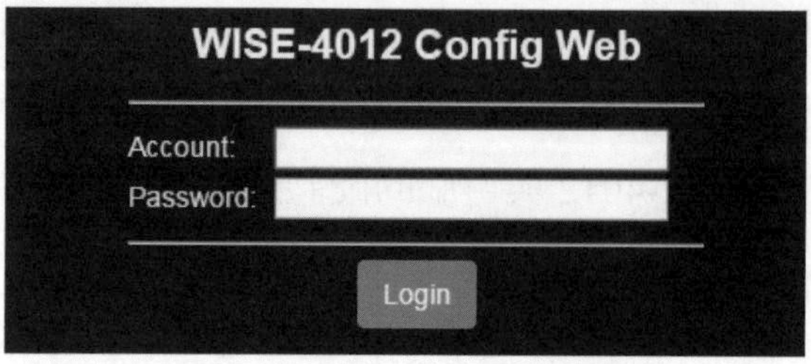

WISE-4012 Config Web

Account:

Password:

Login

圖 15-58 瀏覽器登入畫面

進入之後就會看到以下畫面，選擇 **I/O Status**，如圖 15-59 所示。

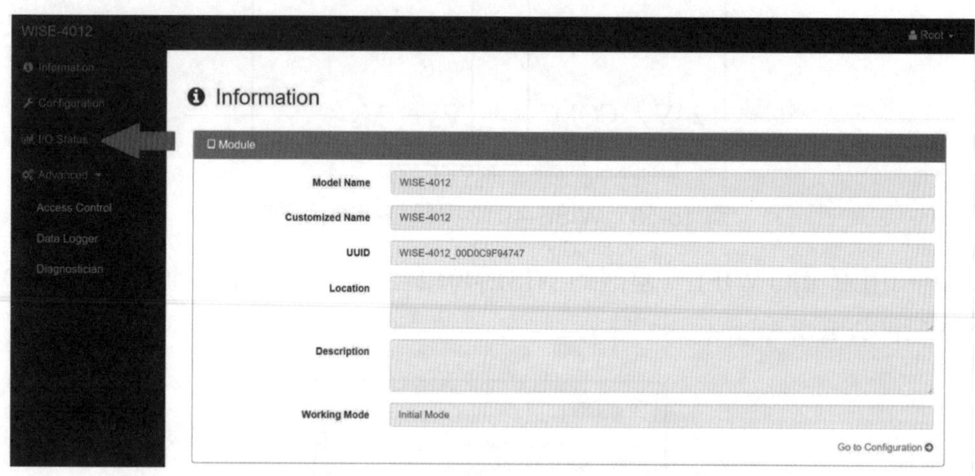

圖 15-59 登入後畫面和 I/O Status 示意圖

就可以看到 UI Setting，可以在這邊選擇 UI 要輸入的訊號類型，如圖 15-60 所示。

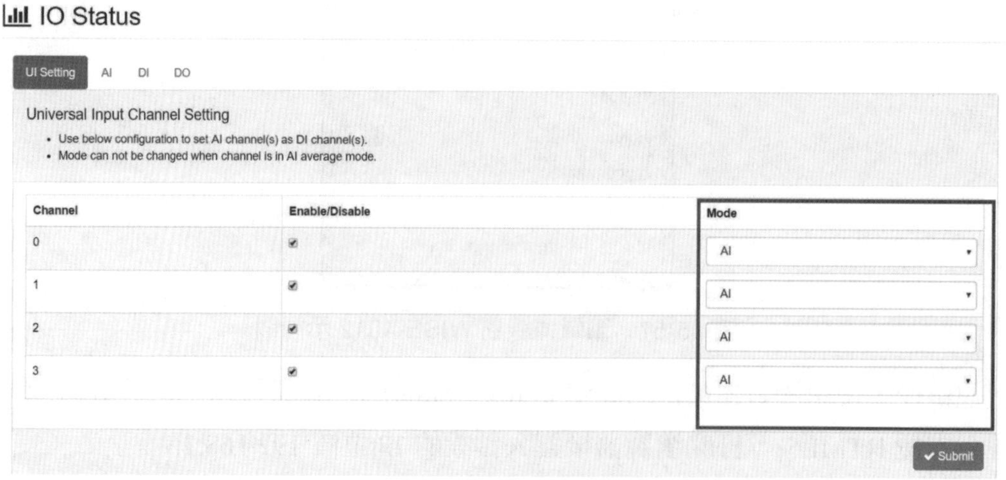

IO Status

UI Setting AI DI DO

Universal Input Channel Setting

- Use below configuration to set AI channel(s) as DI channel(s).
- Mode can not be changed when channel is in AI average mode.

Channel	Enable/Disable	Mode
0	☑	AI
1	☑	AI
2	☑	AI
3	☑	AI

✔ Submit

圖 15-60 UI 設定畫面

接著進入 AI 後選擇 Configuration，在 Common Settings 內可以設定每個頻道的 Enable/Disable，如圖 15-61 所示。

Configuration

Common Settings　Channel Settings

Burnout Detection: Enabled/Disabled

Burnout Detection Mode: Up scale

Sampling Rate(Hz): 10 Hz/Total

Filter Mode(Hz): Auto(50/60Hz)

Resolution: 16

Average Channel Setting

Channel	Enable/Disable	Range
0	✔	+/- 10 V
1	✔	+/- 10 V
2	✔	+/- 10 V
3	✔	+/- 10 V

圖 15-61　頻道開關示意圖

選擇 **Channel Settings**，在這邊可以設定 AI 的輸入範圍，如圖 15-62 所示。

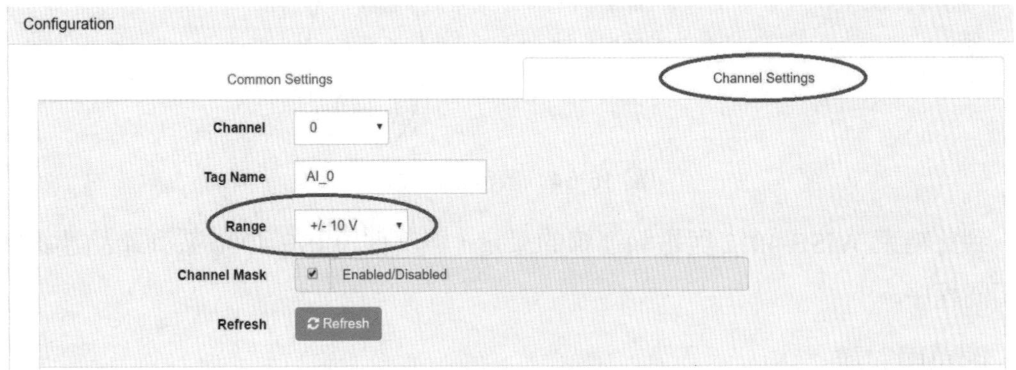

圖 15-62　頻道輸入範圍設定畫面

右手邊看到 DI，若沒有 Channel 設定爲 DI 的話就會出現以下畫面，只有設定爲 DI 的 Channel 才會顯示出來，如圖 15-63 所示。

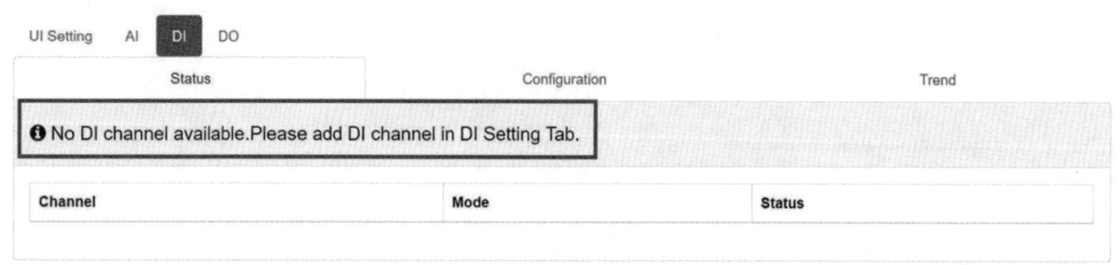

圖 15-63 數位輸入畫面

最後是 DO，可以看到下方有兩個 DO 的開關，可藉由此開關來控制 DO，如圖 15-64 所示。

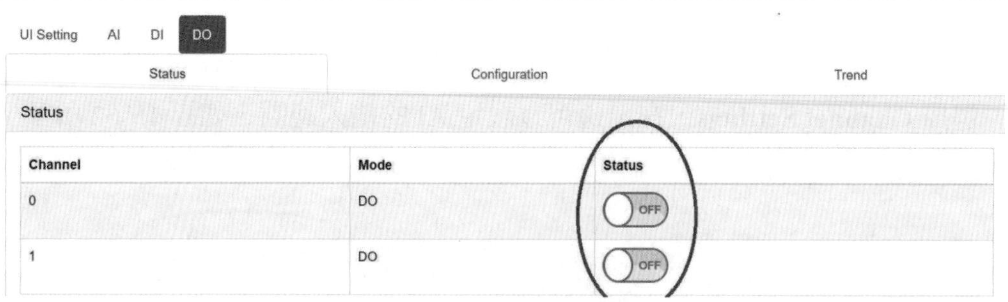

圖 15-64 數位輸出畫面

到此結束 WISE-4012 與電腦連線的設定，與其他 WISE-4000 系列產品連線時也是相同程序。

四、問題與討論

1. WISE-4000 系列設備如何和電腦連線？

2. WISE-4000 系列設備有哪些工作模式？該如何切換？

3. 什麼是通用輸入？

實習九：運用 WISE-4012 與類比輸出感測器連接

一、學習目標

了解如何將類比輸出感測器的輸出透過 WISE-4012 的無線網路傳輸將感測器的感測資料傳遞至電腦中，並驗證傳遞的資訊是否正確。

二、使用設備

硬體：

WISE-4012　1 台

類比感測器　1 台

24V 電源供應器　1 台

三用電表　1 台

電腦(具無線網卡)　1 台

軟體：

Microsoft Windows 7 或以上版本

支援 HTML5 之瀏覽器

三、實驗步驟

規格確認

首先是要先確認選用的類比輸出感測器的輸出範圍，本實習選用一個溫度和二氧化碳濃度感測器作爲範例，其輸出電壓範圍爲 0～10 V，感測溫度範圍爲 0～50 ℃，感測二氧化碳濃度範圍爲 0～2000 ppm，可透過線性換算得到將讀取到的類比電壓值轉換爲溫度和二氧化碳濃度，線性關係圖 15-65 所示。

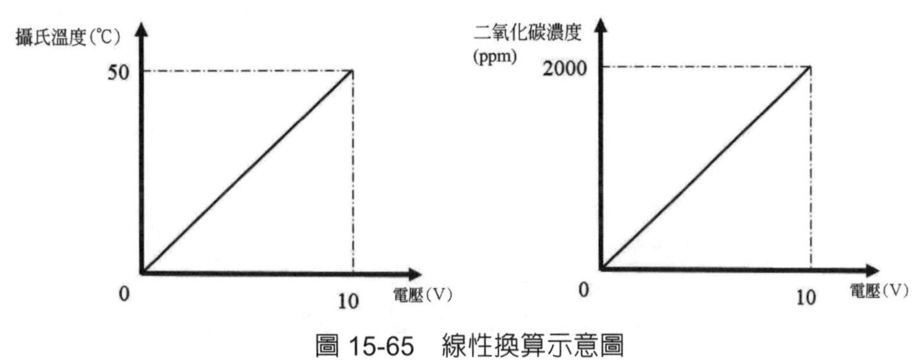

圖 15-65　線性換算示意圖

硬體連接

本實習將利用類比輸出感測器來輸出訊號並利用 WISE-4012 來接收。WISE-4012 的類比輸入可分爲電壓訊號和電流訊號兩種，接收輸入須將高電位連接至 UI+接點，再由 UI-接點連接到其他設備或接地。順帶一提，若 UI+和 UI-反接，則感測值會變成實際值的反相。本實習類比輸出串接到 WISE-4012 的 UI0+接點上，再將 UI0-接點接地，接線圖如圖 15-66 所示。

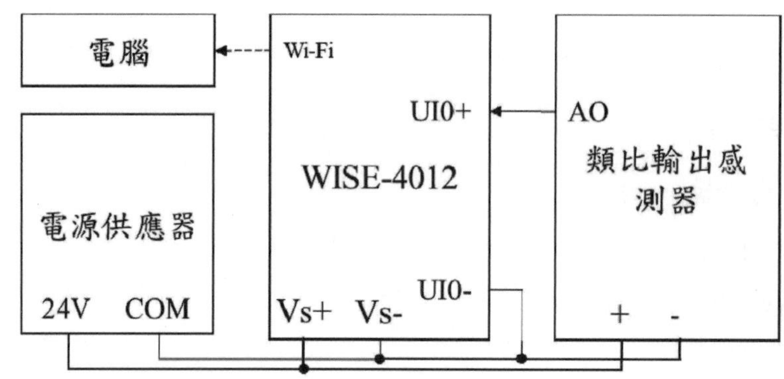

圖 15-66 WISE-4012 和類比輸出感測器以及電腦接線示意圖

軟體設定

本實習要將通用輸入的接點設定爲類比輸入模式來連接溫度感測器，選擇 **IO Status**，進入 **UI Setting**，選擇連接的接點，本實習選擇 UI0，將他改爲 AI，之後再點進 AI 選擇 **Configuration** 內的 **Channel Settings**，設定輸入範圍爲−10～+10V，如圖 15-67 所示。

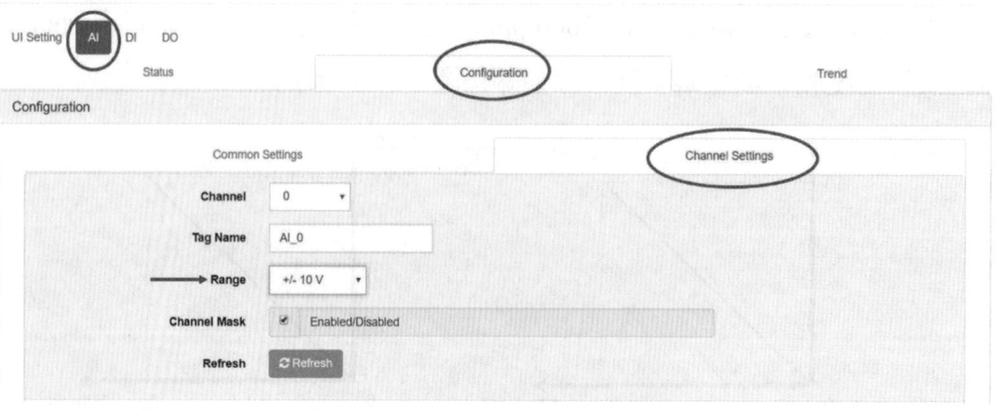

圖 15-67 WISE-4012 設定畫面

四、實驗結果

全部設定與接線完成之後就可連線到WSIE-4012，透過瀏覽器登入到WISE-4012的顯示頁面，選擇 **I/O Status**，接著點選 AI，即可看見感測器的量測值透過 WISE-4012 的無線網路傳輸到電腦中並顯示出來。

首先為感測溫度的輸出，可從瀏覽器上看到感測器回傳的電壓值，如圖 15-68 所示。

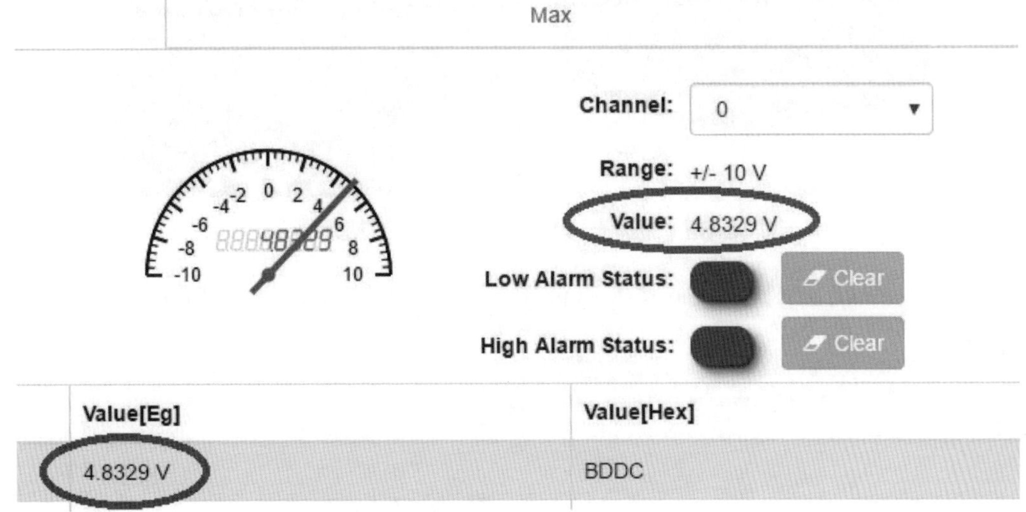

圖 15-68 WISE-4012 接收類比輸入畫面

可利用三用電表來驗證得到的值是正確的，再經過類比電壓值經過線性換算之後即可得到感測器測到的溫度 T，如式(15-3)所示。

$$\frac{T}{50} = \frac{4.83}{10} \tag{15-3}$$

可得溫度 T 約為 24.1℃，本實習選用的感測器上附有顯示器，亦可由此驗證，如圖 15-69 所示。

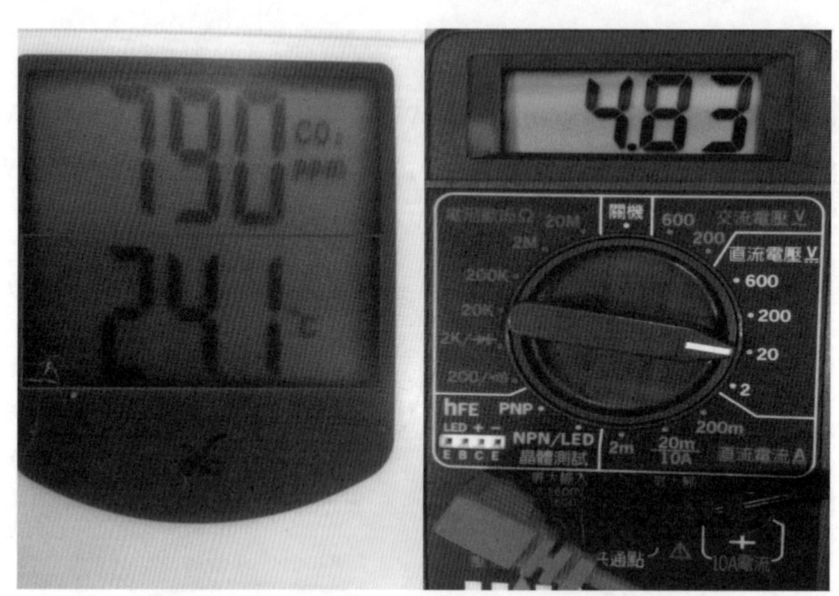

圖 15-69 感測器與三用電表感測數據示意圖

再來是二氧化碳濃度的部分，可從瀏覽器上看到感測器回傳的電壓值，如圖 15-70 所示。

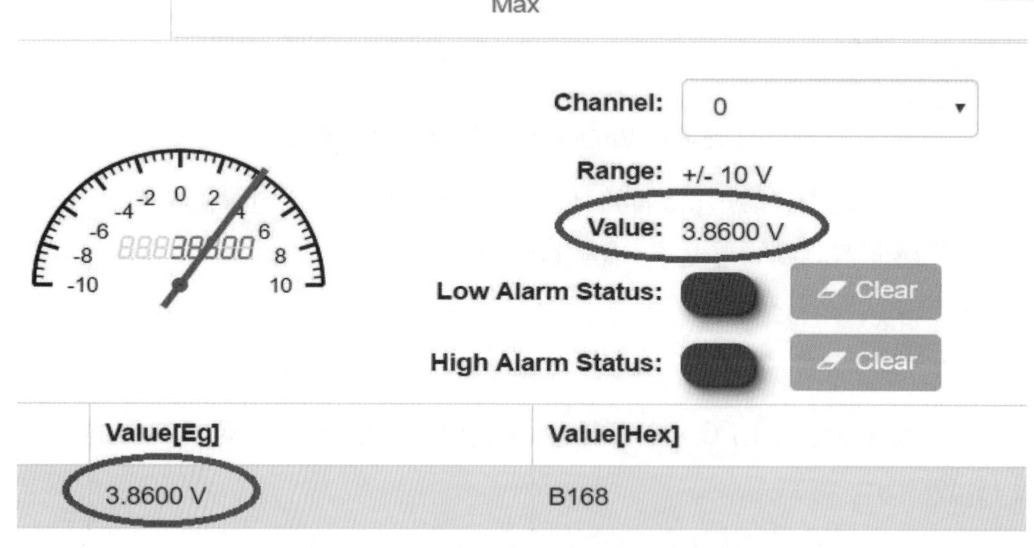

圖 15-70 WISE-4012 接收類比輸入畫面

可利用三用電表來驗證得到的值是正確的，再經過類比電壓值經過線性換算之後即可得到感測器測到的氧化碳濃度 CO_2，如式(15-4)所示。

$$\frac{CO_2}{2000}=\frac{3.86}{10} \tag{15-4}$$

可得二氧化碳濃度約爲 772 ppm，本實習選用的感測器上附有顯示器，亦可由此驗證，如圖 15-71 所示。

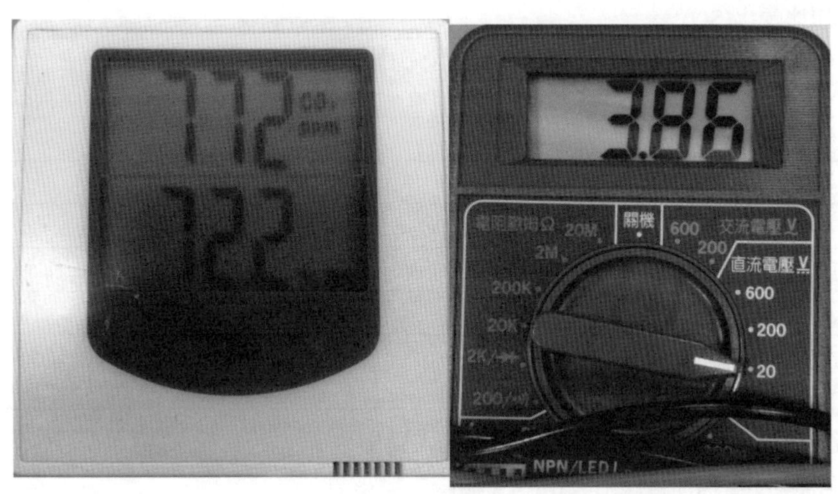

圖 15-71 感測器與三用電表感測數據示意圖

五、實驗記錄

1. 繪出選用的類比輸出感測器其類比輸出(水平軸)和感測物理量(垂直軸)關係圖：

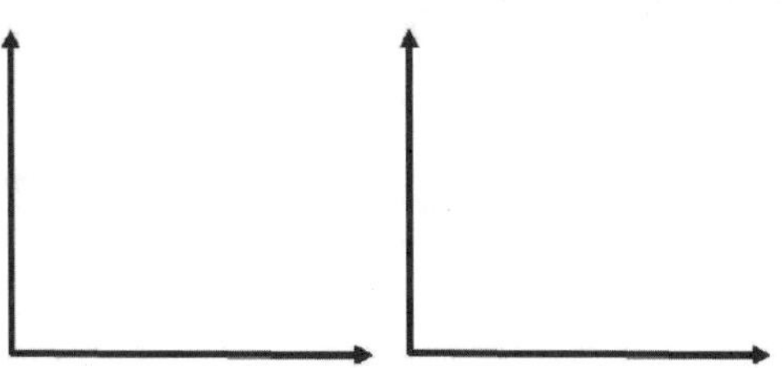

2. 實驗記錄表

訊號類型	□電壓 □電流	□電壓 □電流	□電壓 □電流	□電壓 □電流
感測器物理量範圍				
感測器類比輸出範圍	□～V □～mA	□～V □～mA	□～V □～mA	□～V □～mA
感測器靈敏度*				
感測器物理量(SM)				
感測器類比輸出(SO)				
WISE-4012 輸入範圍設定	□～V □～mA	□～V □～mA	□～V □～mA	□～V □～mA
輸入頻道(ch)				
輸入類比值(AI)				
AI 量測靈敏度#				
代表的物理量(AIM)				
AI 類比誤差值(AI-SO)				
AI 量測物理量誤差值 (AIM-SM)				

*：感測器靈敏度＝類比值輸出變化/物理量輸入變化

#：AI 量測靈敏度＝物理量輸出變化/類比值輸入變化

六、問題與討論

1. WISE-4012 在接收類比輸入值時可看為一量測計，其接線方式為何？

2. 如何將類比輸出感測器的輸出類比值轉換為其代表的物理量？

3. 在使用 WISE-4012 讀取類比訊號時須先設定哪兩個參數？

實習十：運用 WISE-4012 之數位輸出與 WISE-4051 之數位輸入連接

一、學習目標

了解如何透過無線網路 WISE-4012 輸出數位訊號並利用 WISE-4051 接收此數位訊號。

二、使用設備

硬體：

WISE-4012　1 台

WISE-4051　1 台

24V 電源供應器　1 台

電腦(具無線網卡)　1 台

軟體：

Microsoft Windows 7 或以上版本

支援 HTML5 之瀏覽器

三、實驗步驟

規格確認

首先來看一下 WISE-4051 的規格，如表 15-6 所示。

表 15-6　WISE-4051 規格

WISE 4051 規格	
通訊協定	Modbus/TCP,TCP/IP,UDP,HTTP,DHCP
IEEE 標準	IEEE 802.11b/g/n
數位輸入	
頻道數	8
輸入類型	乾接點或濕接點
串列通訊	
頻道數	1
通訊型態	RS-485
串列訊號	DATA+,DATA-
通訊協定	Modbus/RTU

WISE-4051 有 8 個數位輸入的接口，可接乾接點或濕接點，透過後方指撥開關切換，1 個 Modbus RTU 通訊協定下 RS-485 的接口，利用 Wi-Fi 無線網路來傳輸資料，可透過電腦或手機的瀏覽器直接設定，不需要另外使用軟體設定，且可將取得的資料上傳至雲端儲存。

硬體連接與設定

本實習將利用 WISE-4012 的數位輸出來輸出訊號並利用 WISE-4051 來接收。WISE-4012 的數位輸出雖然爲開集極輸出，但其動作時，輸出並不帶正電，而是類似於微動開關的乾接點輸出。接線時，高電位須連接負載後再連接至 WISE-4012 的 DO，低電位須連接到 DGND。由於 WISE-4012 的數位輸出並不帶正電，故須將 WISE-4051 的數位輸入模式設定爲乾接點模式。

WISE-4051 在乾接點模式時，當 DI 和 DCOM 接點間形成通路時爲 1，當 DI 和 DCOM 接點間斷路時爲 0。爲檢知外部是否爲通路，會從 DCOM 接點發出高電位訊號，若和 DI 接點形成通路，此訊號會透過 DI 接口進入 WISE-4051 內部形成一迴路。故接線方法爲將輸出高電位訊號的 WISE-4051 的 DI COM0 接點接至 WISE-4012 的 DO 0 上，再將 WISE-4012 的 DGND 接到 WISE-4051 的 DI 0 上。接線方法如圖 15-72 所示。

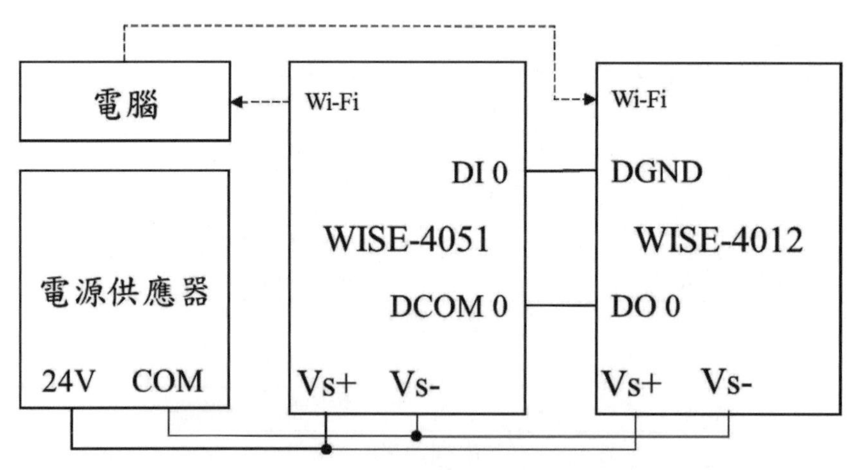

圖 15-72　WISE-4051 與 WISE-4012 和電腦接線示意圖

此外，需透過 WISE-4051 的後方指撥開關將 DI0 的數位輸入模式設定爲乾接點模式。

軟體控制

本實習使用手機的瀏覽器來連接 WISE-4012 控制 DO，如圖 15-73 所示。

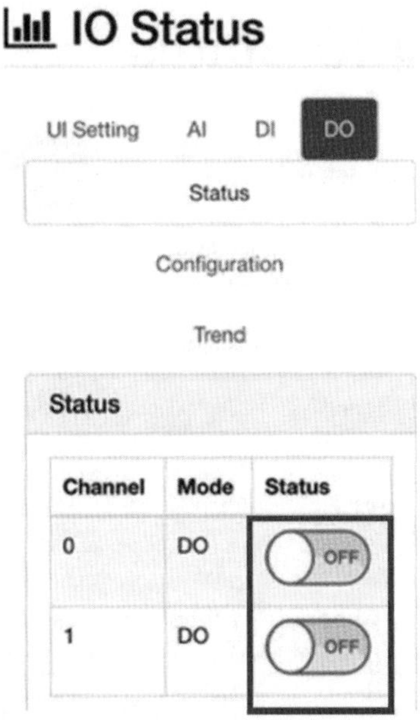

圖 15-73　手機連線 WISE-4012 瀏覽器控制數位輸出畫面

使用電腦來連接 WISE-4051 接收 DI，如圖 15-74 所示。

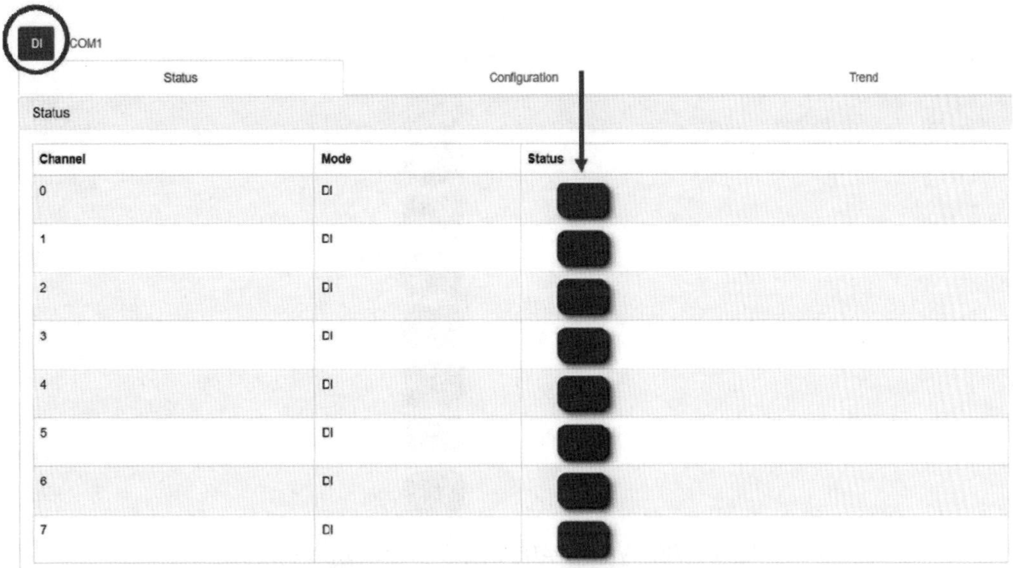

圖 15-74　電腦連線 WSIE-4051 瀏覽器監看數位輸出畫面

四、實驗結果

輸出爲 0 時的結果如下：

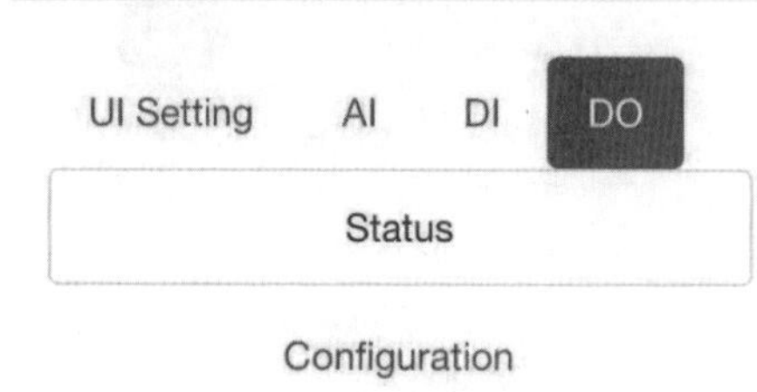

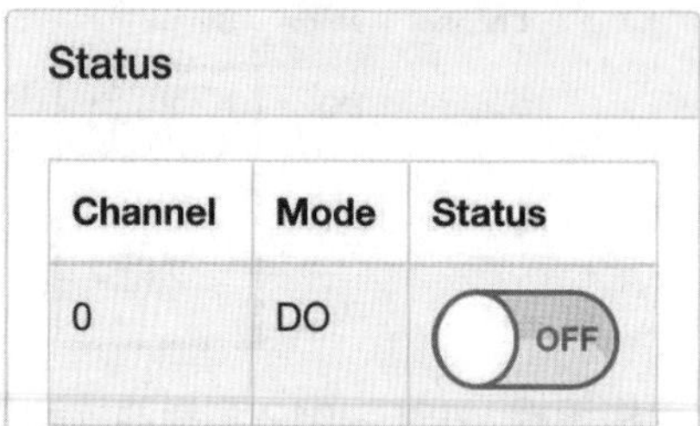

圖 15-75　WISE-4012 數位輸出為 0

Status

Channel	Mode	Status
0	DI	
1	DI	
2	DI	
3	DI	
4	DI	
5	DI	
6	DI	
7	DI	

圖 15-76　WISE-4051 接收到數位輸入為 0

輸出爲 1 時的結果如下：

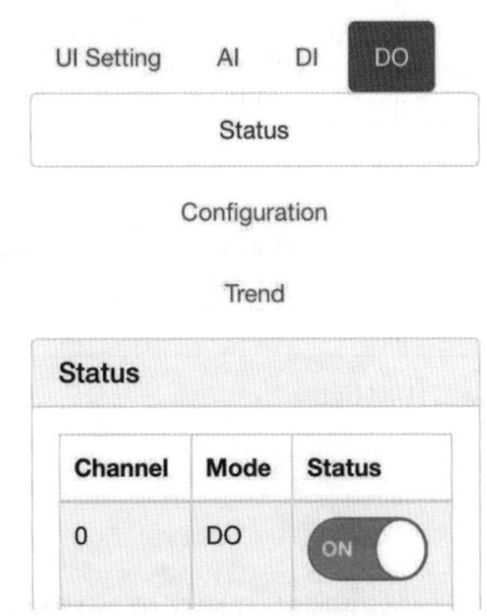

圖 15-77　WISE-4012 數位輸出為 1

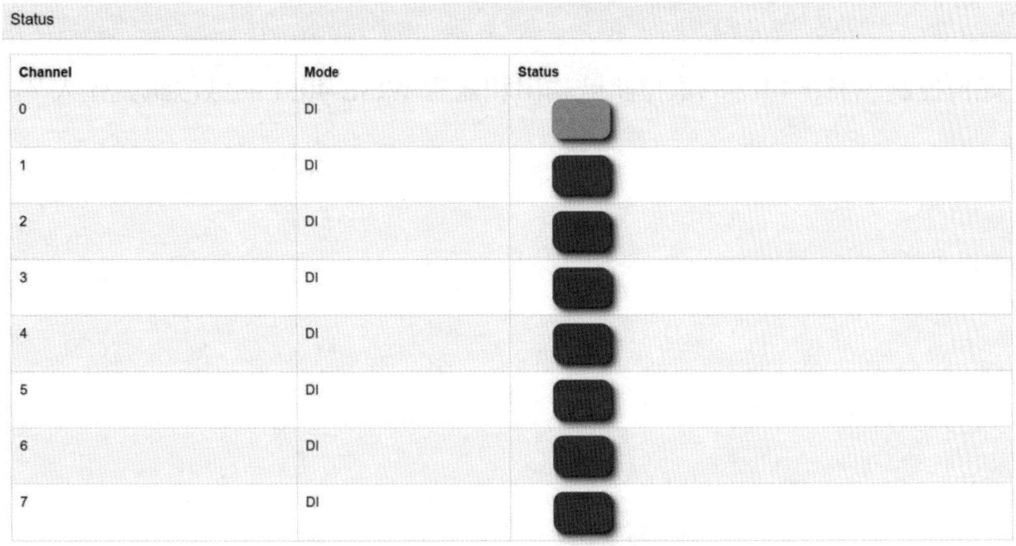

Status

Channel	Mode	Status
0	DI	
1	DI	
2	DI	
3	DI	
4	DI	
5	DI	
6	DI	
7	DI	

圖 15-78　WISE-4051 接收到數位訊號為 1

五、實驗記錄

輸出入模式設定	□乾接點 □濕接點	□乾接點 □濕接點	□乾接點 □濕接點
WISE-4012 輸出頻道(0～1)			
WISE-4012 輸出數位訊號值	□0(F)/L □1(T)/H	□0(F)/L □1(T)/H	□0(F)/L □1(T)/H
WISE-4051 輸入頻道(0～7)			
WISE-4051 輸入數位訊號值	□0(F)/L □1(T)/H	□0(F)/L □1(T)/H	□0(F)/L □1(T)/H

F：False　T：True　L：Low　H：High

六、問題與討論

1. 在使用 WISE-4051 接收數位訊號時可接收哪兩種數位訊號？如何切換這兩種輸入模式？

2. 如何控制 WISE-4012 的數位訊號輸出和監看 WISE-4051 的數位訊號輸入？

實習十一：運用 WISE-4051 與乾接點數位輸出連接

一、學習目標

了解如何將乾接點的數位輸出透過 WISE-4051 的無線網路傳輸傳遞至電腦中。

二、使用設備

硬體：

WISE-4051 1 台

機械式微動開關 1 個

轉動開關 1 個

按鈕開關 1 個

24V 電源供應器 1 台

電腦(具無線網卡) 1 台

軟體：

Microsoft Windows 7 或以上版本

支援 HTML5 之瀏覽器

三、實驗步驟

規格確認

本實習使用的微動開關、按鈕開關，轉動開關的相關規格介紹請參考實習五。

硬體連接與設定

本實習將利用 WISE-4051 的數位輸入接點來接收此訊號。WISE-4051 在乾接點模式時，當 DI 和 DCOM 接點間形成通路時爲 1，當 DI 和 DCOM 接點間斷路時爲 0。爲檢知外部是否爲通路，會從 DI 接點發出高電位訊號，若和 DCOM 接點形成通路，此訊號會透過 DCOM 接口進入 WISE-4051 內部形成一迴路。無論爲 NO 還是 NC 接點，接線方法爲將輸出高電位訊號的 WISE-4051 的 DI 0 接點接至乾接點數位輸出感測器的其中一個接點上，再將另一接點接到 WISE-4051 的 DCOM 上。本實習將 WISE-4051 的 DI 接點接在微動開關的 NO 和 COM 上，在作動時 DI 0 接收到爲 1，反之爲 0，接線圖如圖 15-79 所示。

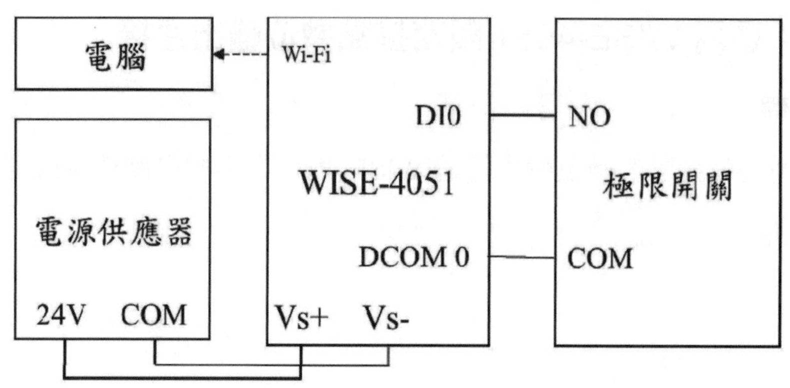

圖 15-79 WISE-4051 和極限開關以及電腦接線示意圖

轉動和按鈕開關的接法相同，將 NO 接點分別接在 DI 0 和 DCOM 0 上，將 NC 接點分別接在 DI 4 和 DCOM 1 上。在作動時，DI 0 接收到爲 1，DI 4 接收到爲 0；在未作動時 DI 0 接收到爲 0，DI 4 接收到爲 1，接線圖如圖 15-80 所示。

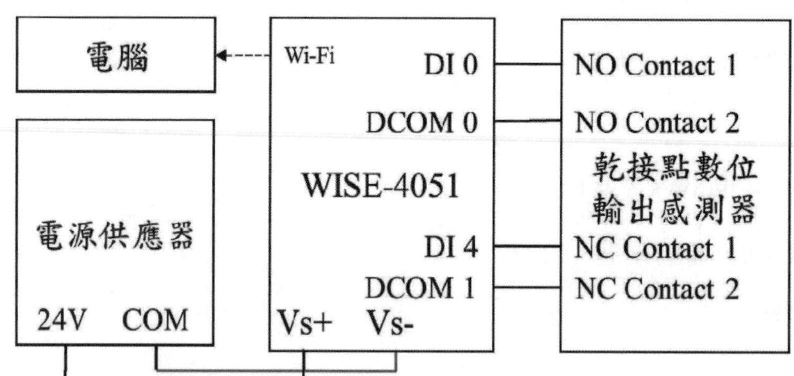

圖 15-80 WISE-4051 和轉動開關和按鈕開關以及電腦接線示意圖

此外，需透過後方指撥開關將 WISE-4051 的數位輸入模式設定爲乾接點模式。

四、實驗結果

全部設定與接線完成之後就可以連線到 WISE-4051，透過瀏覽器登入到 WISE-4051 的顯示頁面，選擇 I/O Status，接著點選 DI，即可看見感測器的量測值透過 WISE-4051 的無線網路傳輸到電腦中並顯示出來，顯示頁面如圖 15-81 所示。

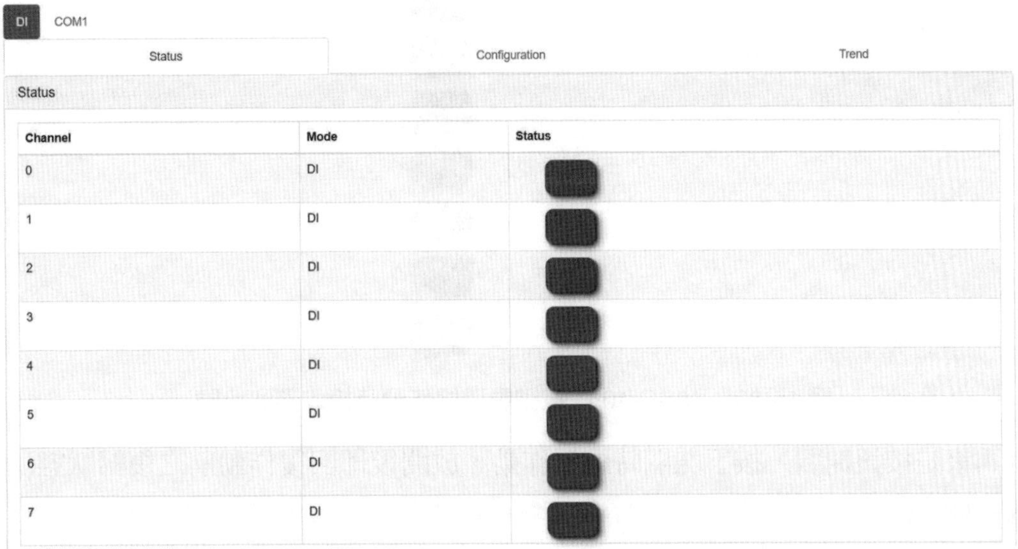

DI COM1

Status Configuration Trend

Status

Channel	Mode	Status
0	DI	
1	DI	
2	DI	
3	DI	
4	DI	
5	DI	
6	DI	
7	DI	

圖 15-81 WISE-4051 數位輸入監看畫面

首先是微動開關，按下開關時即爲作動，按開時即回復作動前之復歸狀態。

微動開關未作動時的結果如下：

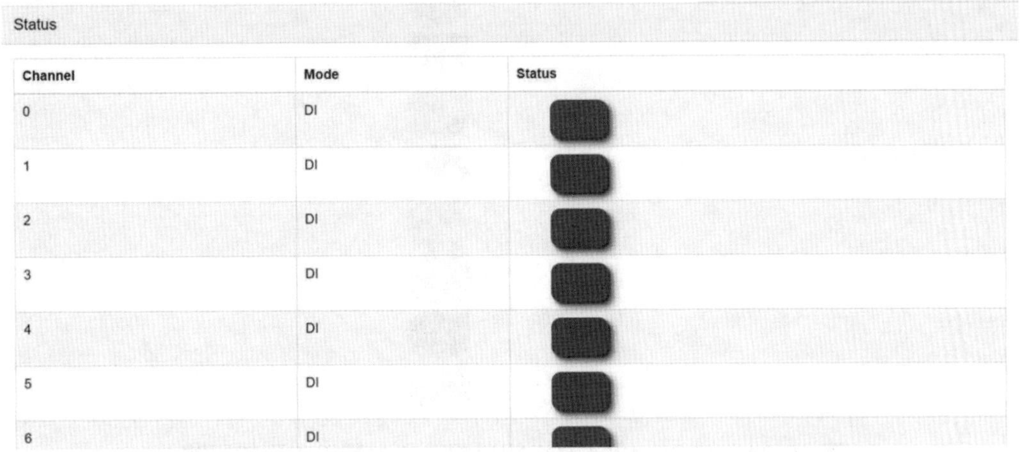

Status

Channel	Mode	Status
0	DI	
1	DI	
2	DI	
3	DI	
4	DI	
5	DI	
6	DI	

圖 15-82 WISE-4051 在微動開關未作動時接收到的訊號

微動開關作動時的結果如下：

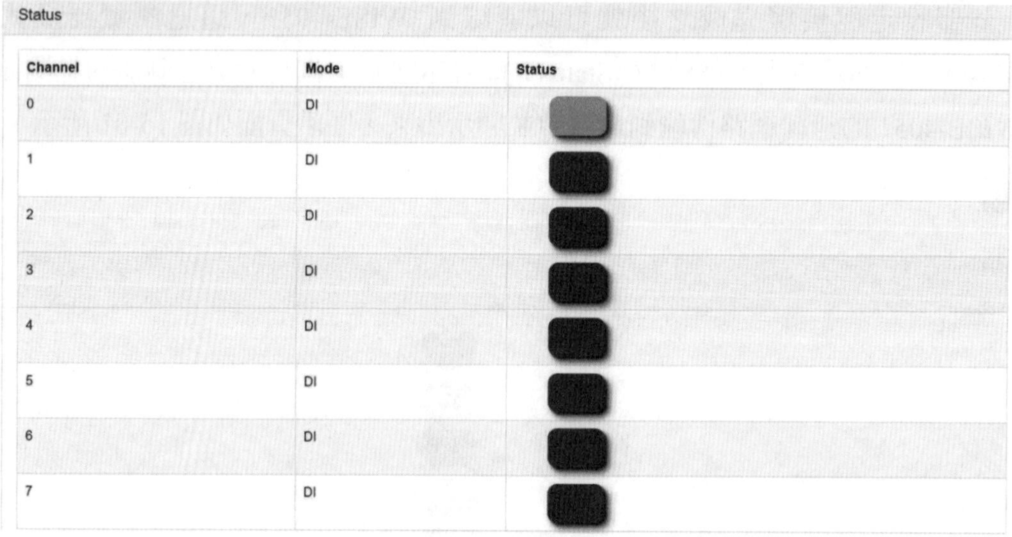

Status

Channel	Mode	Status
0	DI	
1	DI	
2	DI	
3	DI	
4	DI	
5	DI	
6	DI	
7	DI	

圖 15-83　WISE-4051 在微動開關作動時接收到的訊號

再來是按鈕開關，按下開關時即爲作動，放開後即回復作動前之復歸狀態(DI 4 爲 NC 接點)。

按鈕開關未作動時的結果如下：

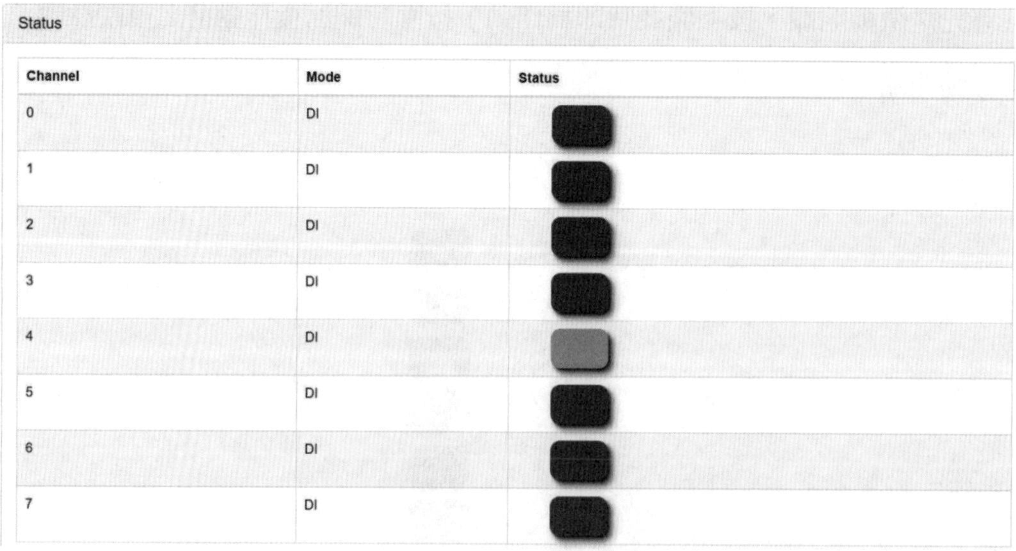

Status

Channel	Mode	Status
0	DI	
1	DI	
2	DI	
3	DI	
4	DI	
5	DI	
6	DI	
7	DI	

圖 15-84　WISE-4051 在按鈕開關未作動時接收到的訊號

按鈕開關作動時的結果如下：

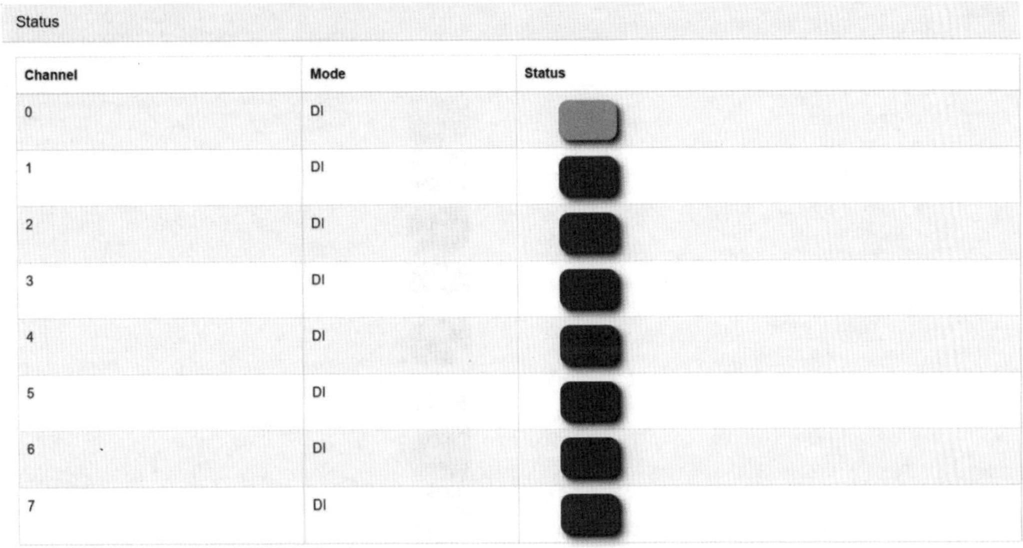

Status

Channel	Mode	Status
0	DI	
1	DI	
2	DI	
3	DI	
4	DI	
5	DI	
6	DI	
7	DI	

圖 15-85　WISE-4051 在按鈕開關作動時接收到的訊號

最後是轉動開關，轉動開關時即為作動，反轉後即回復作動前之復歸狀態(DI 4 為 NC 接點)。

轉動開關未轉動時的結果如下：

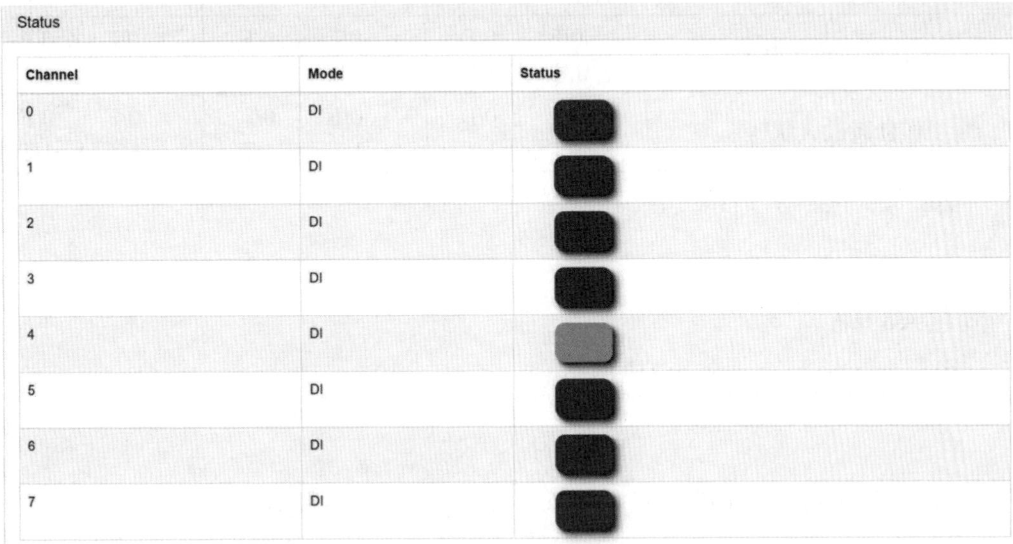

Status

Channel	Mode	Status
0	DI	
1	DI	
2	DI	
3	DI	
4	DI	
5	DI	
6	DI	
7	DI	

圖 15-86　WISE-4051 在轉動開關未作動時接收到的訊號

轉動開關轉動時的結果如下：

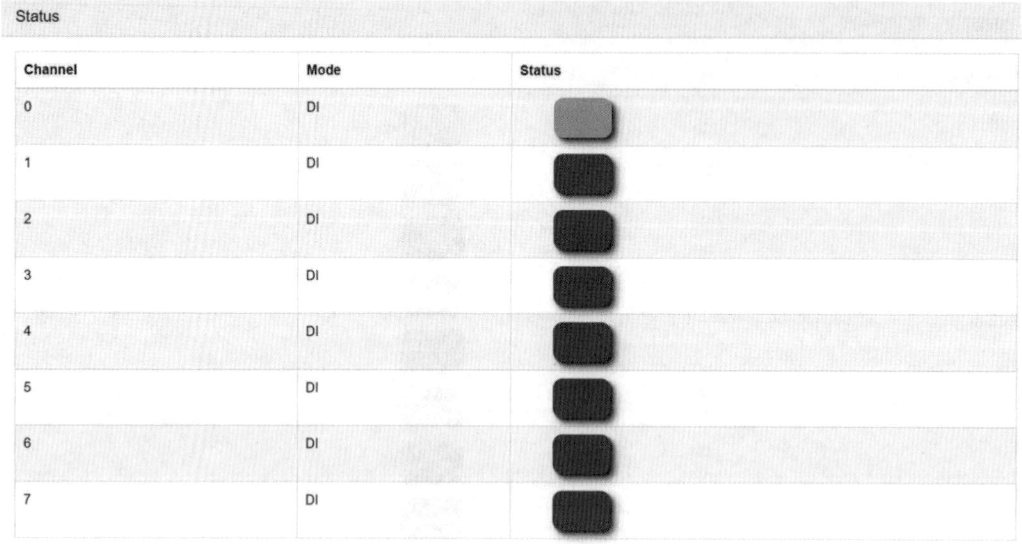

Status

Channel	Mode	Status
0	DI	
1	DI	
2	DI	
3	DI	
4	DI	
5	DI	
6	DI	
7	DI	

圖 15-87　WISE-4051 在轉動開關作動時接收到的訊號

五、實驗記錄

WISE-4051 輸入模式設定	□乾接點 □濕接點	□乾接點 □濕接點	□乾接點 □濕接點
連接之感測器	微動開關	按鈕開關	轉動開關
WISE-4051 輸入頻道(0～7)	NO：　NC：	NO：　NC：	NO：　NC：
未作動時輸入狀態	□0/F　□0/F □1/T　□1/T	□0/F　□0/F □1/T　□1/T	□0/F　□0/F □1/T　□1/T
作動時輸入狀態	□0/F　□0/F □1/T　□1/T	□0/F　□0/F □1/T　□1/T	□0/F　□0/F □1/T　□1/T

F：False　T：True　L：Low　H：High

六、問題與討論

1. 什麼是非自保持式與自保持式接點？

2. 要如何將 WISE-4051 的數位輸入模式設定為乾接點模式？

3. 若未將 WISE-4051 設定為乾接點模式而直接開始實驗，會出現何種結果？

實習十二：運用 WISE-4051 與濕接點數位輸出連接

一、學習目標

了解何謂濕接點並將開關的狀態資訊透過 WISE-4051 的無線網路傳輸傳遞至電腦中。

二、使用設備

硬體：

WISE-4051　1 台

NPN 電磁式近接開關　1 個

NPN 電容式近接開關　1 個

24V 電源供應器　1 台

電腦(具無線網卡)　1 台

軟體：

Microsoft Windows 7 或以上版本

支援 HTML5 之瀏覽器

三、實驗步驟

規格確認

本實習使用的 NPN 電磁式近接開關和 NPN 電容式近接開關的基本構造相同，有 3 個接點，1 個接電源正電、1 個接電源接地和 1 個輸出，當金屬待測物靠近電磁式近接開關時會作動，當非金屬待測物靠近電容式近接開關時會作動。電磁式近接開關和電容式近接開關屬於濕接點的 DO 輸出。

本實習使用的 NPN 近接開關動作示意請參考實習六。

硬體連接與設定

本實習將利用 WISE-4051 的數位輸入接點來接收此訊號。WISE-4051 在濕接點模式時，會由 DI 接收輸出，感測輸出是否帶正電，再將 D COM 和感測器電源共地。在接線上面，將濕接點數位輸出感測器的輸出接到 DI 0 接口，DCOM 0 則接回電源供應器共地，接線圖如圖 15-88 所示。

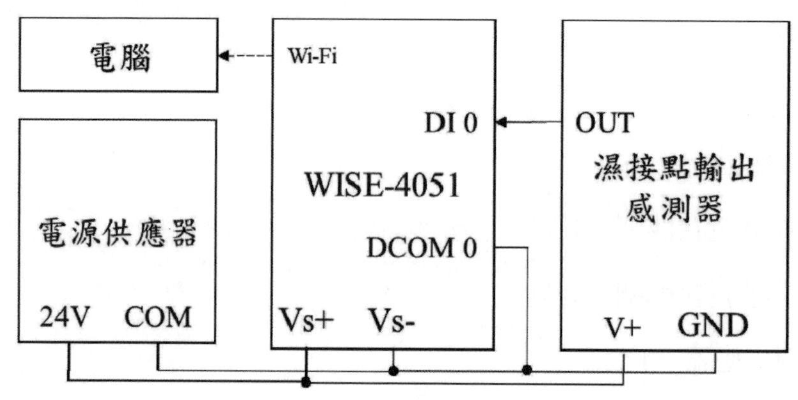

圖 15-88　WISE-4051 與濕接點輸出以及電腦接線示意圖

此外，需透過 WISE-4051 的後方指撥開關將數位輸入模式設定爲濕接點模式。

四、實驗結果

全部設定與接線完成之後就可以連線到 WSIE-4051，透過瀏覽器登入到 WISE-4051 的顯示頁面，選擇 I/O Status，接著點選 DI，即可看見感測器的量測值透過 WISE-4051 的無線網路傳輸到電腦中並顯示出來。

首先是電磁式近接開關，當金屬物體靠近至有效感應區域時即爲作動，如圖 15-89 所示。

NPN 近接開關未作動時的結果如下：

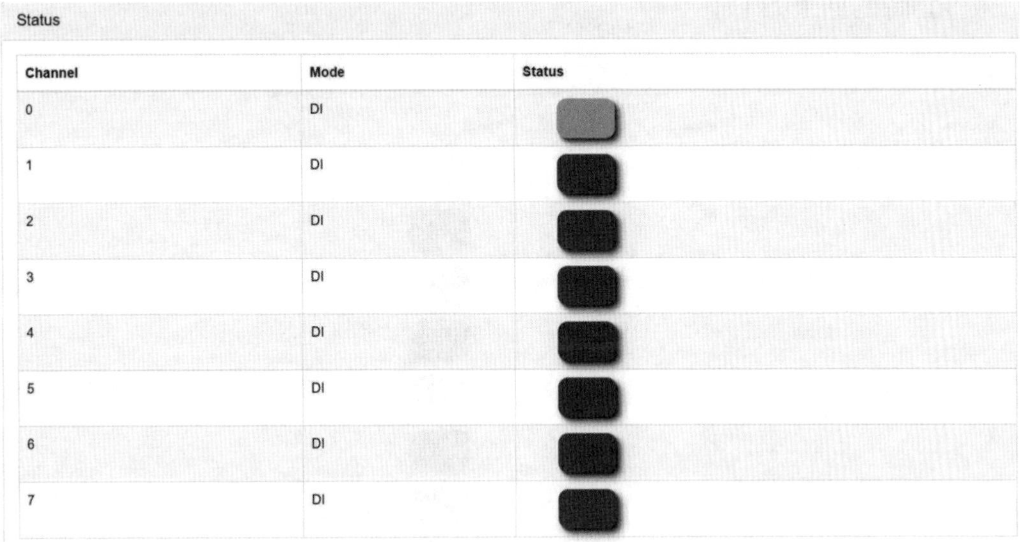

Status

Channel	Mode	Status
0	DI	
1	DI	
2	DI	
3	DI	
4	DI	
5	DI	
6	DI	
7	DI	

圖 15-89 WISE-4051 在 NPN 近接開關未作動時接收到的訊號

NPN 近接開關作動時的結果如下：

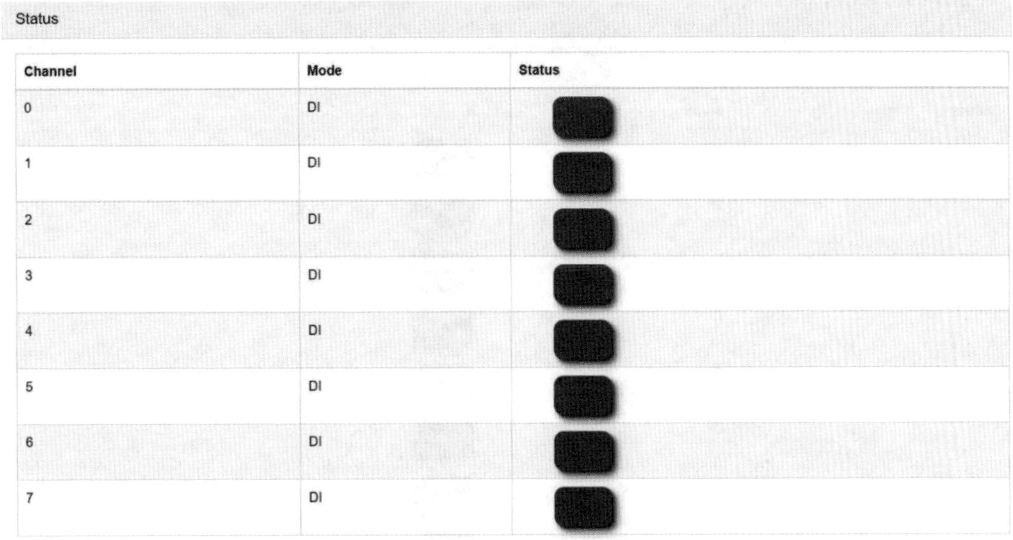

Status

Channel	Mode	Status
0	DI	
1	DI	
2	DI	
3	DI	
4	DI	
5	DI	
6	DI	
7	DI	

圖 15-90 WISE-4051 在 NPN 近接開關作動時接收到的訊號

此時會發現一個問題 WISE-4051 回傳值會跟實際情況爲反相，這是由於本實習選用的感測器爲 NPN 電晶體輸出，負邏輯輸出，在未感測到物體時回傳爲 1，感測到物體時回傳爲 0，但只要能成功反應感測器有無作動即可。

再來是電容式近接開關，當非金屬物體靠近時即爲作動，如圖 15-91 所示。

未作動時的結果如下：

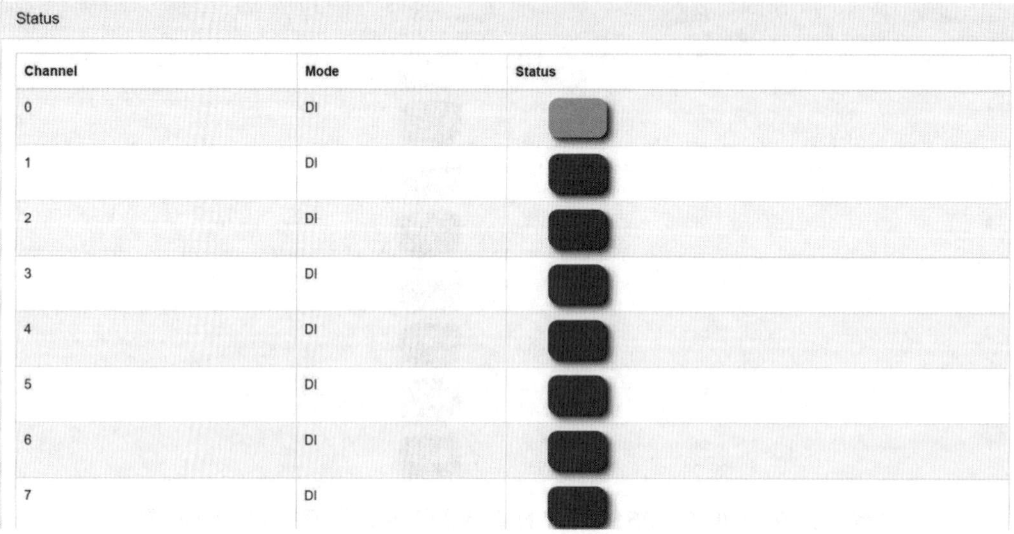

Status

Channel	Mode	Status
0	DI	
1	DI	
2	DI	
3	DI	
4	DI	
5	DI	
6	DI	
7	DI	

圖 15-91 WISE-4051 在 NPN 電容式近接開關未作動時接收到的訊號

作動時的結果如下：

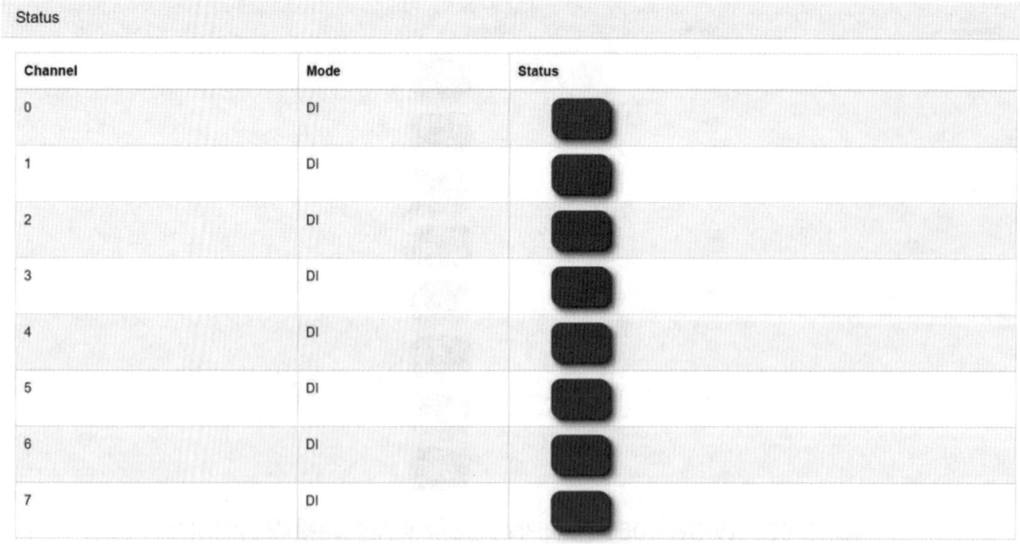

Status

Channel	Mode	Status
0	DI	
1	DI	
2	DI	
3	DI	
4	DI	
5	DI	
6	DI	
7	DI	

圖 15-92 WISE-4051 在 NPN 電容式近接開關作動時接收到的訊號

此時會發現一個問題 WISE-4051 回傳值會跟實際情況爲反相，這是由於本實習選用的感測器爲 NPN 電晶體輸出，負邏輯輸出，在未感測到物體時回傳爲 1(因爲高準位)，感測到物體時回傳爲 0(因爲低準位)，但只要能成功感應感測器有無作動即可。

五、實驗記錄

WISE-4051 輸入模式設定	□乾接點 □濕接點	□乾接點 □濕接點	□乾接點 □濕接點	□乾接點 □濕接點
連接之感測器	電磁式 近接開關	電容式 近接開關	反射式 光電開關	遮蔽式 光電開關
WISE-4051 輸入頻道(0～7)				
未作動時輸入狀態	□0/F □1/T	□0/F □1/T	暗動作：□0 □1 亮動作：□0 □1	暗動作：□0 □1 亮動作：□0 □1
作動時輸入狀態	□0/F □1/T	□0/F □1/T	暗動作：□0 □1 亮動作：□0 □1	暗動作：□0 □1 亮動作：□0 □1

F：False T：True L：Low H：High

六、問題與討論

1. 本實習若使用 PNP 近接開關、結果會有何不同？

2. 要如何將 WISE-4051 的數位輸入模式設定為濕接點模式？

3. 若未將 WISE-4051 設定為濕接點模式而直接開始實驗，會出現何種結果？

4. 為何 NPN 電磁式和電容式近接感測器的輸出和 WISE-4051 的回傳結果是相反的？

實習十三：運用 WISE-4012 之數位輸出控制燈泡的亮暗

一、學習目標

了解如何控制 WISE-4012 輸出數位訊號並利用一個燈號來反映出結果。

二、使用設備

硬體：

WISE-4012　1 台
24V 指示燈　1 個
24V 電源供應器　1 台
電腦(具無線網卡)　1 台

軟體：

Microsoft Windows 7 或以上版本
支援 HTML5 之瀏覽器

三、實驗步驟

硬體連接

本實習將利用 WISE-4012 的數位輸出來控制燈泡的亮暗。WISE-4012 的數位輸出雖然為開集極輸出，但其動作時，輸出並不帶正電，而是類似於微動開關的乾接點輸出。接線時，高電位須連接負載後再連接至 WISE-4012 的 DO，低電位須連接到 DGND。WISE-4012 的數位輸出的意義相當於一個開關，在接線上，將燈號與 WISE-4012 串接，使其達到如同開關的效果，接線方法如圖 15-93 所示。

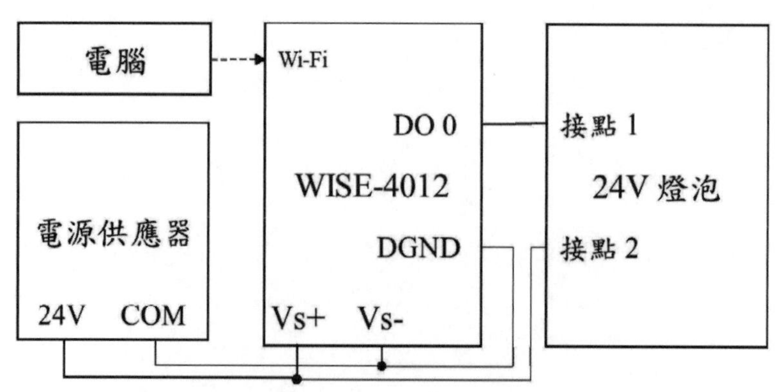

圖 15-93　WISE-4012 和燈泡以及電腦接線示意圖

軟體控制

本實習要使用 WISE-4012 輸出數位訊號，連線到 WISE-4012 之後進入 I/O Status 內選擇 DO，即可利用開關來控制要輸出的數位訊號，輸出為 1 時，燈號亮起，反之則為暗。

四、實驗結果

進入 WISE-4012 的 DO 控制頁面如圖 15-94 所示。

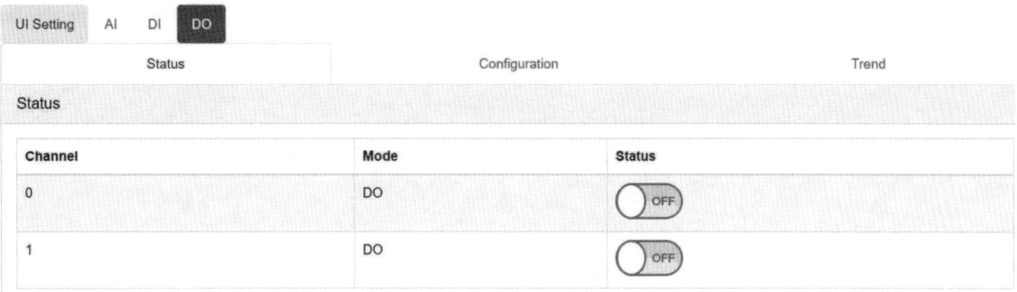

UI Setting AI DI DO

Status Configuration Trend

Status

Channel	Mode	Status
0	DO	OFF
1	DO	OFF

圖 15-94 WISE-4012 數位輸出控制畫面

輸出為 OFF 時燈泡是暗的，輸出為 ON 時燈泡會發亮。

五、實驗記錄

WISE-4012 輸出頻道(0～1)			
連接之輸出裝置(24V)	燈泡		
輸出狀態(未作動時)	□0/F	□0/F	□0/F
未作動時裝置輸出狀態	□暗 □亮		
輸出狀態(作動時)	□1/T	□1/T	□1/T
作動時裝置輸出狀態	□暗 □亮		

F：False T：True

六、問題與討論

1. 本實習使用的 WISE-4012 的數位輸出功能如同什麼？

2. 比較 WISE-4012 的數位輸出與 ADAM-6250 數位輸出功能之差異性？

3. 本實習若使用 110VAC 燈泡，要如何進行？

實習十四：運用 WISE-4051 的 RS-485 接口與溫度感測器連接

一、學習目標

了解如何將溫度感測器透過 RS-485 接口將感測到的資訊傳遞至電腦中，並驗證傳遞的資訊是否正確。

二、使用設備

WISE-4051　1 台

RS-485 介面輸出之溫度與二氧化碳濃度感測器　1 台

24V 電源供應器　1 台

三用電表　1 台

電腦(具無線網卡)　1 台

軟體：

Microsoft Windows 7 或以上版本

.NET Framework 2.0 或以上版本

Advantech Adam/Apax .NET Utility

ModScan

三、實驗步驟

RS-485 說明

首先，RS-485 是一個可以支援一對多的通訊協定，其要求數值的先決條件是通訊兩端必須要具相同 baud rate、Data bit、Stop bit…等規格，所以必須先知道感測器的這些參數。取得這些參數後，在 WISE 瀏覽器介面的 I/O Status 選項內的 Modbus/RTU Confiuration 內的 Common Setting 內填入這些相關參數，如圖 15-95 所示。

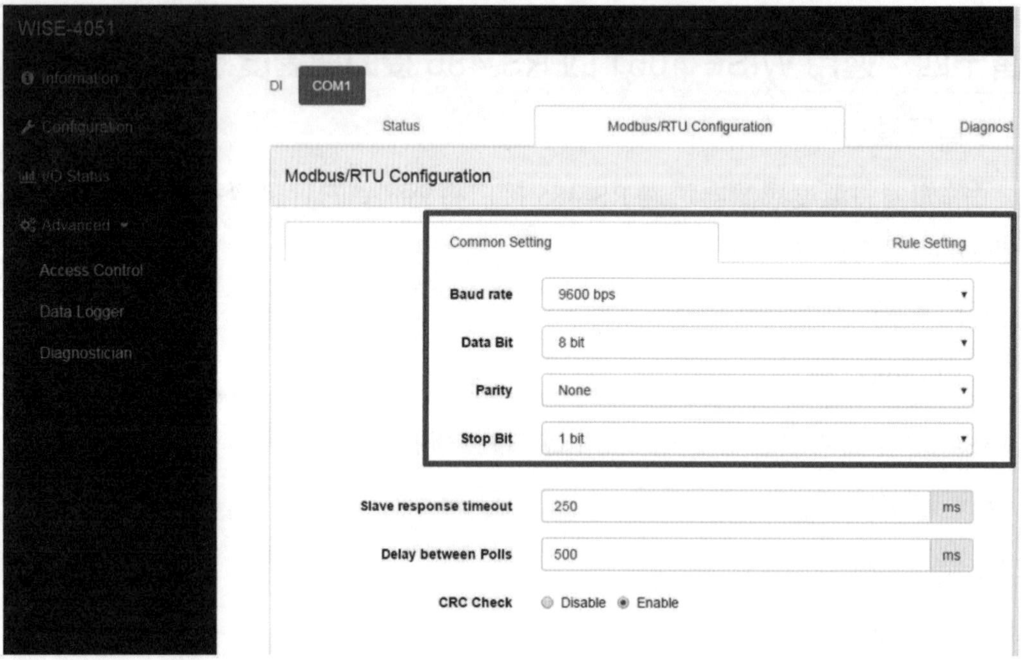

圖 15-95 WISE-4051 參數設定畫面

接著最重要的部分，由於 RS-485 可以支援一次接到多個感測器，而 RS-485 區分不同裝置的方式是依據站號(Slave ID)，故也須先知道感測器的 Modbus 站號等資訊，並將此站號填至 WISE-4051 的瀏覽器介面中，且不同裝置須先設定為不同站號以避免衝突。在 Modbus/RTU Confiuration 內的 Rule Setting 內可看到須設定的表格，如圖 15-96 所示。

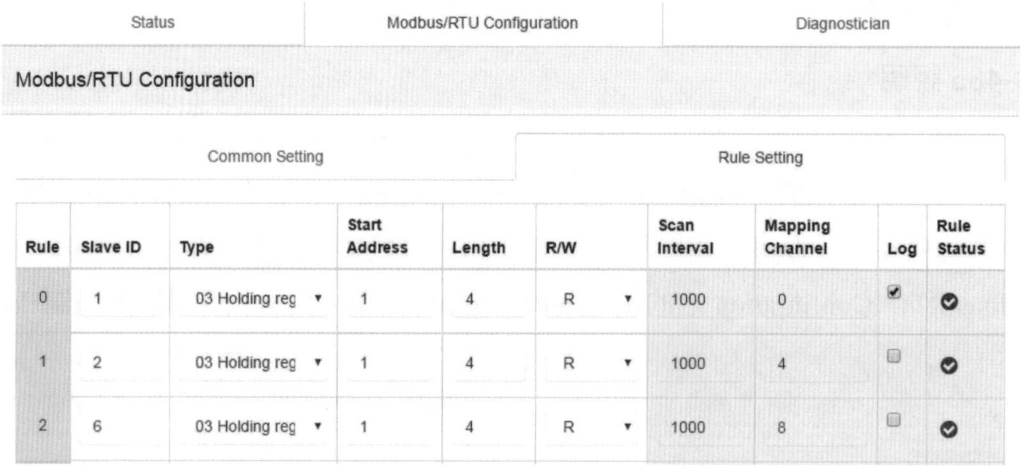

Rule	Slave ID	Type	Start Address	Length	R/W	Scan Interval	Mapping Channel	Log	Rule Status
0	1	03 Holding reg	1	4	R	1000	0	☑	✔
1	2	03 Holding reg	1	4	R	1000	4	☐	✔
2	6	03 Holding reg	1	4	R	1000	8	☐	✔

圖 15-96 站號設定畫面-Rule Table

硬體連接

本實習選擇的感測器為溫溼度和二氧化碳濃度的複合感測器，透過 RS-485 連線可回傳三筆資料。在接線上，要將感測器上的 RS-485 +和 RS-485 -的接點分別接在 WISE-4051 的 DATA +和 DATA -的接點上即可，接線方法如圖 15-97 所示。

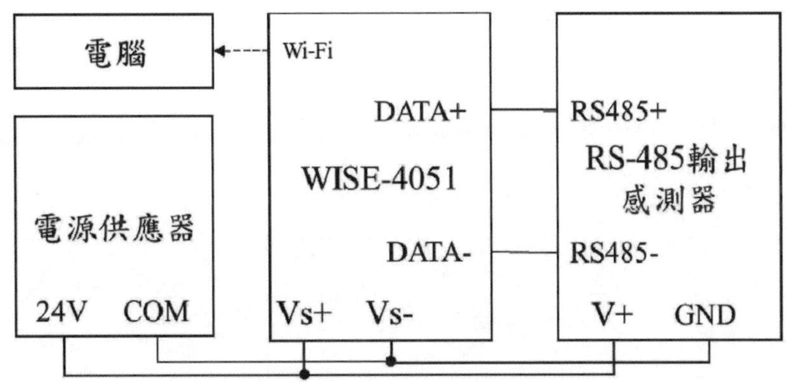

圖 15-97 WISE-4051 和 RS-485 輸出感測器以及電腦接線示意圖

軟體設定

接著進入 I/O Status，選擇 COM1，選擇 Status，選擇 Word Status 即可看到傳回的數值。可以透過 ModScan 程式(請先至 https://www.win-tech.com/html/modbus1.htm 下載)來驗證傳輸的數值為正確的，使用前要先將 Address 設為 1001，此數值為 WISE 的內部傳輸值設定，MODBUS Point Type 選擇 03，如圖 15-98 所示，

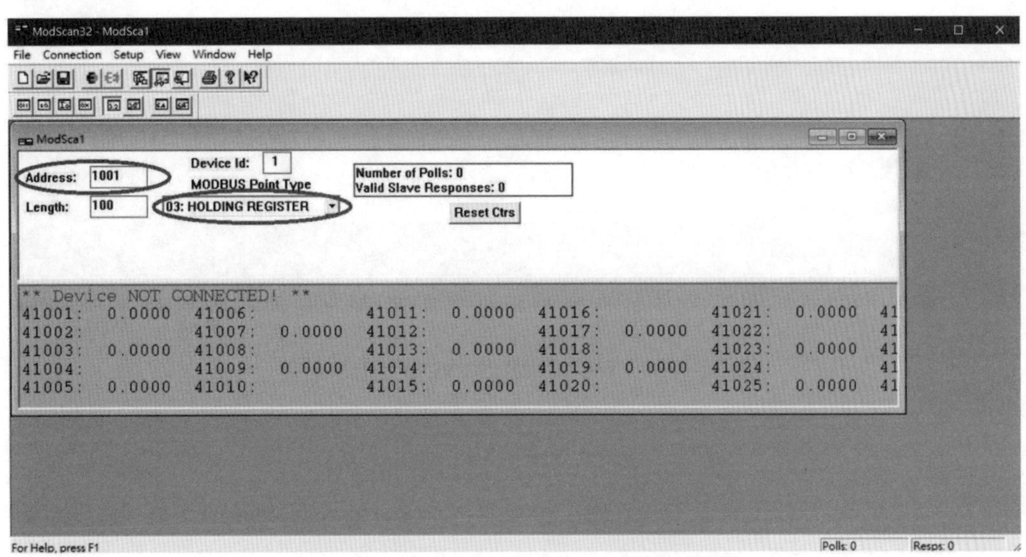

圖 15-98 ModScan 參數設定畫面

接著點進 Connection 選擇 Connect，如圖 15-99 所示。

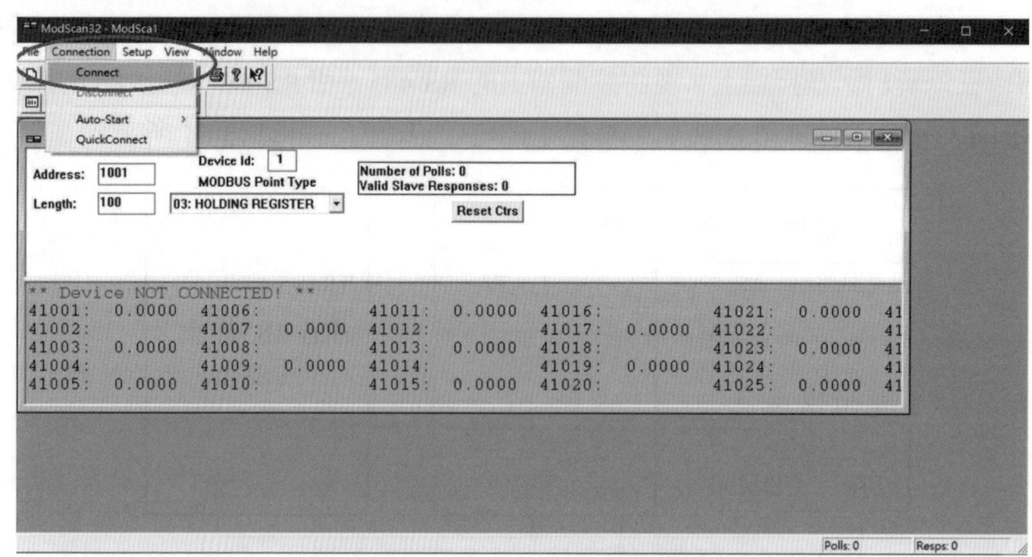

圖 15-99 ModScan 連線畫面

選擇 TCP/IP Server，設定 WISE-4051 的 IP，如圖 15-100 所示。

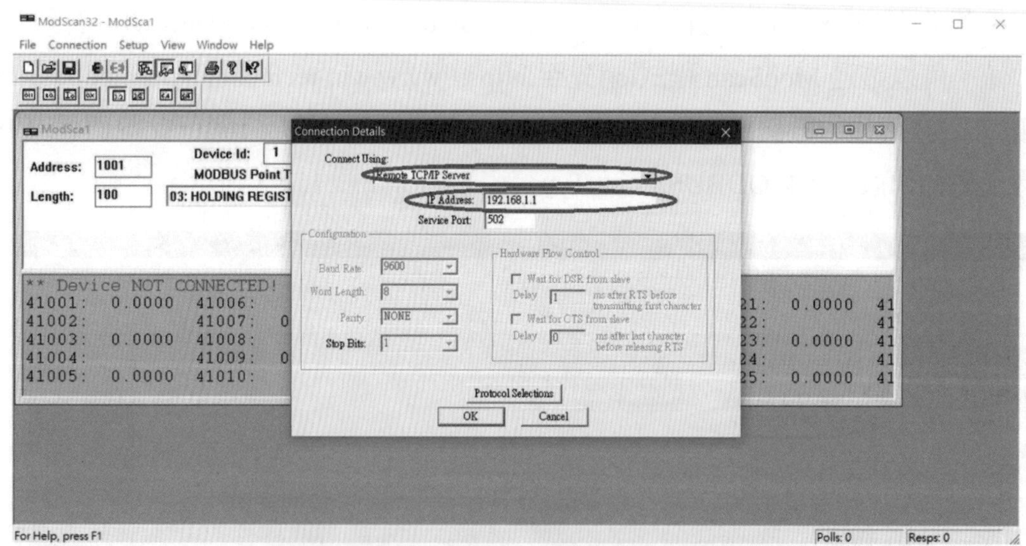

圖 15-100 ModScan ServerIP 設定畫面

四、實驗結果

上述設定結束之後就可以看到 WISE-4051 透過 RS-485 接收並傳輸的數值了，如圖 15-101 所示。

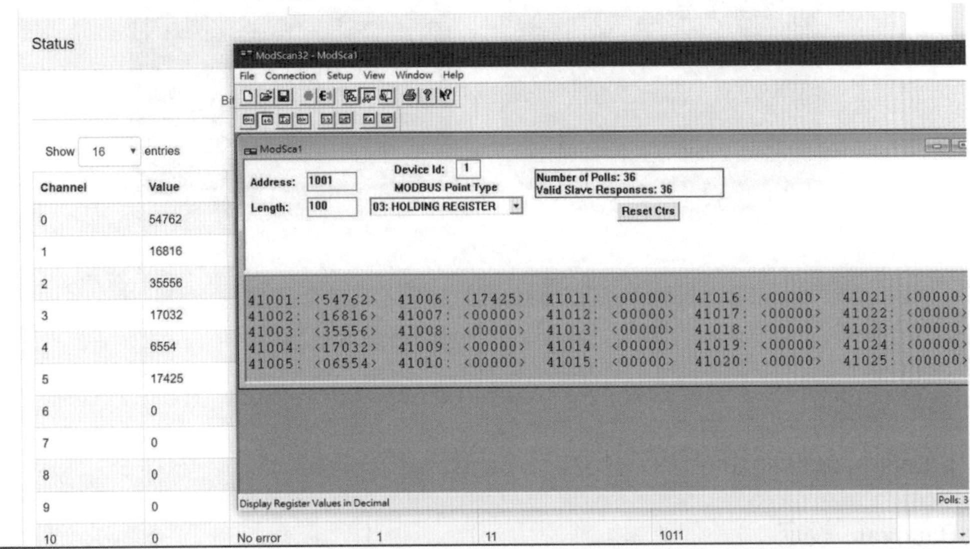

圖 15-101　WISE-4051 接收值和 ModScan 接收值比對示意圖

此數值為 Demical，轉換為 Floating 之後即可得到感測物理量，如圖 15-102 和圖 15-103 所示。

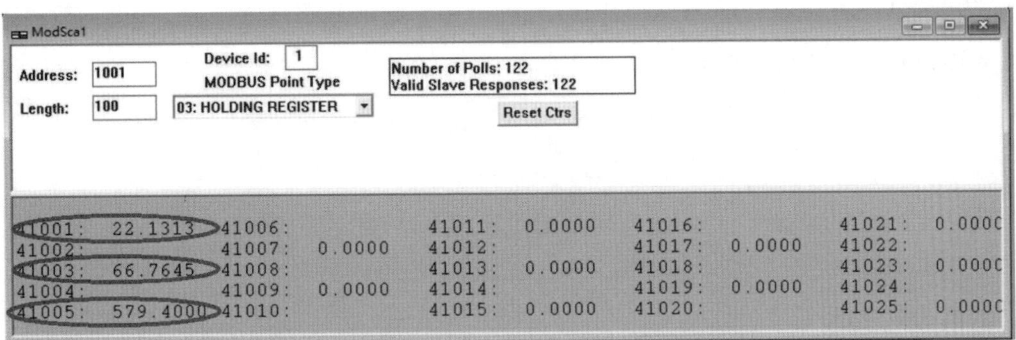

圖 15-102　ModScan 轉換數值型態畫面

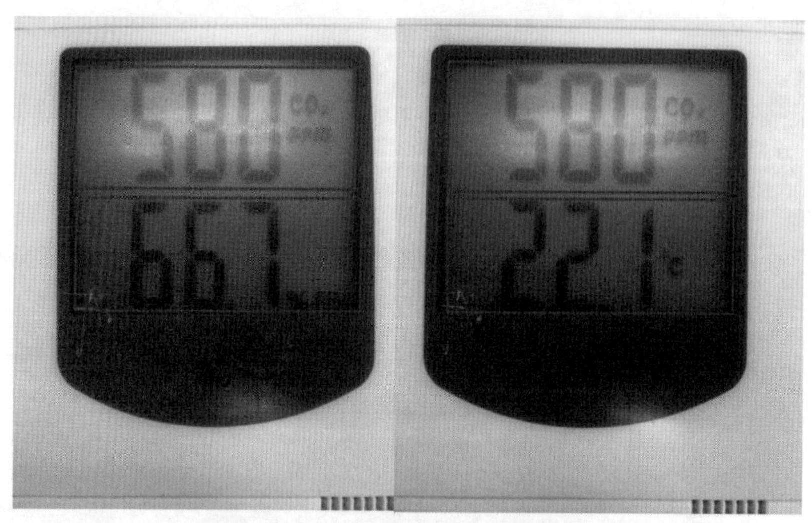

圖 15-103　感測器數據顯示畫面

五、實驗記錄

RS485 id 站號設定：________

Baud rate 設定：________

Data bit 設定：________

Parity 設定：________

Stop bit 設定：________

WISE-4051 接收到的資料：

轉換後的物理量：________

六、問題與討論

1. 在開始連線前須事先確認 WISE-4051 和感測器的那些參數是否相同？

2. 透過 RS-485 傳回的數值是何種型態？須轉換爲何種型態才可表達其物理意義？

3. 解釋 Modbus 之原理，常用指令爲何？

4. 本實驗使用 RS-485 感測器之資料暫存器位置與資料表爲何？

實習十五：運用 ADAM-6217 和 ADAM-6224 完成 Peer to Peer 控制

一、學習目標

了解如何使用 Peer to Peer 的功能並利用 ADAM-6217 控制 ADAM-6224 輸出類比訊號。

二、使用設備

硬體：

ADAM-6217　1 台

ADAM-6224　1 台

乙太網路線　2 條

三用電表　1 台

訊號產生器　1 台

24V 電源供應器　1 台

電腦　1 台

軟體：

Microsoft Windows 7 或以上版本

.NET Framework 2.0 或以上版本

Advantech Adam/Apax .NET Utility

三、實驗步驟

功能說明

Peer to Peer 為一種點對點的控制，可將一個設備的訊號送到遠端另一個設備，如一邊的 DI 可以控制遠端的 DO，或者是一邊的 AI 可以控制遠端的 AO。

舉例來說，當 ADAM-6217 接收到一個 5V 的類比訊號時，就可以讓 ADAM-6224 輸出一個 5V 類比訊號。

硬體連接

本實習使用訊號產生器產生類比訊號給 ADAM-6217，之後透過 Peer to Peer 控制 ADAM-6224 輸出類比訊號，最後利用三用電表來驗證輸出訊號是否正確，接線方法如圖 15-104 所示。

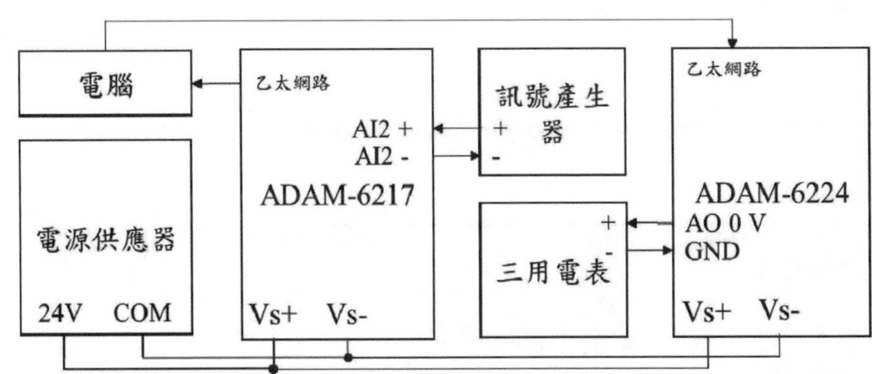

圖 15-104　ADAM-6217 和 ADAM-6224 和電腦以及訊號產生器接線示意圖

軟體設定

本實習使用 ADAM-6217 的類比輸入去控制遠方的 ADAM-6224 的類比輸出，首先選擇 ADAM-6217 的 Peer to Peer，設定爲 Basic，之後再設定遠端要控制的 ADAM-6224 的 IP 位置，再來設定由 ADAM-6217 的類比輸入去控制 ADAM-6224 的類比輸出，要做 CH 設定前請先把 Modify channel Enable 打勾，再去勾選 ch2 Enable。還有 Only positive value valid，因爲的 ADAM-6217 類比輸入範圍爲±10V，但是 ADAM-6224 的類比輸出爲 0～10V。Deviation enable C.O.S，此項爲當誤差值大於設定的百分比時，控制端會主動發封包給下一級設備，不用等待週期時間，如圖 15-105 所示。

本實習選擇 ch2 來做控制。

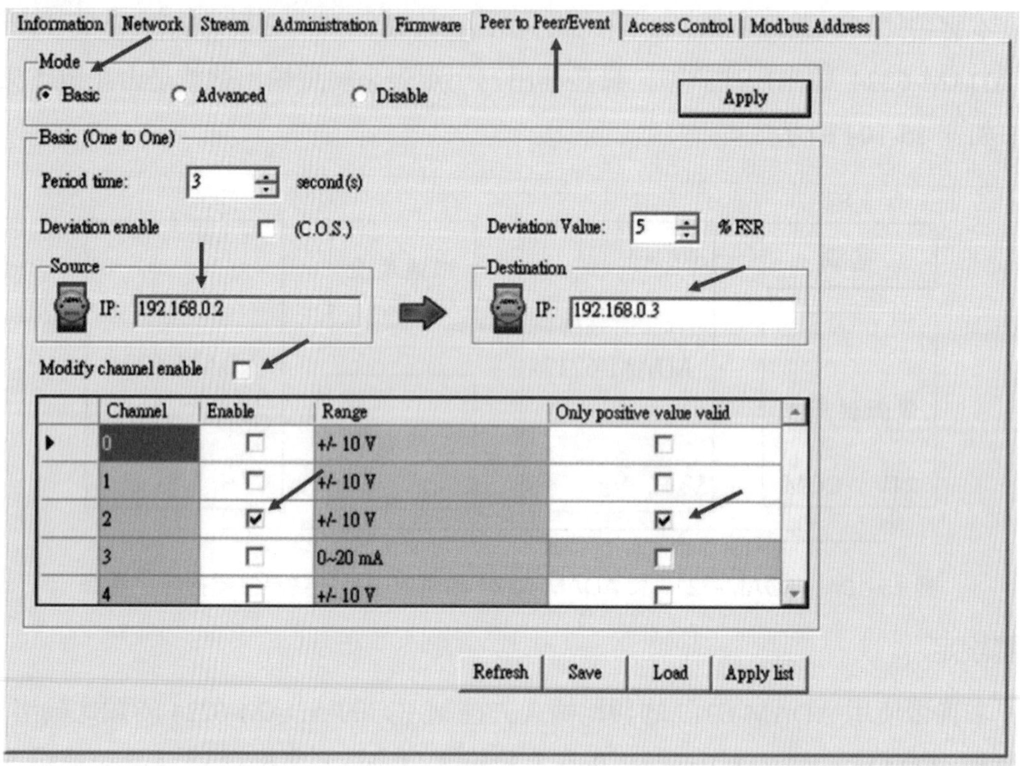

圖 15-105 ADAM-6217 Peer to Peer Basic 控制畫面

若選擇 Advanced，和 Basic 最大的差別在於可以每個頻道自己設定想要對應的模組與頻道，不需要跟剛剛一樣，一次只能對應一個模組，先選擇 Source 的頻道和週期時間，再來設定 Destination 的 IP,名稱和頻道，本實習選擇 ADAM-6217 的 ch2 去控制 ADAM-6224 的 ch0，設定完之後即可在下方的表格看到選擇的設定，如圖 15-106 所示。

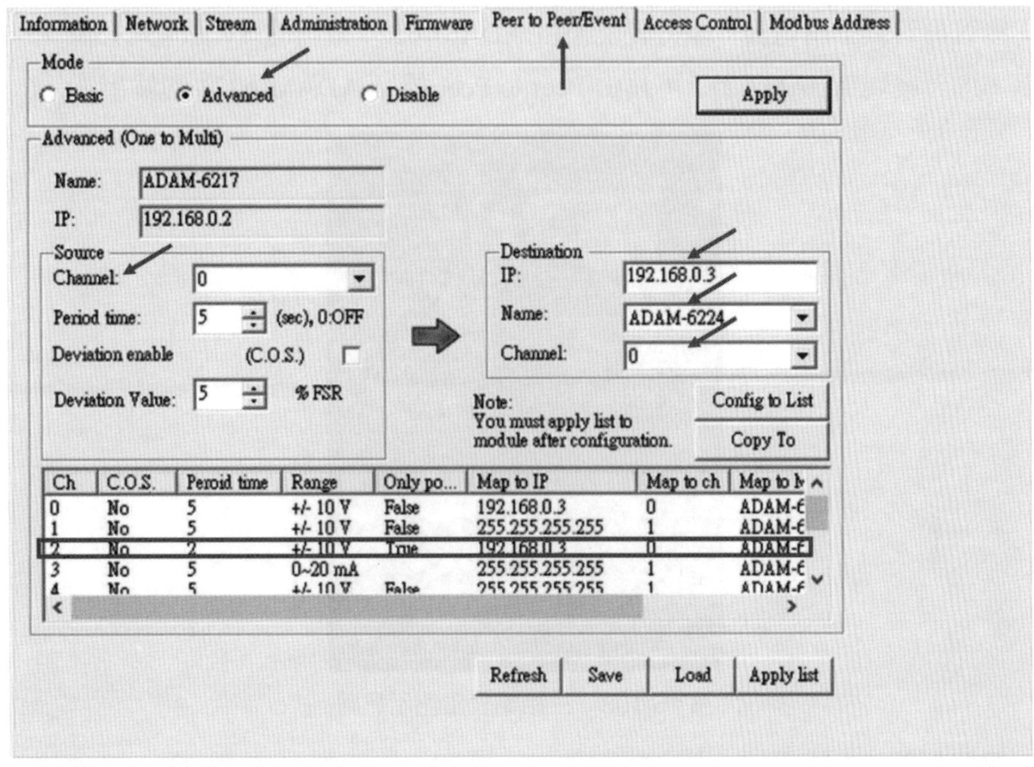

圖 15-106 ADAM-6217 Peer to Peer Advanced 控制畫面

四、實驗結果

本實習設定訊號產生器輸出一個 5V 的訊號給 ADAM-6217 接收，如圖 15-107 所示。

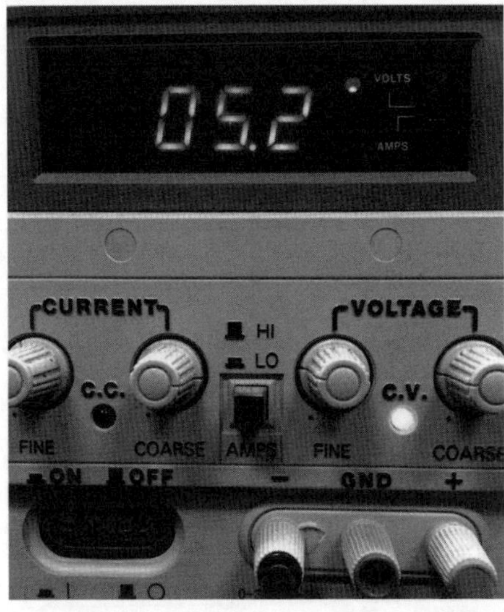

圖 15-107 訊號產生器設定示意圖

接著再看到三用電表，即可發現來自 ADAM-6224 輸出的 5V 訊號，如圖 15-108 所示，即可發現 ADAM-6217 可藉由 Peer to Peer 控制 ADAM-6224 的輸出。

圖 15-108　三相電表量測示意圖

五、實驗記錄

輸入輸出訊號類型：電壓

訊號產生器輸出值(AS)	V	V	V	V
6217 IP(Source)				
6217 輸入範圍設定	～V	～V	～V	～V
6217 輸入頻道(ch)				
週期時間(sec)				
6217 輸入讀值(AI)				
6224 IP(Destination)				
6224 輸出範圍設定	～V	～V	～V	～V
6224 輸出頻道(ch)				
6224 輸出值(AO)				
電表量測值(AM)				
誤差值(AM-AS)				
誤差百分比(%)				

六、問題與討論

1. 使用 Peer to Peer 功能時，若發現無法控制 ADAM-6224 的輸出，可能是哪一選項沒有勾選？

2. 使用 Peer to Peer 功能時，爲何需要勾選 Only positive value valid 選項？

3. 使用 Peer to Peer 功能時，在 Basic 設定方式下，須設定輸入端的哪四個參數？須設定輸出端的哪一個參數？

4. 使用 Peer to Peer 功能時，在 Advance 設定方式下，須設定輸入端的哪四個參數？須設定輸出端的哪三個參數？

實習十六：運用 ADAM-6217 和 ADAM-6224 完成圖像式邏輯條件(GCL)控制

一、學習目標

了解如何使用 GCL 的功能並控制 ADAM-6217 和 ADAM-6224。

二、使用設備

ADAM-6217　1 台

ADAM-6224　1 台

乙太網路線　2 條

三用電表　1 台

訊號產生器　1 台

24V 電源供應器　1 台

電腦　1 台

軟體：

Microsoft Windows 7 或以上版本

.NET Framework 2.0 或以上版本

Advantech Adam/Apax .NET Utility

三、實驗步驟

功能說明

圖像式邏輯條件(GCL)控制，利用簡單的數位邏輯來組成需要邏輯控制判斷，可以利用 AND、OR、NAND 或 NOR 作爲邏輯判斷，輸出的部分可以爲數位輸出、計時器或計數器等，可以依照使用者的需求自由搭配使用。

邏輯閘可用於接收多個輸入後進行邏輯判斷並進行輸出。此功能的邏輯判斷以是否滿足設立的條件爲基準，若滿足條件爲 1，不滿足條件則爲 0。

如圖 15-109 所示，可以看到總共有 16 個 Rule，每一個 Rule 可以設定使用者要的邏輯判斷式，並且每一個 Rule 都可以互相搭配使用，甚至可以跟同樣為 ADAM 的模組互相作為條件，並輸出到另一個模組。

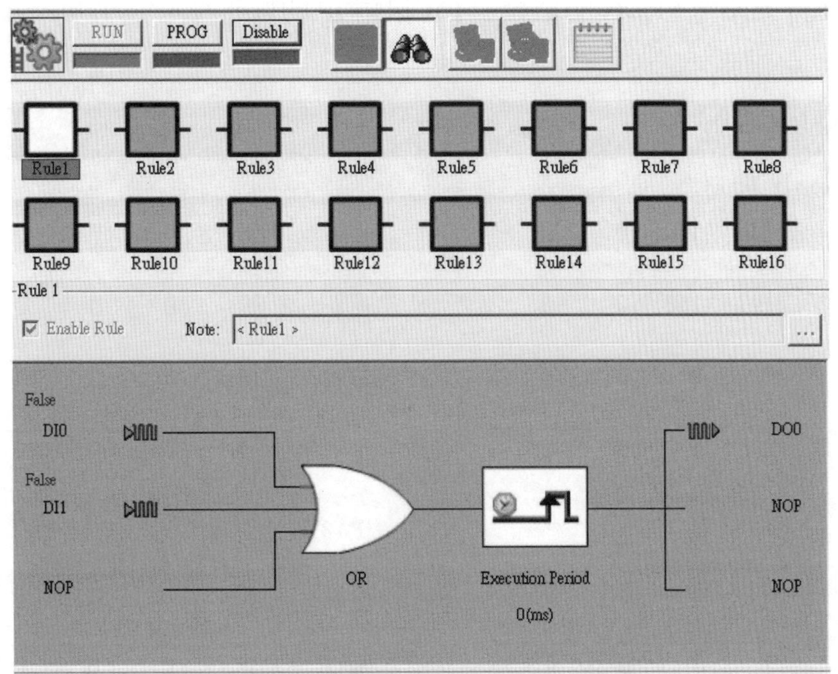

圖 15-109　圖像式邏輯條件(GCL)控制畫面

硬體連接

本實習使用訊號產生器產生類比訊號給 ADAM-6217，之後透過 GCL 控制 ADAM-6224 輸出類比訊號，最後利用三用電表來驗證輸出訊號是否正確，接線方法如圖 15-110 所示。

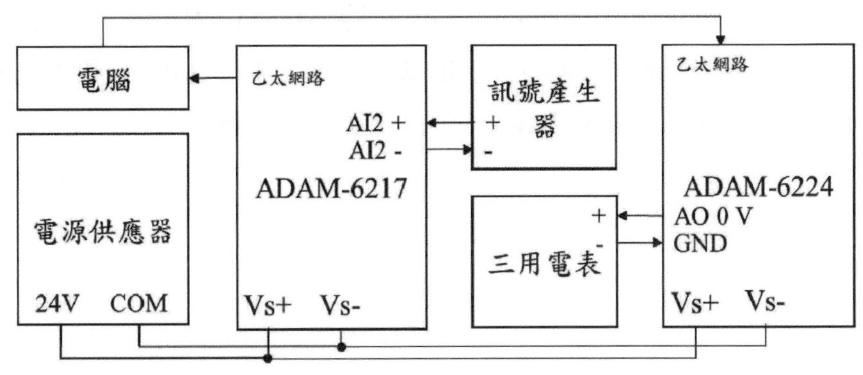

圖 15-110　ADAM-6217 和 ADAM-6224 和電腦以及訊號產生器接線示意圖

軟體設定

首先設計一下情境，本實習希望當 ADAM-6217 收到的輸入大於 5V 時 ADAM-6224 可以輸出一個 5V 的訊號，一開始要先到 ADAM-6217 的 GCL 設定 IP Table，請記得先點擊 PROG 的按鈕，才可以選 IP 的按鈕設定 IP Table，如圖 15-111 所示。

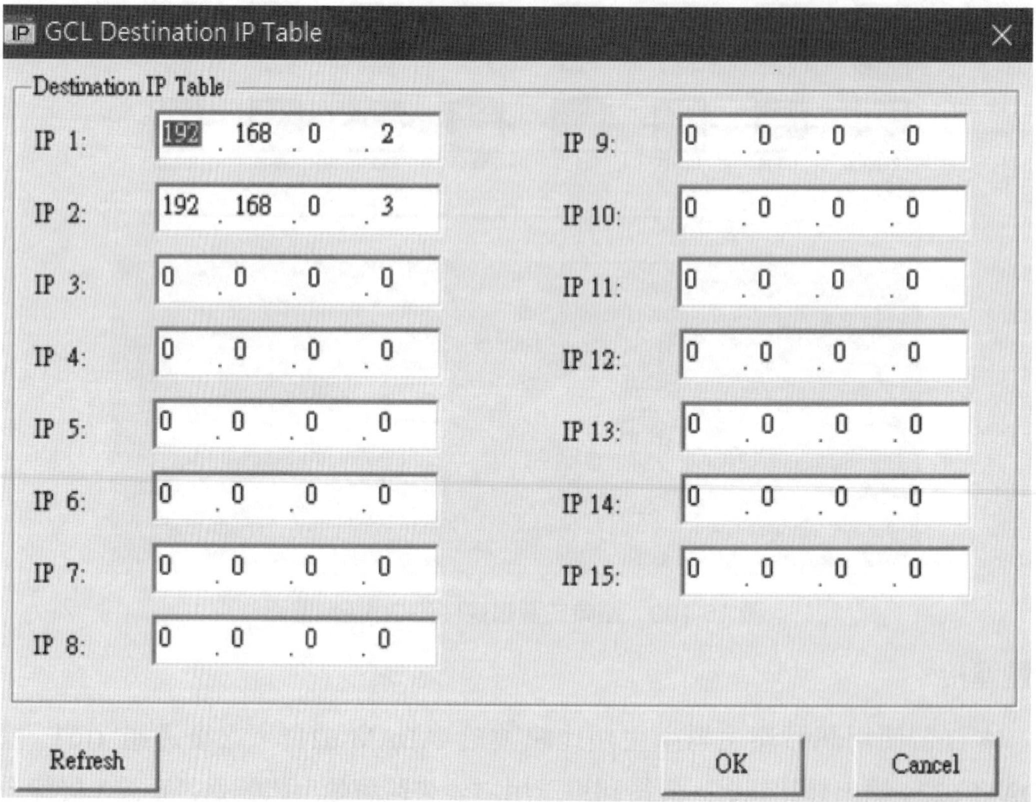

GCL Destination IP Table

Destination IP Table

IP 1:	192 . 168 . 0 . 2	IP 9:	0 . 0 . 0 . 0
IP 2:	192 . 168 . 0 . 3	IP 10:	0 . 0 . 0 . 0
IP 3:	0 . 0 . 0 . 0	IP 11:	0 . 0 . 0 . 0
IP 4:	0 . 0 . 0 . 0	IP 12:	0 . 0 . 0 . 0
IP 5:	0 . 0 . 0 . 0	IP 13:	0 . 0 . 0 . 0
IP 6:	0 . 0 . 0 . 0	IP 14:	0 . 0 . 0 . 0
IP 7:	0 . 0 . 0 . 0	IP 15:	0 . 0 . 0 . 0
IP 8:	0 . 0 . 0 . 0		

Refresh OK Cancel

圖 15-111 IP Table 設定畫面

本實習將 IP 1 設定爲 192.168.0.2，IP 1 爲 ADAM-6217 的 IP，IP 2 設定爲 192.168.0.3，IP 2 爲 ADAM-6224 的 IP，IP 設定完後，選擇 Rule 1，至左方輸入的部分分別設定 AI 2，當 Condition = True 時，就會觸發，如圖 15-112 所示。

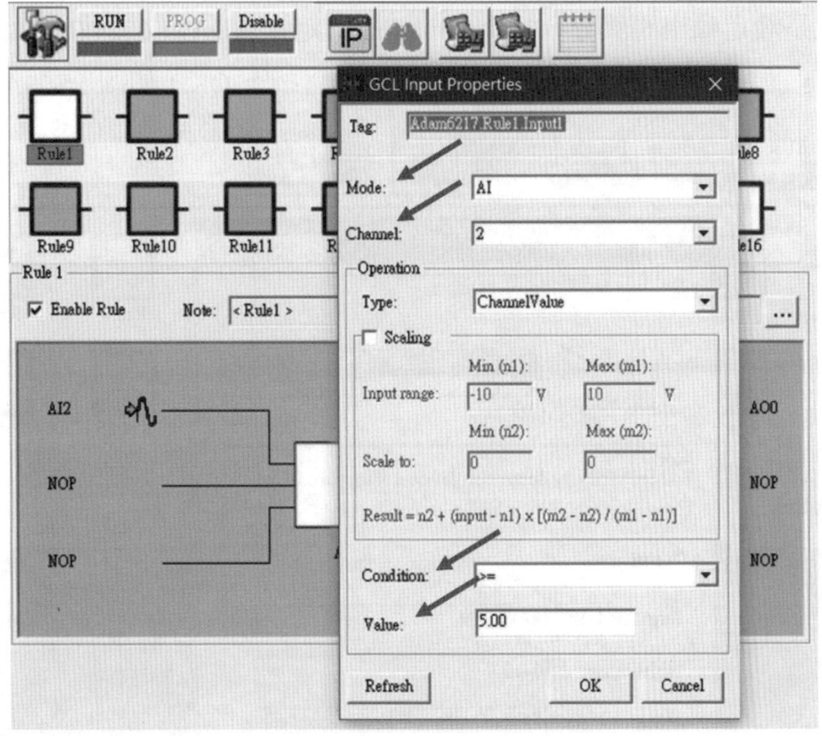

圖 15-112　輸入設定畫面

邏輯條件設定爲 AND，如圖 15-113 所示。

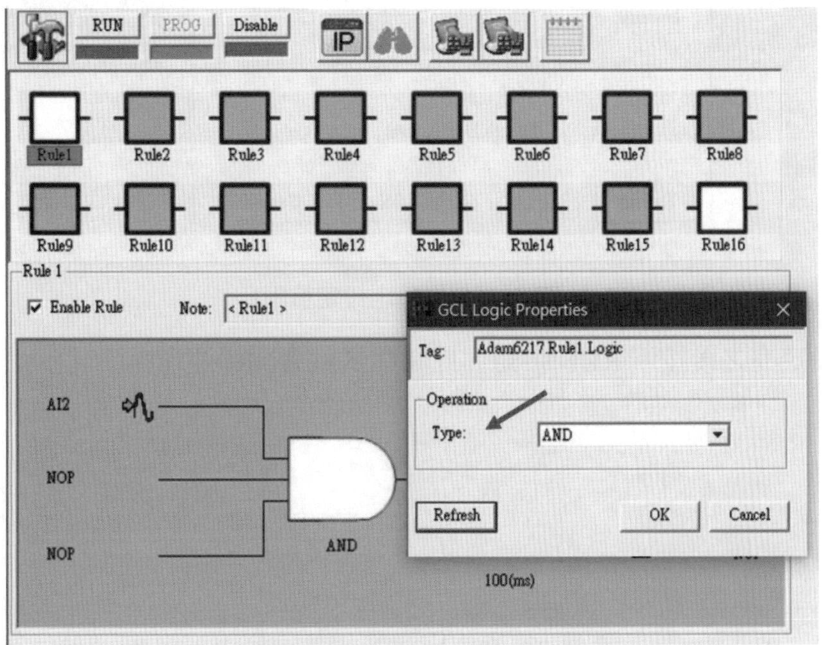

圖 15-113　邏輯條件設定畫面

再來就是設定輸出的部分，把 Destination 指定到 ADAM-6224 的 IP 位置上，然後選擇 AO，並設定模組、Range、CH 與值，並且按下 OK，如圖 15-114 所示。

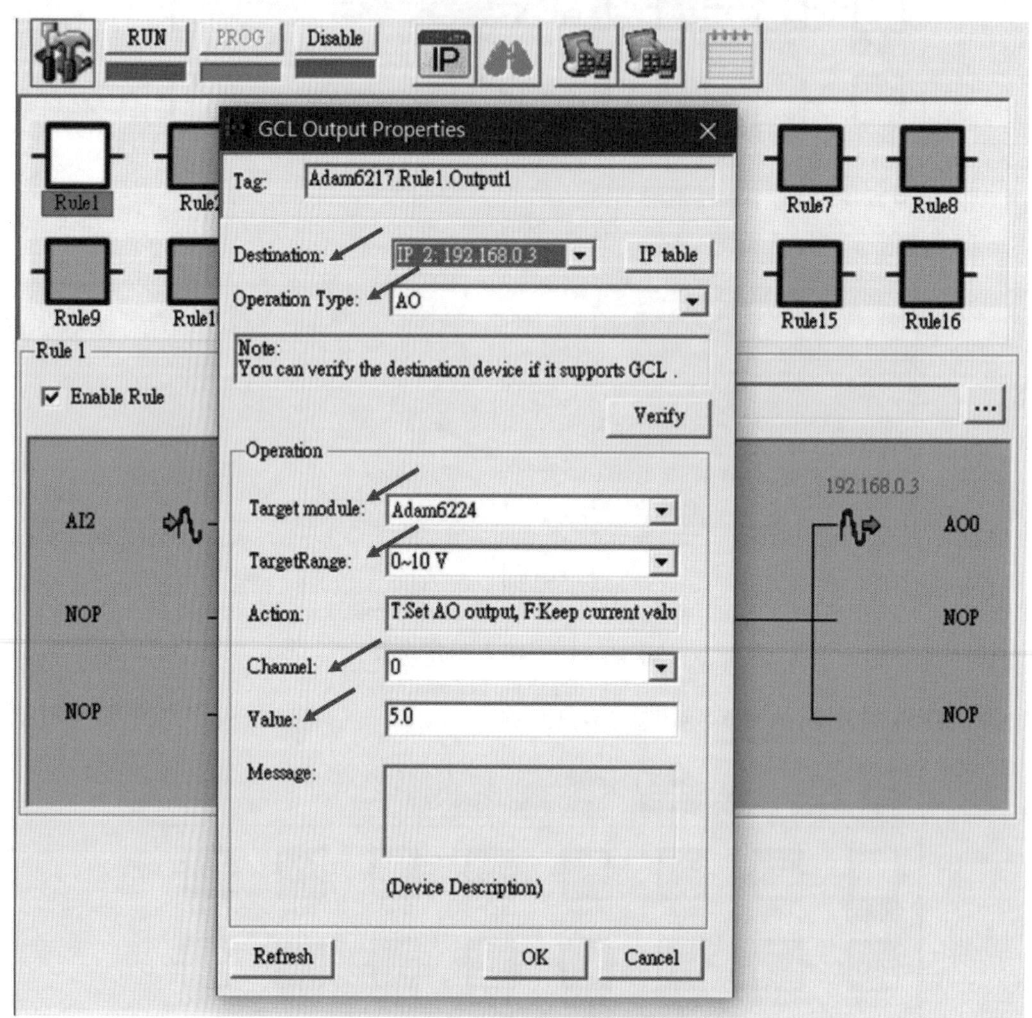

圖 15-114　輸出設定畫面

全部設定完之後按下 RUN 按鈕，此時程式就會開始運作。

四、實驗結果

在 ADAM-6217 接收到的訊號小於 5V 時，會因為條件不滿足而無法觸發 ADAM-6224 輸出訊號，如圖 15-115 所示。

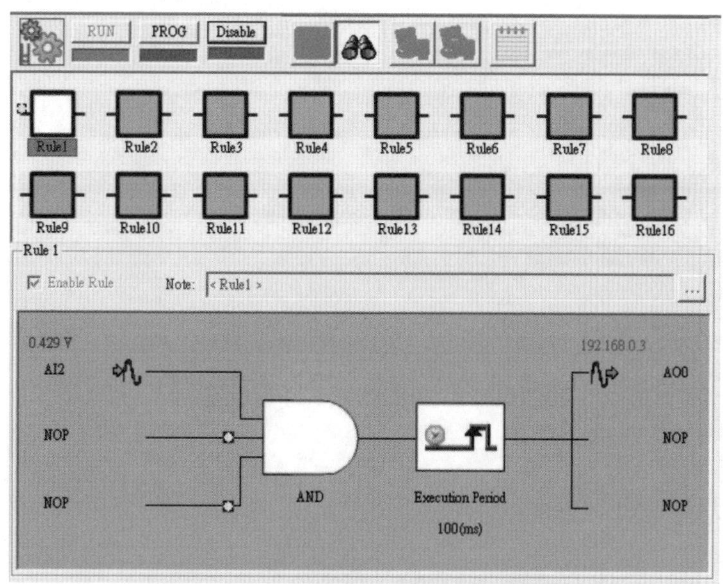

圖 15-115 邏輯條件未成立示意圖

一旦 ADAM-6217 接收到大於 5V 的訊號時，即可看到 ADAM-6224 的輸出類比執會被設定為 5 V，如圖 15-116 和圖 15-117 所示。

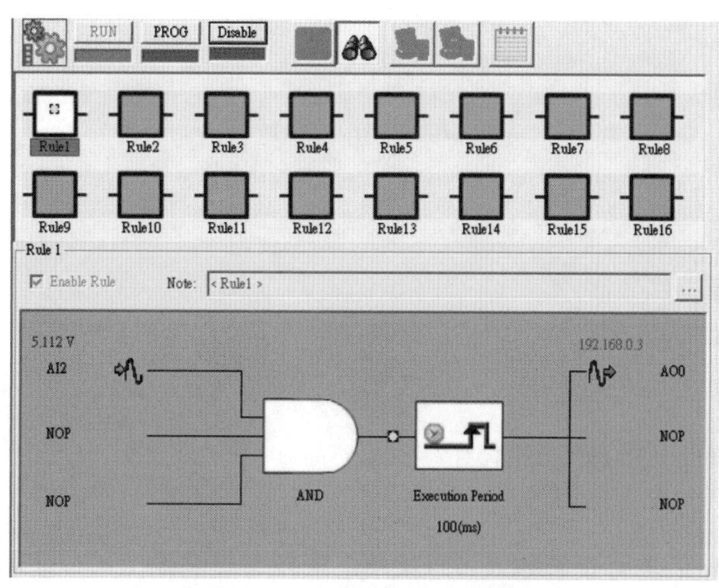

圖 15-116 邏輯條件成立示意圖

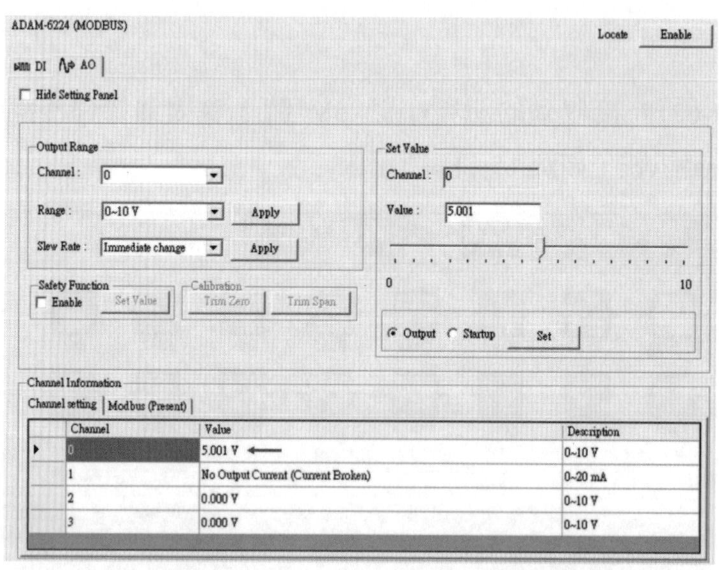

圖 15-117　ADAM-6224 輸出畫面

五、實驗記錄

情境規劃：

IP 設定：

六、問題與討論

1. 使用圖像式邏輯條件控制前須先設定好哪一項參數？

2. 邏輯控制條件共有幾種可供選擇？

3. 每一個 Rule 最多有幾個輸入可以使用？最多有幾個輸出可以使用？

實習十七：運用 Data Stream 功能取得 ADAM 系列產品的資料

一、學習目標

了解如何使用 Data Stream 功能並取得 ADAM 系列產品接收到的訊號。

二、使用設備

ADAM-6217　1 台

ADAM-6224　1 台

乙太網路線　2 條

24V 電源供應器　1 台

電腦　1 台

軟體：

Microsoft Windows 7 或以上版本

.NET Framework 2.0 或以上版本

Advantech Adam/Apax .NET Utility

Wireshark

三、實驗步驟

功能說明

Data Stream 的功能，指的是 ADAM 模組主動發資料給 Host 端，Host 不需要去詢問，ADAM-6217 可主動去發送資料給 Host 端，此應用可以減少 Host 的 polling Loading 與時間，本實習使用 ADAM-6217 作爲範例。

硬體連接

本實習使用 ADAM-6224 產生類比訊號給 ADAM-6217，之後在電腦端使用 Data Stream 來發送資料給 Host 端，接線方法如圖 15-118 所示。

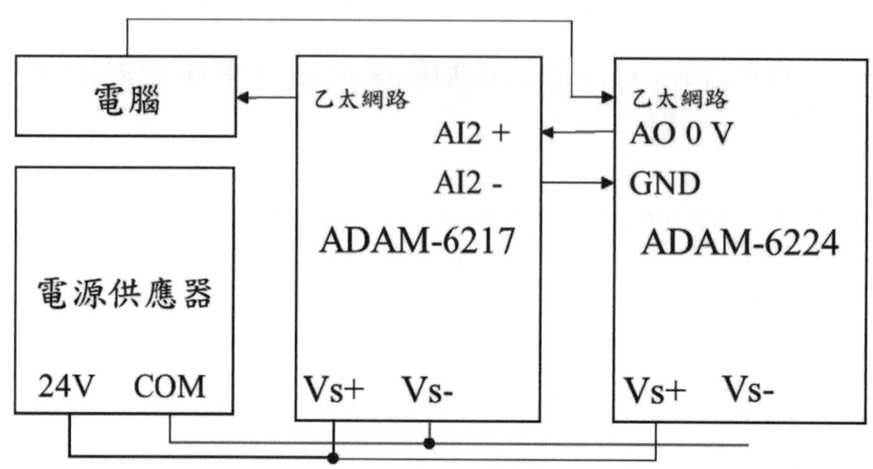

圖 15-118　ADAM-6217 與 ADAM-6224 和電腦連線接線示意圖

軟體設定

點取 ADAM-6217 後，選擇 Stream，在此葉面可以設定 Host IP 位置，與發資料的週期性，本實習 Host IP 設定爲 192.168.0.1，設定好之後須按下 Apply，每 100 ms 主動發資料一次，設定完之後按下 Apply Change，如圖 15-119 所示。

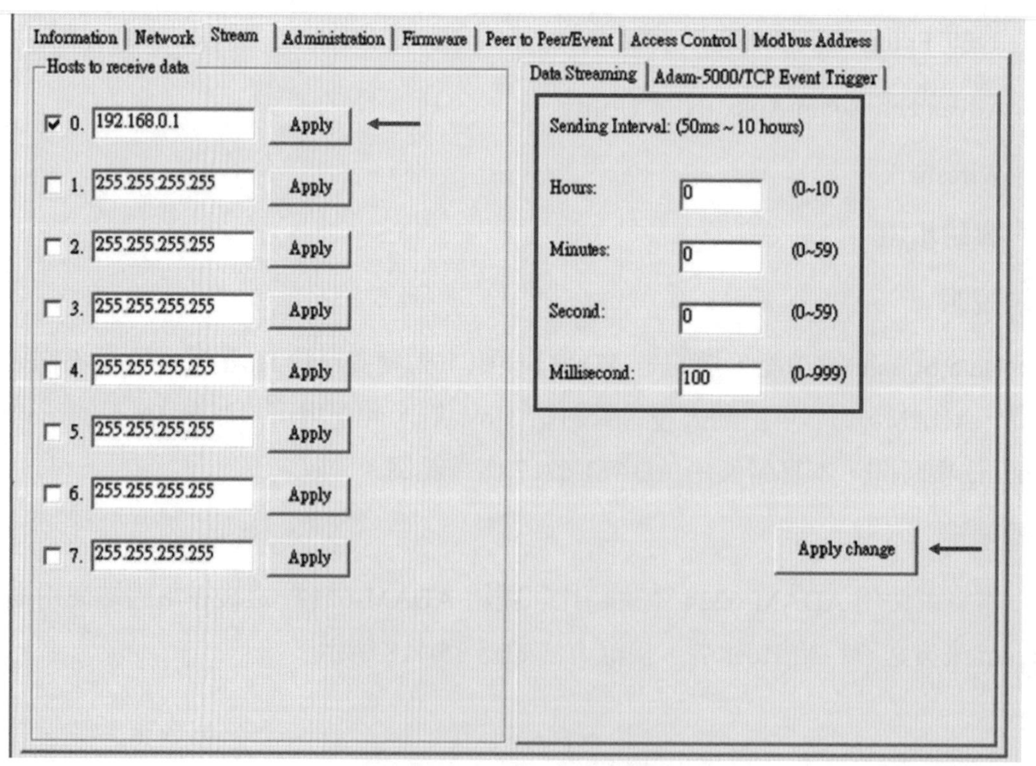

圖 15-119　Stream 設定畫面

四、實驗結果

設定結束之後，就可以 Tools 找到 Monitor Stream/Event Data，進去後就可以看到類比輸入的資料，如圖 15-120 所示。

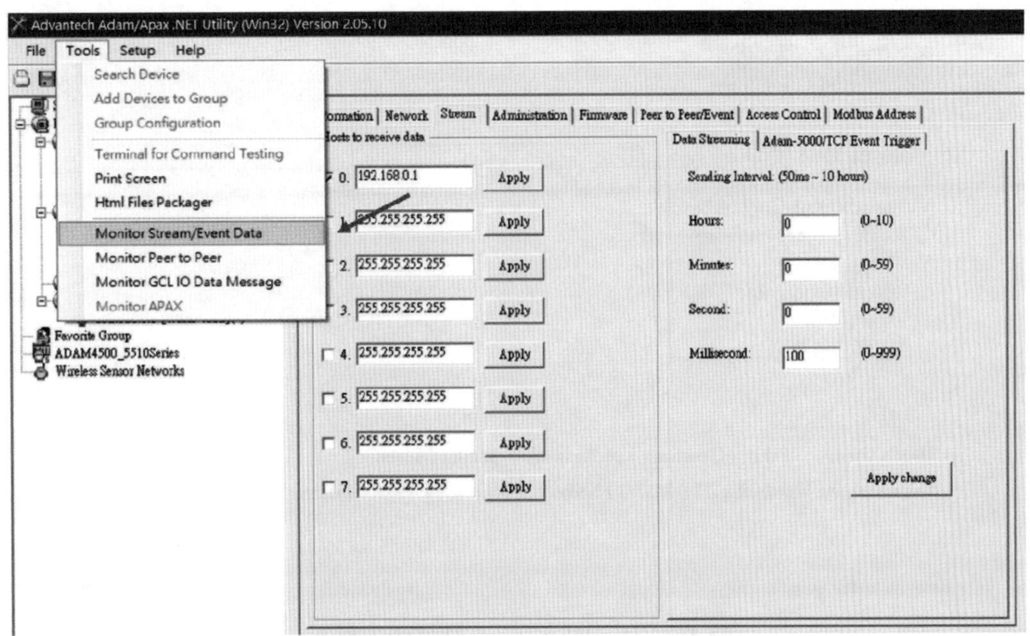

圖 15-120　開啟 Stream 監控示意圖

再利用 Wireshark 軟體(請先至 https://www.wireshark.org/download.html 下載)，點進乙太網路，之後再比對資料的位置，往後 Host 端只要去收集資料就可以了，如圖 15-121 和圖 15-122 所示。

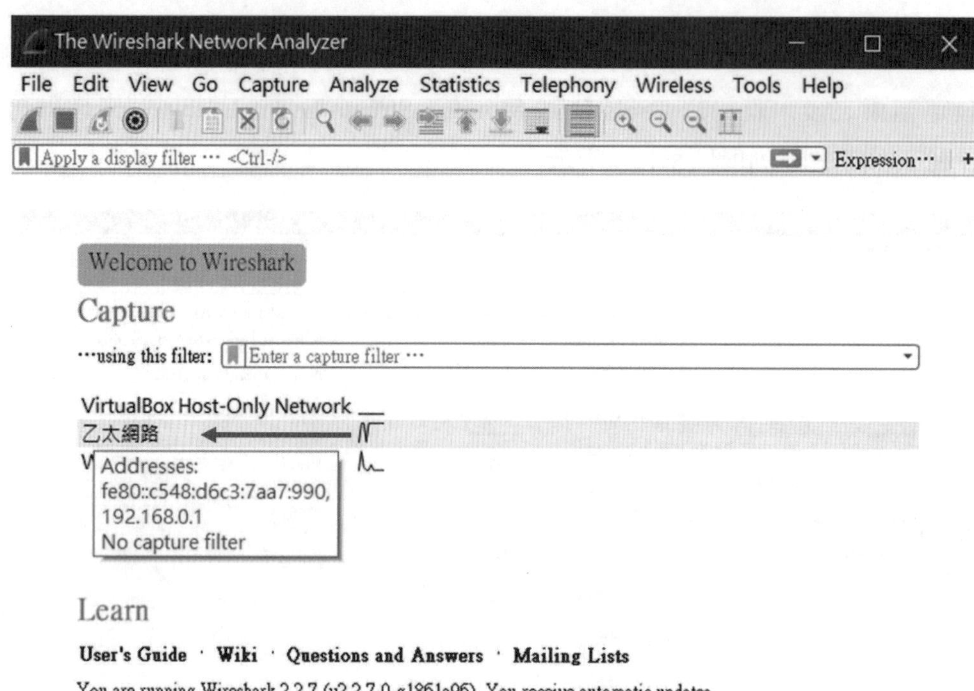

圖 15-121　Wireshark 軟體使用畫面

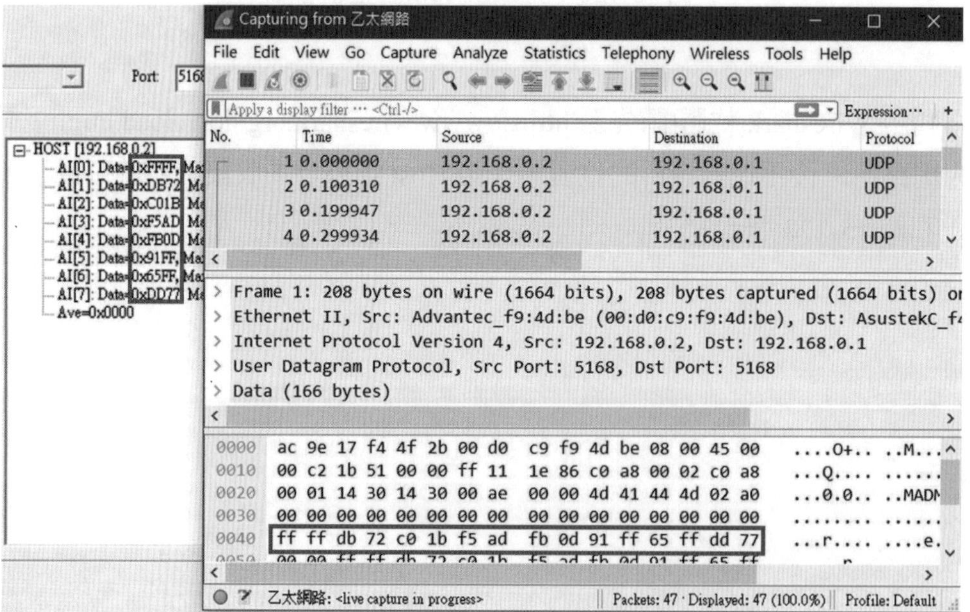

圖 15-122　Stream 監控畫面和 Wireshark 軟體對比示意圖

五、實驗記錄

IP 設定：

傳輸時間間隔設定：________

Data Stream 回傳值：

六、問題與討論

1. 使用 Data Stream 有何種好處？

2. 使用 Data Stream 前須事先設定哪兩種參數？

實習十八：自行開發人機介面與應用案例

一、學習目標

了解如何運用.Net 和 C#語言來依照不同情境所需來自行開發人機介面。

二、使用設備

ADAM-6217　1 台

溫度感測器　1 台

24V 電源供應器　1 台

乙太網路線　1 條

三用電表　1 台

電腦　1 台

軟體：

Microsoft Windows 7 或以上版本

.NET Framework 2.0 或以上版本

Advantech Adam/Apax .NET Utility

Visual Studio 2008 或以上版本

三、實驗步驟

取得範例程式

除了利用 Utility 來取得資料以外，使用者亦可以利用研華提供的.Net 的 Library 來自行開發軟體與應用，讓使用者能簡單的使用並且和 ADAM 連線。本實習使用 ADAM-6217 來作範例，請先至研華官網下載 ADAM. Net Class Library for ADAM/APAX series 並安裝，如圖 15-123 所示。

http://downloadt.advantech.com/download/downloadsr.aspx?File_Id=1-VRJH8D

Support / Downloads / Driver /

Document No. 1-115255407			
Date Updated	02-26-2015	Date Created	07-04-2006
Document Type	Driver	Related OS	Device Driver
Related Product	ADAM-6050 / ADAM-6051 / ADAM-6060 / ADAM-5000/485 / ADAM-4000-UTIL / ADAM-5000/TCP / ADAM-5056S-A / ADAM-4000 / ADAM-4011 / ADAM-4012 / ADAM-4013 / ADAM-4016 / ADAM-4017 / ADAM-4018 / ADAM-4021 / ADA...more		

ADAM. Net Class Library for ADAM/APAX series

Solution : ADAM. Net Class Library for ADAM/APAX series

Download File	Released Date	Download Site
AdamApax.NET Class Library VS2008 V8.02.0008.rar (V8.02.0008)	2015-02-25	Primary　Secondary

圖 15-123　範例程式下載畫面

安裝完後就可在

C:\Program Files(x86)\Advantech\AdamApax.NET Class Library 的路徑找到資料，如圖 15-124 所示，此軟體適用於 Visual Studio 2008 以上的版本。

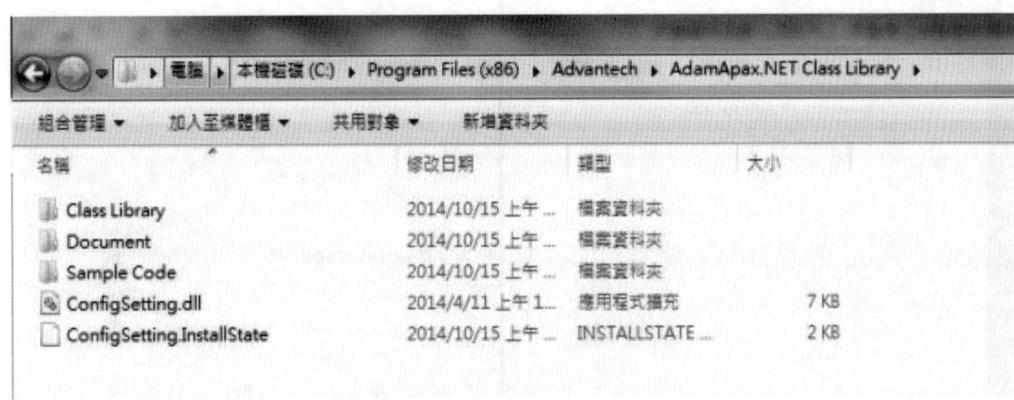

圖 15-124　範例程式所在位置

本實習使用的軟體是 Microsoft Visual Studio 2010 的 C#，亦可到微軟官網下載 Visual C# 2010 Express 免費版本，安裝完成之後就可以使用 C#來編寫程式。

延續先前的溫度感測器與 ADAM-6217 連接的情境，到

C:\Program Files(x86)\Advantech\AdamApax.NET Class Library\
Sample Code\ADAM\Win32\CSharp\ADAM-6000 Series\Adam6217

執行 Adam6217.sln，如圖 15-125 所示。

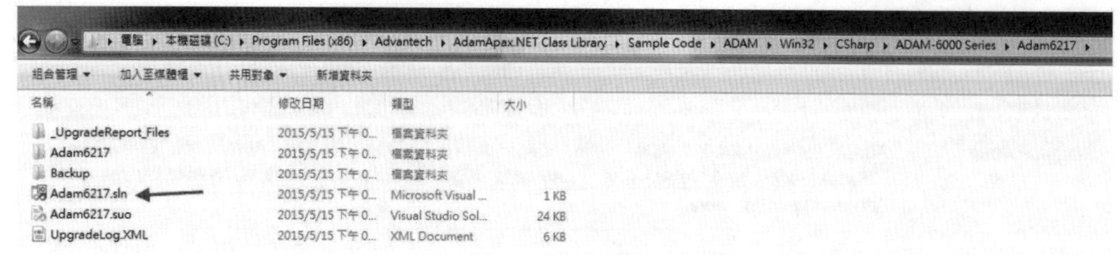

圖 15-125　執行檔案示意圖

執行完後，可以在 Solution Explorer 去選擇 Form1.cs，並且去開始 View Code，如圖 15-126 所示。

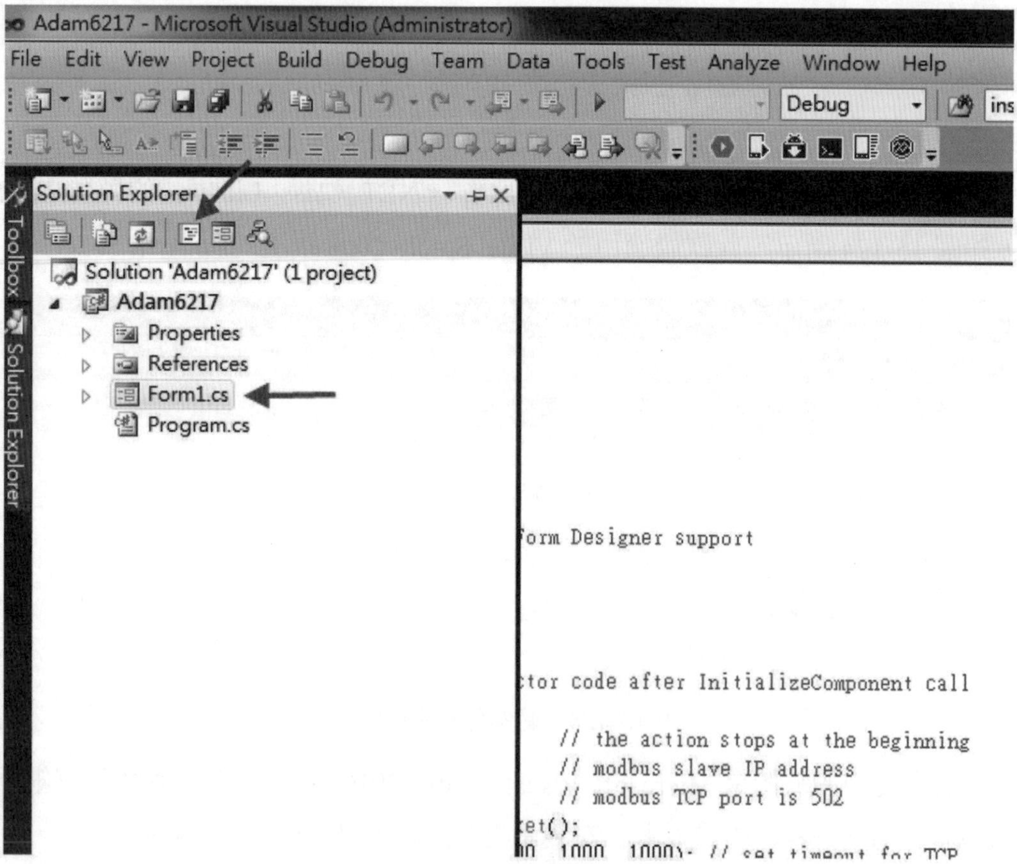

圖 15-126　開啓範例程式碼

進入後就可以看到一整串的 Code，使用者只需要修改下面的 IP 位置指向要使用的 ADAM-6217，就可以了，如圖 15-127 所示。

```
public Form1()
{
    //
    // Required for Windows Form Designer support
    //
    InitializeComponent();

    //
    // TODO: Add any constructor code after InitializeComponent call
    //
    m_bStart = false;           // the action stops at the beginning
    m_szIP = "192.168.0.10";    // modbus slave IP address
    m_iPort = 502;              // modbus TCP port is 502
    adamModbus = new AdamSocket();
    adamModbus.SetTimeout(1000, 1000, 1000); // set timeout for TCP
    adamModbus.AdamSeriesType = AdamType.Adam6200; // set AdamSeriesType for  ADAM-6217
    m_Adam6000Type = Adam6000Type.Adam6217; // the sample is for ADAM-6217

    m_iAiTotal = AnalogInput.GetChannelTotal(m_Adam6000Type);

    txtModule.Text = m_Adam6000Type.ToString();
    m_bChEnabled = new bool[m_iAiTotal];
    m_byRange = new ushort[m_iAiTotal];
}
```

圖 15-127 程式碼需修改部分示意圖

硬體連接與設定

本實習使用的溫度感測器和先前課題的溫度感測器相同，為類比輸出，輸出電壓範圍為 0～10 V，感測溫度範圍為 0～50℃，可透過線性換算得到將讀取到的類比電壓值轉換為溫度，線性關係如圖 15-128 所示。

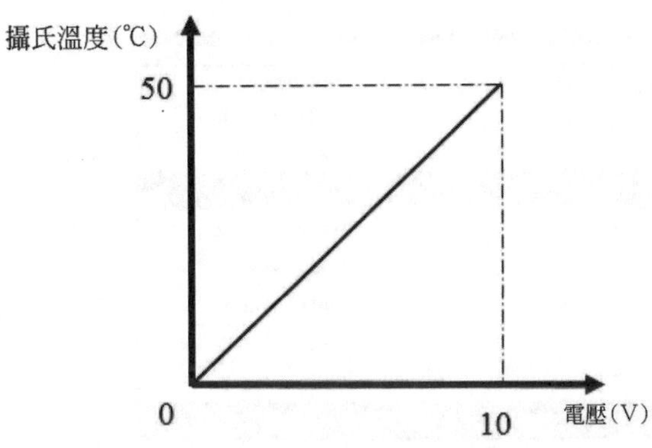

圖 15-128 線性換算示意圖

接線方法如圖 15-129 所示。

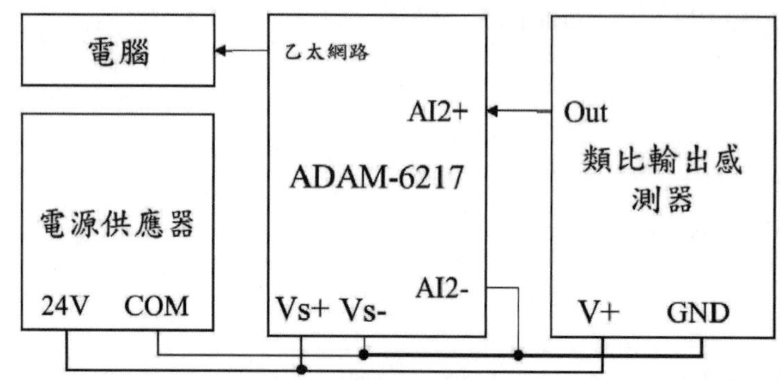

圖 15-129　ADAM-6217 和類比輸出感測器以及電腦接線示意圖

此外，必須先將 ADAM-6217 的輸入模式透過指撥開關設定爲電壓輸入模式，

軟體設定

無法利用此 C#程式來做 ADAM-6217 的軟體設定，必用利用 Utility 來設定輸入範圍爲±10V，如圖 15-130 所示。

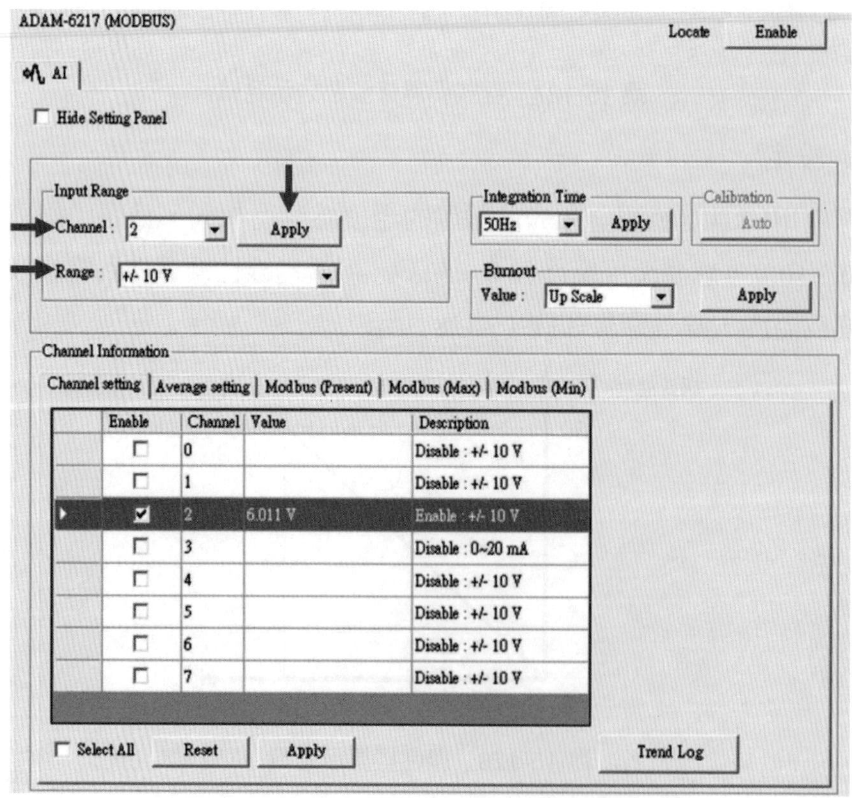

圖 15-130　ADAM-6217 輸入設定畫面

軟體修改

原本的範例程式只能顯示出接收到的類比電壓值，爲了可以顯示出其代表的溫感測溫度值，本實習將範例程式做了一些改變。

先在顯示電壓欄位的旁邊多加一個欄位，做爲顯示溫度使用，如圖 15-131 所示。

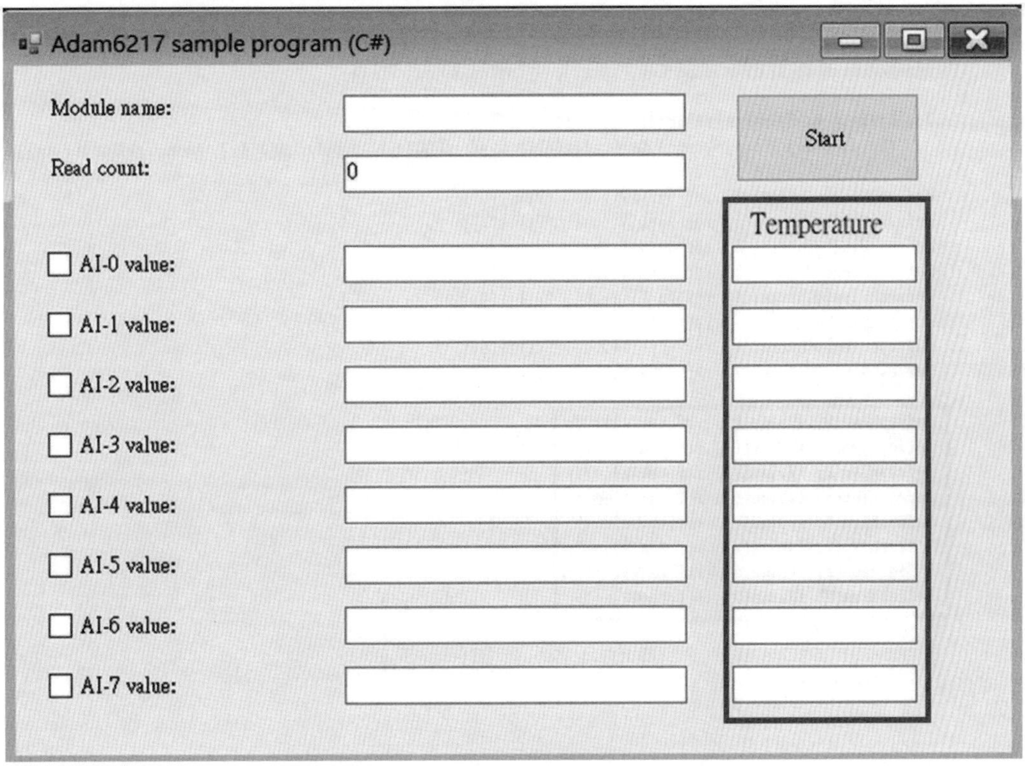

```
Adam6217 sample program (C#)

Module name:   [                ]   [ Start ]
Read count:    [0               ]
                                    Temperature
[ ] AI-0 value: [                ]  [        ]
[ ] AI-1 value: [                ]  [        ]
[ ] AI-2 value: [                ]  [        ]
[ ] AI-3 value: [                ]  [        ]
[ ] AI-4 value: [                ]  [        ]
[ ] AI-5 value: [                ]  [        ]
[ ] AI-6 value: [                ]  [        ]
[ ] AI-7 value: [                ]  [        ]
```

圖 15-131 修改範例程式 GUI 示意圖

接著進入程式碼，新建立一個計算並將換算後的溫度值顯示出來的函式，如圖 15-132 所示。

```
private void RefreshTem(int i,float fValue,ref TextBox text)
{

        if (m_bChEnabled[i])
        {
            float temp = fValue * 5;
            text.Text = temp.ToString();
        }
}
```

圖 15-132 新增函式

最後在執行的時候加上新創立的函式，這樣就完成修改了，如圖 15-133 所示，此後當 ADAM-6217 接收到電壓值時便可即時換算成溫度值並顯示出來。

```
private void RefreshChannelValue()
{
    int iStart = 1;
    int iIdx;
    int[] iData;
    float[] fValue = new float[m_iAiTotal];

    if (adamModbus.Modbus().ReadInputRegs(iStart, m_iAiTotal, out iData))
    {
        for (iIdx = 0; iIdx < m_iAiTotal; iIdx++)
            fValue[iIdx] = AnalogInput.GetScaledValue(m_Adam6000Type, m_byRange[iIdx], (ushort)iData[iIdx]);

        RefreshSingleChannel(0, ref txtAIValue0, fValue[0]);
        RefreshSingleChannel(1, ref txtAIValue1, fValue[1]);
        RefreshSingleChannel(2, ref txtAIValue2, fValue[2]);
        RefreshSingleChannel(3, ref txtAIValue3, fValue[3]);
        RefreshSingleChannel(4, ref txtAIValue4, fValue[4]);
        RefreshSingleChannel(5, ref txtAIValue5, fValue[5]);
        RefreshSingleChannel(6, ref txtAIValue6, fValue[6]);
        RefreshSingleChannel(7, ref txtAIValue7, fValue[7]);

        RefreshTem(0, fValue[0], ref temValue0);
        RefreshTem(1, fValue[1], ref temValue1);
        RefreshTem(2, fValue[2], ref temValue2);
        RefreshTem(3, fValue[3], ref temValue3);
        RefreshTem(4, fValue[4], ref temValue4);
        RefreshTem(5, fValue[5], ref temValue5);
        RefreshTem(6, fValue[6], ref temValue6);
        RefreshTem(7, fValue[7], ref temValue7);
```

圖 15-133 使用新增函數

四、實驗結果

按下執行 F5(Start Debugging)，開啓後，按下 Start，就可以看到 ADAM-6217 現在的電壓值經過線性換算後即可得到感測器感測得的溫度，如圖 15-134 所示。

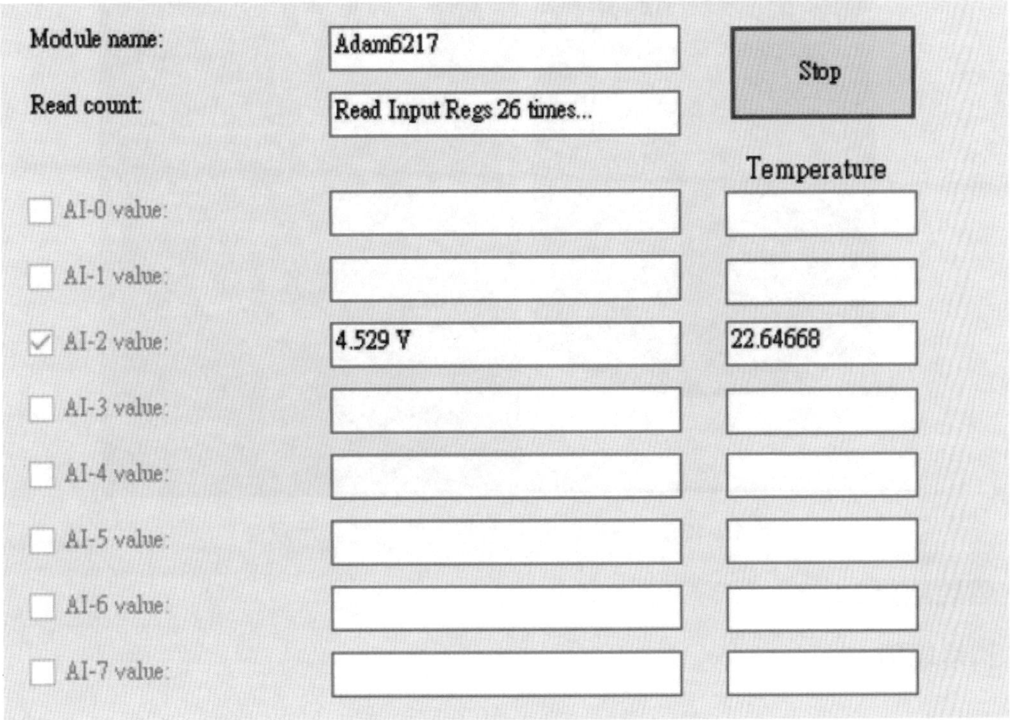

圖 15-134　程式執行畫面

可利用三用電表來驗證得到的值是正確的，再經過類比電壓值經過線性換算之後即可得到感測器測到的溫度 T 和二氧化碳濃度，如式(15-5)所示。

$$\frac{4.53}{10}=\frac{T}{50} \tag{15-5}$$

可得溫度 T 約為 22.6℃，本實習選用的感測器上附有顯示器，亦可由此驗證，如圖 15-135 所示。

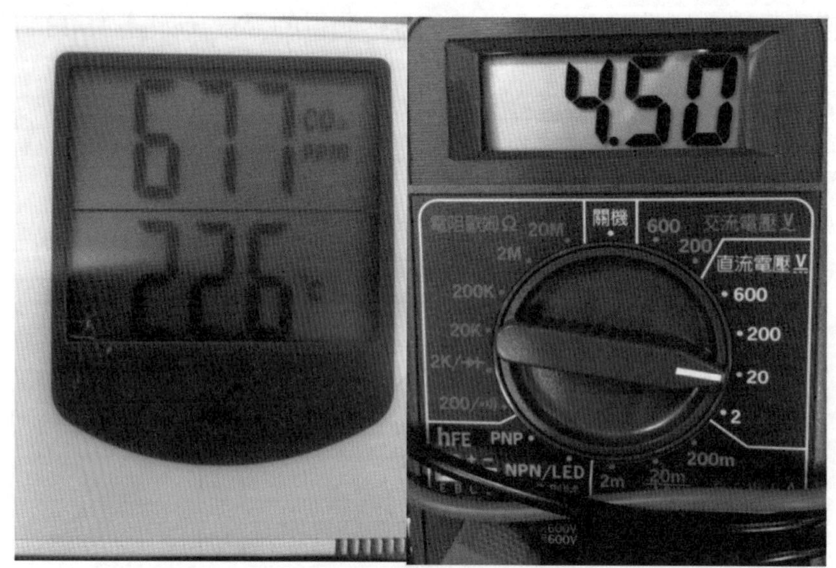

圖 15-135　感測器與三用電表感測數據示意圖

五、實驗記錄

情境規劃：

修改方法：

ADAM-6217 回傳類比值：________

類比值代表的物理量：________

六、問題與討論

1. 取得範例程式後最先需要修改哪一個參數？

2. 如何將感測器回傳的類比訊號透過程式運算後直接在程式上顯示其代表的物理量？

附錄　監控人機介面

一、主題：

將實習模組整合並製成監控人機介面。

二、使用設備：

ADAM-6217　1 台

ADAM-6224　1 台

WISE-4012　1 台

WISE-4051　1 台

24V 電源供應器　1 台

乙太網路線　2 條

路由器　1 台

電腦　1 台

軟體：

Microsoft Windows 7 或以上版本

.NET Framework 2.0 或以上版本

Advantech Adam/Apax .NET Utility

Advantech WebAccess

IE 瀏覽器版本 9 以上

三、建構步驟：

硬體連接

首先須將電腦和資料蒐集器都連線到路由器上，路由器的預設 IP 為 192.168.0.1，須將電腦和資料蒐集器的 IP 設定在相同網域下，此處將電腦 1 的 IP 設定為 192.168.0.2，此處將電腦 2 的 IP 設定為 192.168.0.3，將 ADAM-6217 的 IP 設定為 192.168.0.10，將 ADAM-6224 的 IP 設定為 192.168.0.11，將 WISE-4051 設定為工作站模式並將其 IP 設定為 192.168.0.12，將 WISE-4012 設定為工作站模式並將其 IP 設定為 192.168.0.13，連線架構圖如圖 15-136 所示。

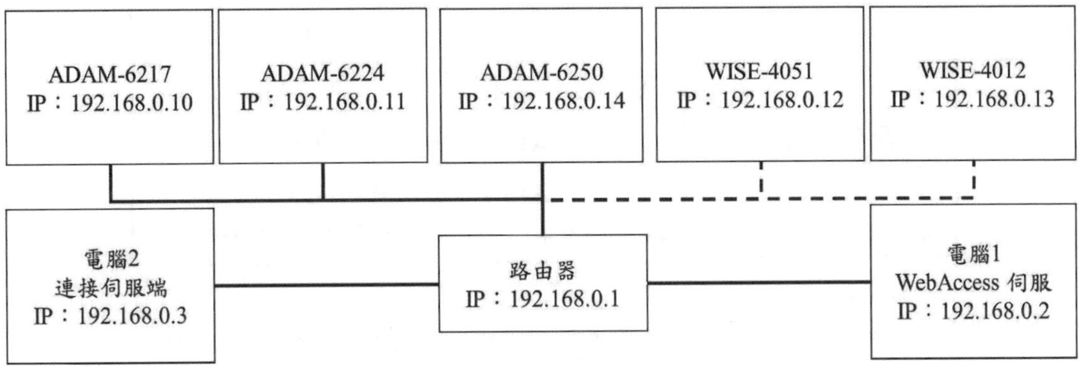

圖 15-136　設備與路由器連線架構圖

設定後即可由 Advantech Adam/Apax .NET Utility 上看到電腦可連線到各個設備，如圖 15-137 所示。

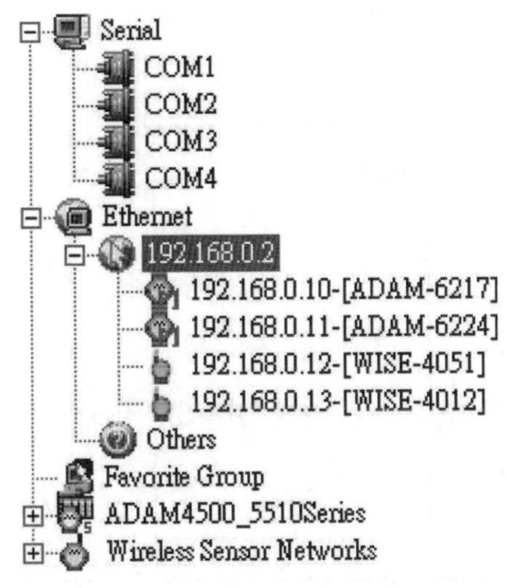

圖 15-137　電腦與各設備連線示意圖

遠端 I/O 設備連接上，將 ADAM-6224 的 AO 0 設定為電壓輸出，AO 1 設定為電流輸出，並分別接到 ADAM-6217 的 AI2 和 AI3 的接點上，接線方法如圖 15-138 所示。

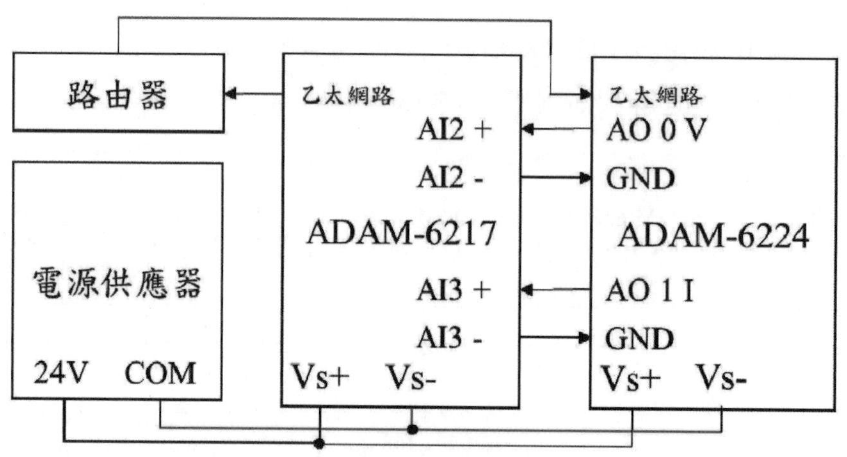

圖 15-138　ADAM-6217 與 ADAM-6224 和路由器連線接線示意圖

此外，需透過內部指撥開關將 ADAM6217 的 ch2 和 ch3 輸入模式分別設定爲電壓輸入模式和電流輸入模式。

將 WISE-4012 的 DGND 和 DO 0 分別接到 WISE-4051 的 DI 0 和 DI COM 0 上，此數位輸出爲乾接點，接線方法如圖 15-139 所示。

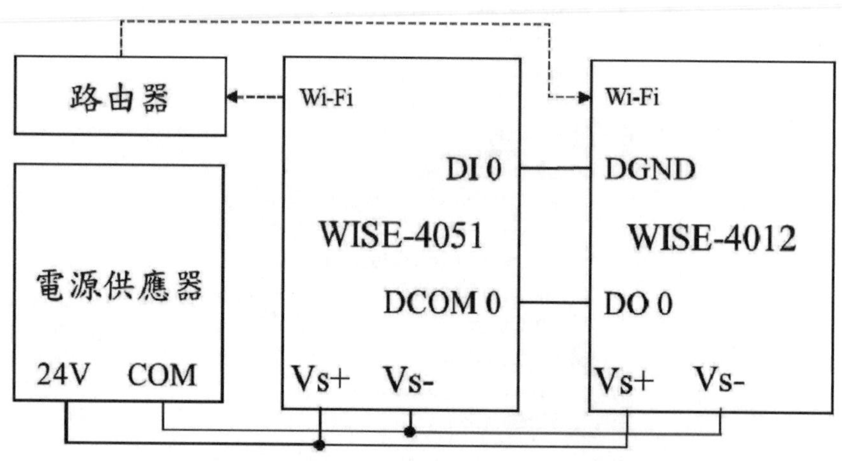

圖 15-139　WISE-4051 與 WISE-4012 和路由器接線示意圖

此外，需透過後方指撥開關將 WISE-4051 的 DI0 的數位輸入模式設定爲乾接點模式。

建構人機介面

本書選用研華 Advantech 的 WebAccess 產品來建構人機介面。

WebAccess 試用版之安裝版於光碟內，若電腦內有執行中的資料庫服務，須在安裝前將此服務關閉，並且將電腦之防毒軟體暫時關閉，安裝並重新啓動電腦後可在右下角工具列看見兩台電腦並列的小圖示，如圖 15-140 所示。

圖 15-140　WebAccess 程式圖示

滑鼠右鍵點擊會出現選單，點選工程首頁，工程首頁出現後點選工程首頁並以預設帳號登入，預設帳號為 admin，無預設密碼，如圖 15-141 所示。

圖 15-141　登入 WebAccess 示意圖

進入工程管理後，須先建立新的工程，輸入工程名稱和 IP 位址，此處 IP 位址設定為 192.168.0.2，設定結束後點選提供新工程，即可看到新工程出現在工程列表中，如圖 15-142 所示。

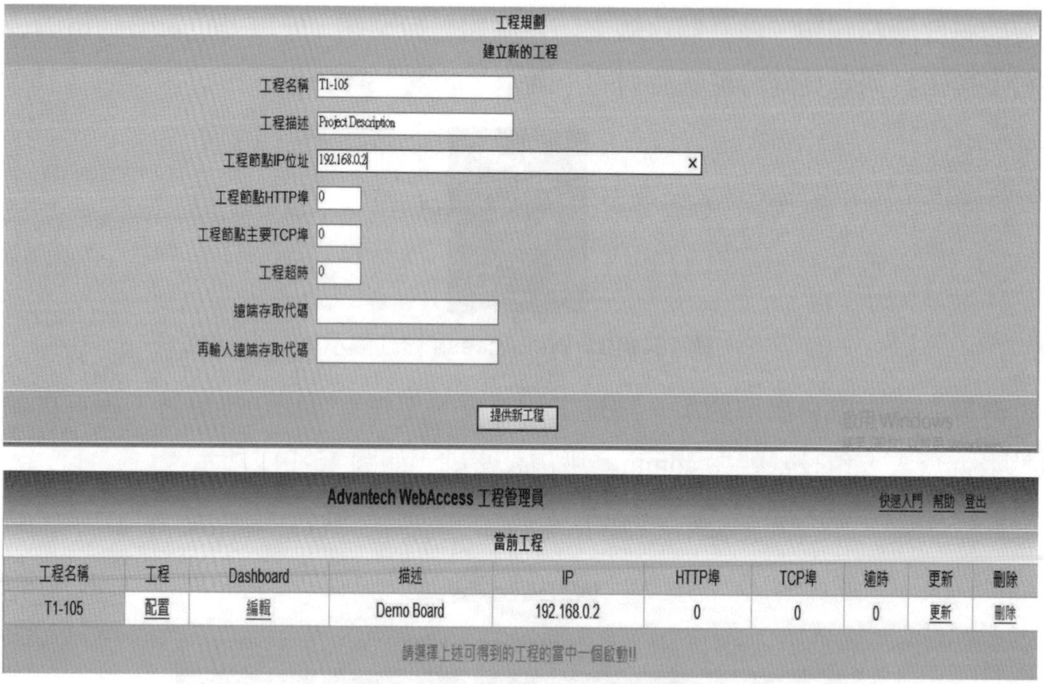

圖 15-142　建立新工程示意圖

點擊配置後，點擊上方增加監控節點，即可進入設定畫面，填入監控節點名稱和 IP 位址，此處 IP 位址先設定為本機位址(127.0.0.1)，之後點擊提供，即可成功建立監控節點，如圖 15-143 所示。

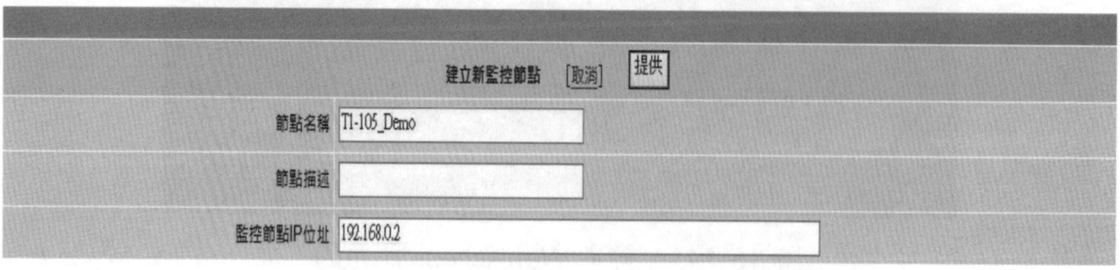

圖 15-143　建立監控節點示意圖

建立好工程節點和監控節點後，再來要增加測點，也就是從外部接收資料的基礎單元，點進監控節點後，點進上方增加通訊埠，為連接 ADAM 和 WISE 系列設備，選擇 TCPIP，按下提供，如圖 15-144 所示。

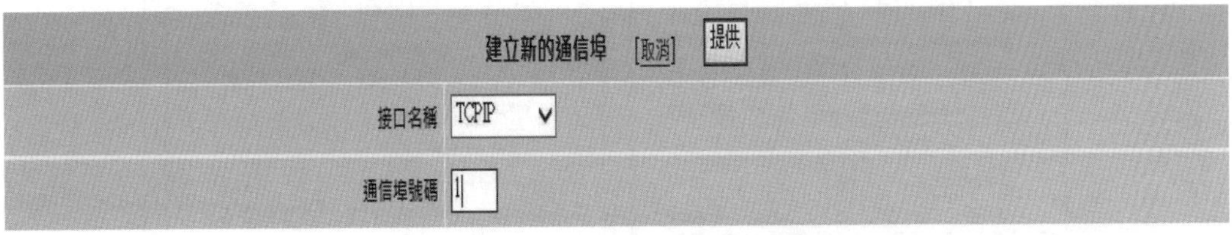

圖 15-144　建立通訊埠示意圖

點進通訊埠，點選上方增加設備，依序填入設備名稱(此處選用 ADAM-6217)、設備類別選擇 Modicon(Modbus 設備皆選擇此項)、IP 位址(192.168.0.10)、通信埠號碼(Modbus 設備預設為 502)和設備位址(第一個設備設定為 1)，設定結束後按下提供，如圖 15-145 所示。

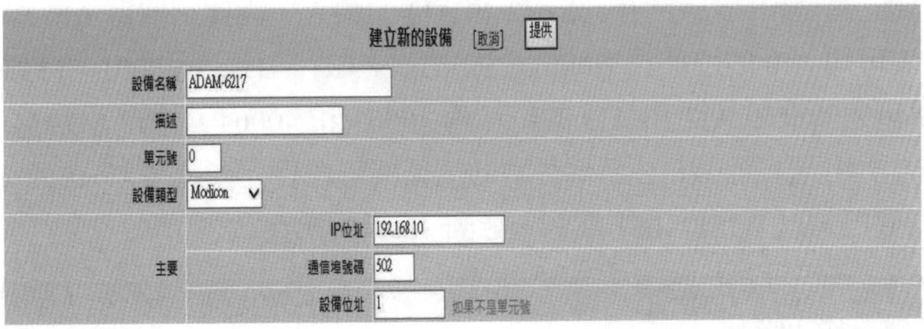

圖 15-145　建立 ADAM-6217 設備示意圖

建立好設備之後，點進設備並選擇建立測點，此處以 ADAM-6217 為範例，先建立類比點，選擇 AI，輸入測點名稱和位址，位址可透過 Advantech Adam/Apax .NET Utility 來觀看，點進 ADAM-6217，選擇 Modbus Address，會出現表格如圖 15-146 所示。

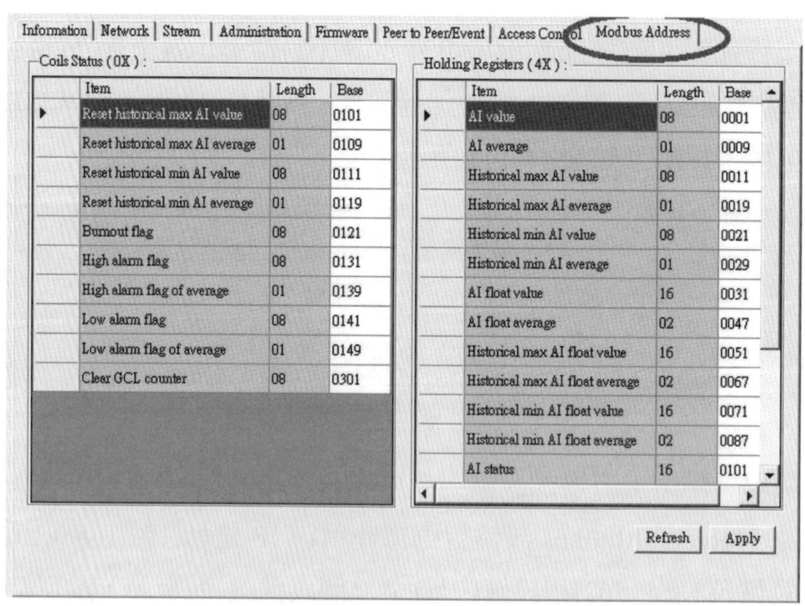

圖 15-146　ADAM-6217 Modbus Address 表

此處建立兩個類比點分別代表 AI2 和 AI3 的輸入，因此須取得 AI2 和 AI3 的位址，由上表可知 AI0 的位址爲 Holding Registers(4X)，Base 爲 0001，得到其位址爲 40001，更可尤其推知 AI2 和 AI3 的位址爲 40003 和 40004，其餘 ADAM 系列設備取得位址方法相同，而 WISE 系列設備的位址則可在登入後選擇 Configuration 中的 Modbus 內取得，以 WISE-4051 爲例，如圖 15-147 所示。

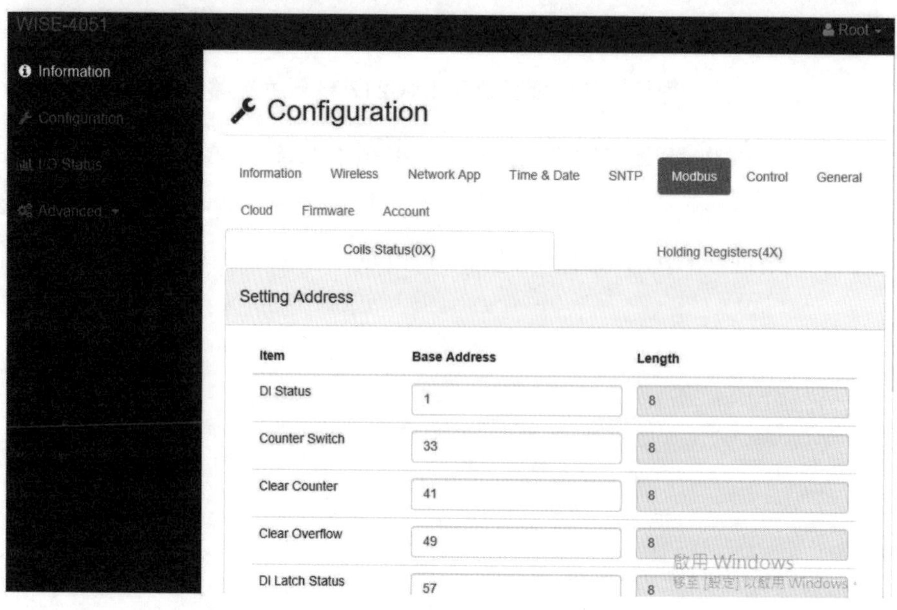

圖 15-147　WISE-4051 Modbus Address 表

取得位址後回到監控節點頁面，點進 ADAM-6217 並建立新測點，輸入測點名稱(17_AI2_V)和位址(40001)，如圖 15-148 所示。

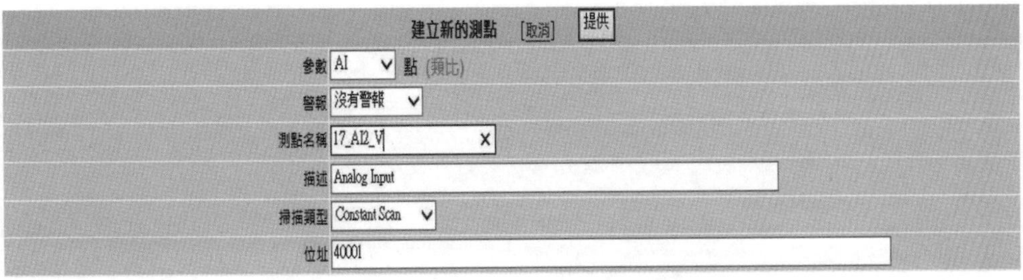

建立新的測點 [取消] 提供
參數 AI 點 (類比)
警報 沒有警報
測點名稱 17_AI2_V
描述 Analog Input
掃描類型 Constant Scan
位址 40001

圖 15-148 建立類比測點示意圖

對類比測點而言，一大重點爲原始接收資料數值和物理量的轉換，選擇縮放類型，最常用的爲 Scale Defined Input H/L to Span，本書選用此方法來做說明。

$$\text{Output} = \frac{\text{SPANHI} - \text{SPANLO}}{\text{INHI} - \text{INLO}} \times (\text{INPUT} - \text{INLO}) + \text{SPANLO}$$

可接最低輸入(INLO)和最高輸入(INHI)轉換爲設備最低量程(SPANLO)的最高量程(SPANHI)，以原始值爲 0～65535 的資料爲例，欲轉換爲−10V～+10V 的資料，參數設定方法如圖 15-149 所示。

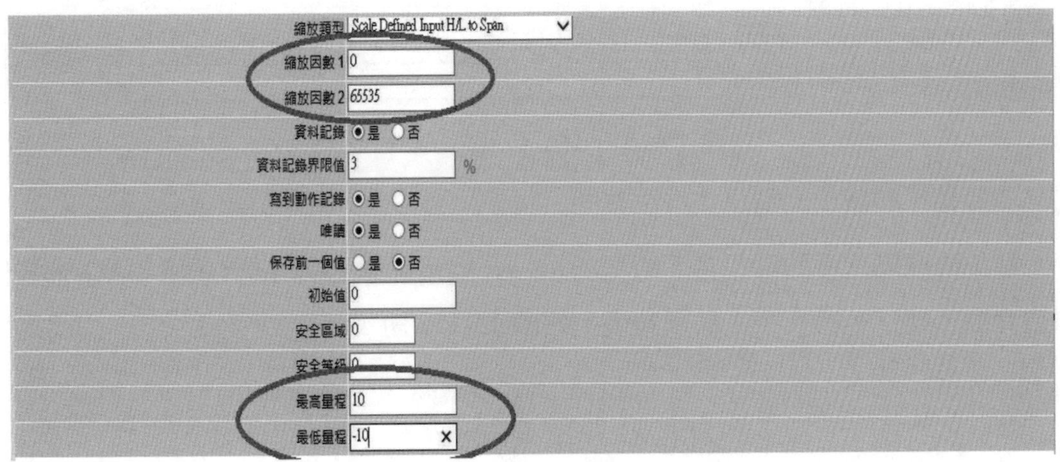

圖 15-149 參數設定方式示意圖

再來介紹建立數位點的方式，以 WISE-4051 作爲範例，首先建立 WISE-4051 的設備，如圖 15-150 所示。

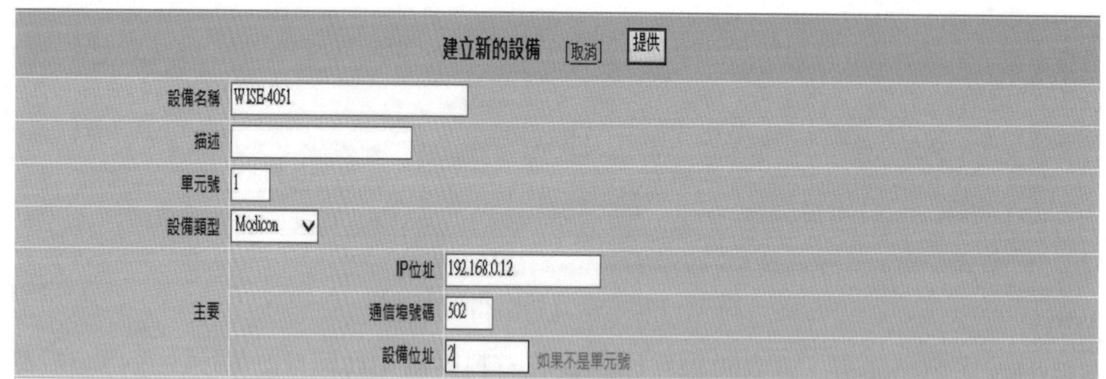

圖 15-150　建立 WISE-4051 設備示意圖

輸入測點名稱(51_DI0)和位址(00001)，如圖 15-151 所示。

建立新的測點 [取消] 提供
參數 DI 點 (數位)
警報 沒有警報
測點名稱 51_DI0
描述 DI
掃描類型 Constant Scan
位址 00001

圖 15-151　建立數位測點示意圖

其餘類比和數位測點建立方法亦同。

建立好測點之後即可在右下的 WebAccess 圖示點擊右鍵，開啓繪圖 DAQ 來製作人機介面，建立一串文字並點選動畫，如圖 15-152 所示。

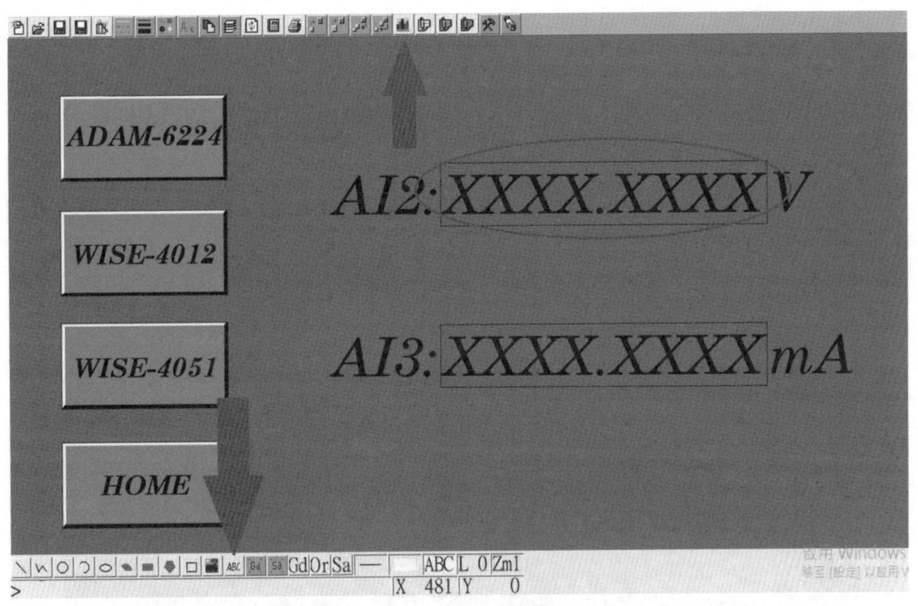

圖 15-152　建立文字和動畫示意圖

此處先建立連接 ADAM-6217 的 AI2 測點的動畫，測點選擇 17_AI2_V，L-文字，如圖 15-153 所示。

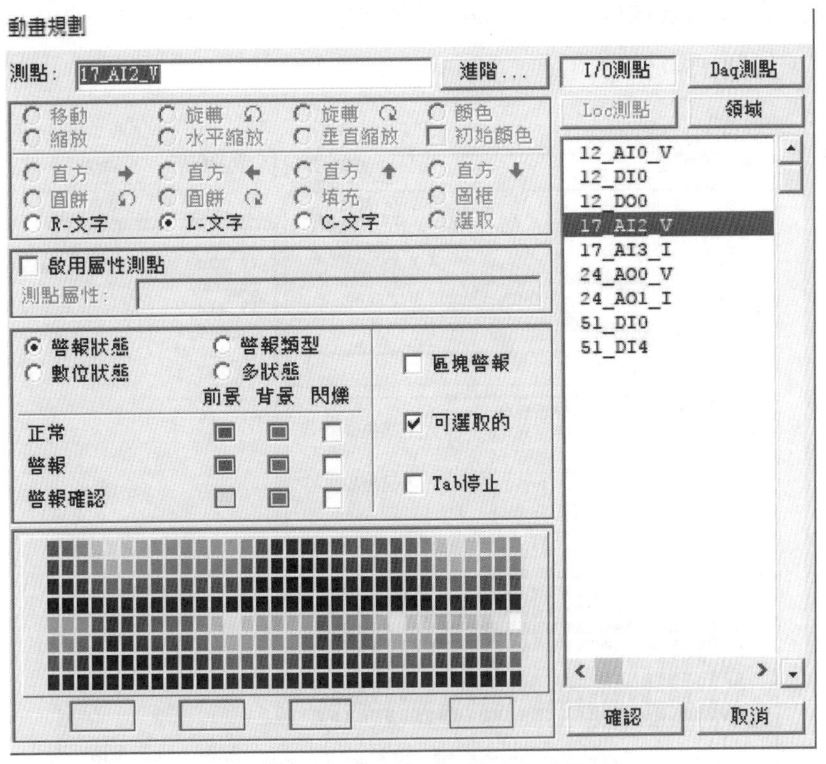

圖 15-153　文字動畫設定示意圖

設定結束之後此段文字即可顯示其對應測點接收到的數值。

再來是數位測點，首先建立一圓餅，再選擇動畫，如圖 15-154 所示。

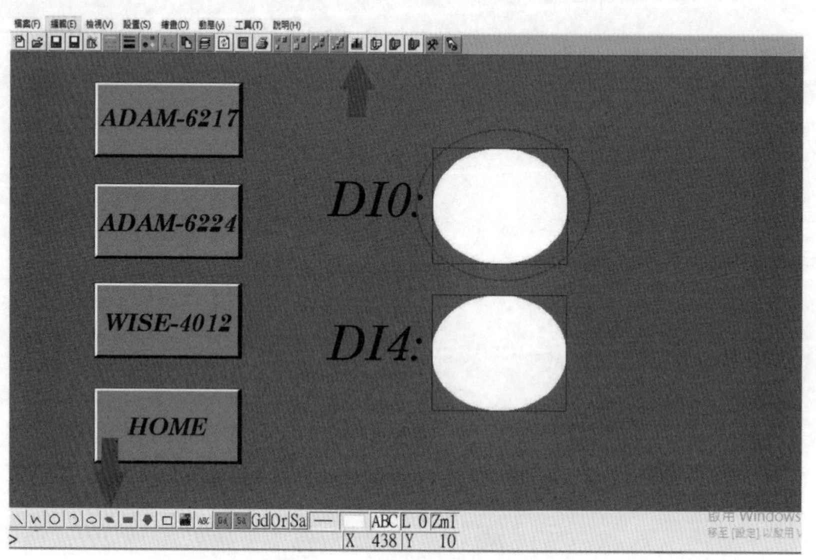

圖 15-154　建立圓餅和動畫示意圖

此處先建立連接 WISE-4051 的 DI0 測點的動畫，測點選擇 51_DI0，顏色，且選擇數位狀態，如圖 15-155 所示。

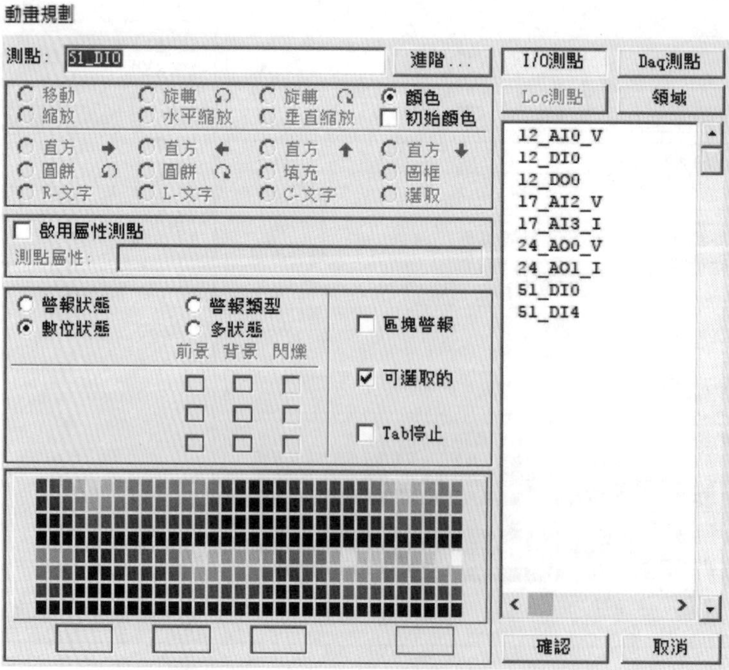

圖 15-155　圓餅動畫設定示意圖

欲設定按鈕，選擇動態內的按鈕，從右邊的巨集選擇<GOTO>GRAPH=，並且在後面填入要前往的頁面(.bgr 檔)，如圖 15-156(a)所示。

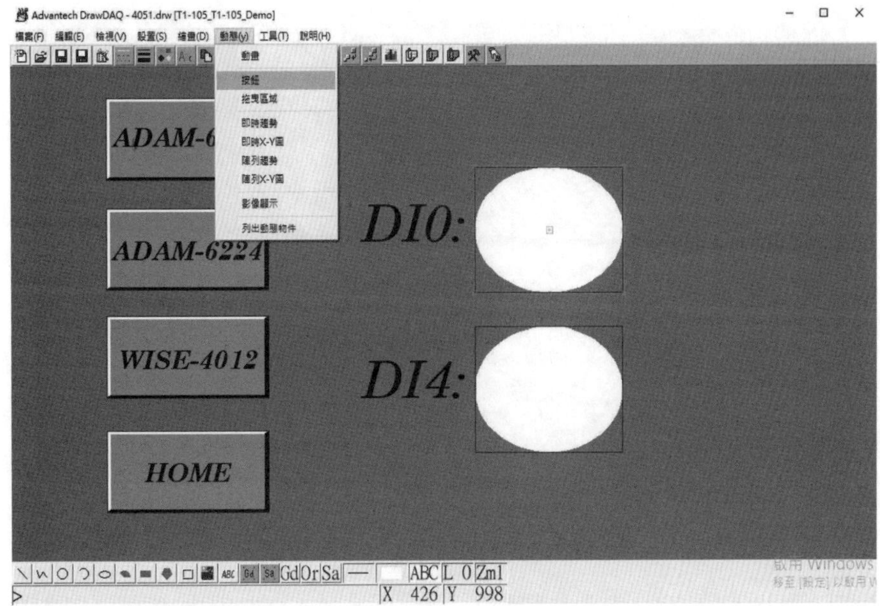

(a)按鈕設定示意圖

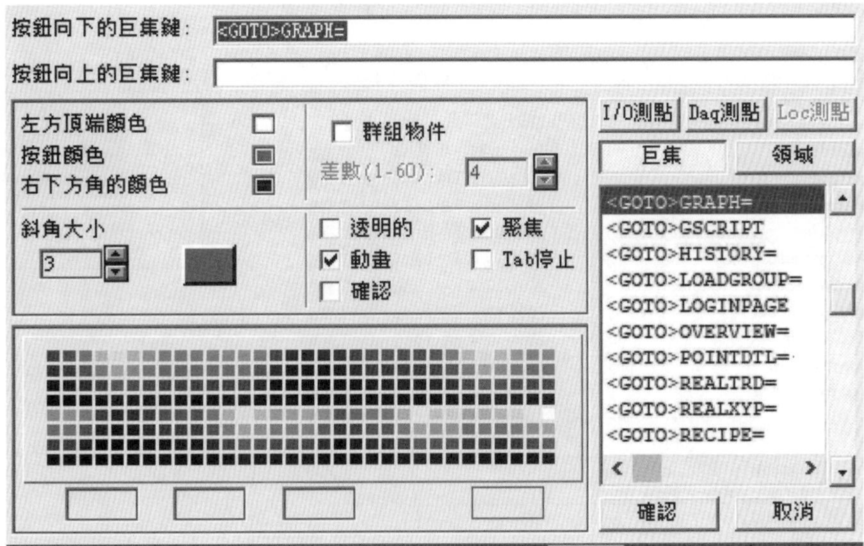

(b)按鈕設定示意圖

圖 15-156

即可完成跳頁按鈕。

亦可選用內建 Widget 結合按鈕，點選 Widget，如圖 15-157 所示。

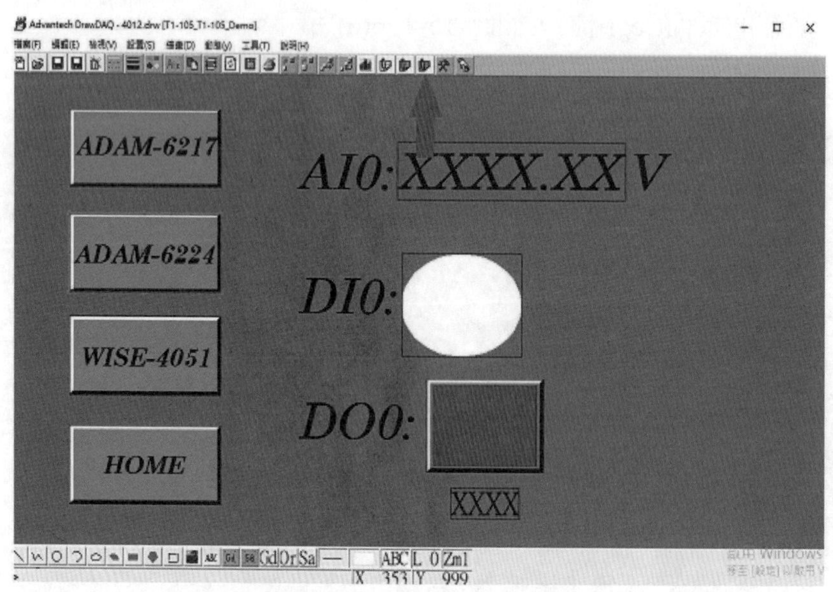

圖 15-157 點選 Widget 示意圖

選擇$button1，結合 WISE-4012 的 DO0，即可以此按鈕控制 WISE-4012 的 DO0，如圖 15-158 所示。

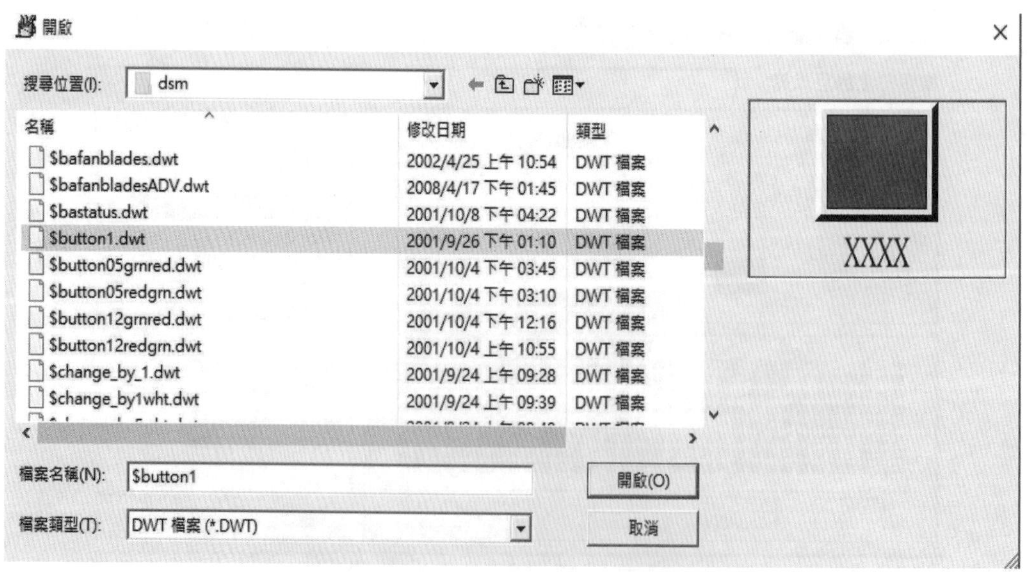

圖 15-158 Widget 設定示意圖

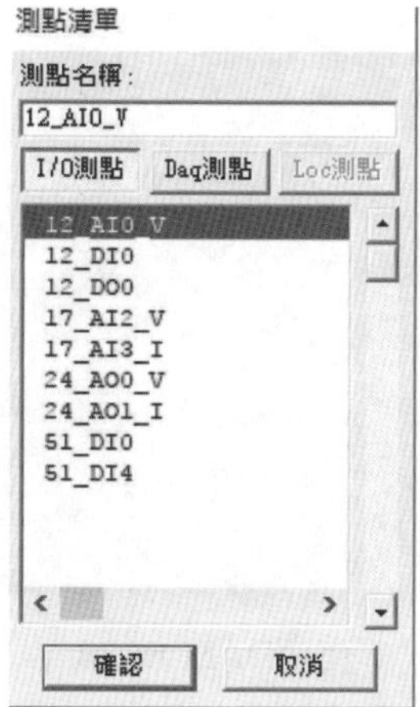

圖 15-158　Widget 設定示意圖(續)

綜上所述技巧，即可完成基本人機介面，本書選用 ADAM-6217、ADAM-6224、ADAM-6250、WISE-4012 和 WISE-4051 為範例，製成的人機介面如圖 15-159 所示。

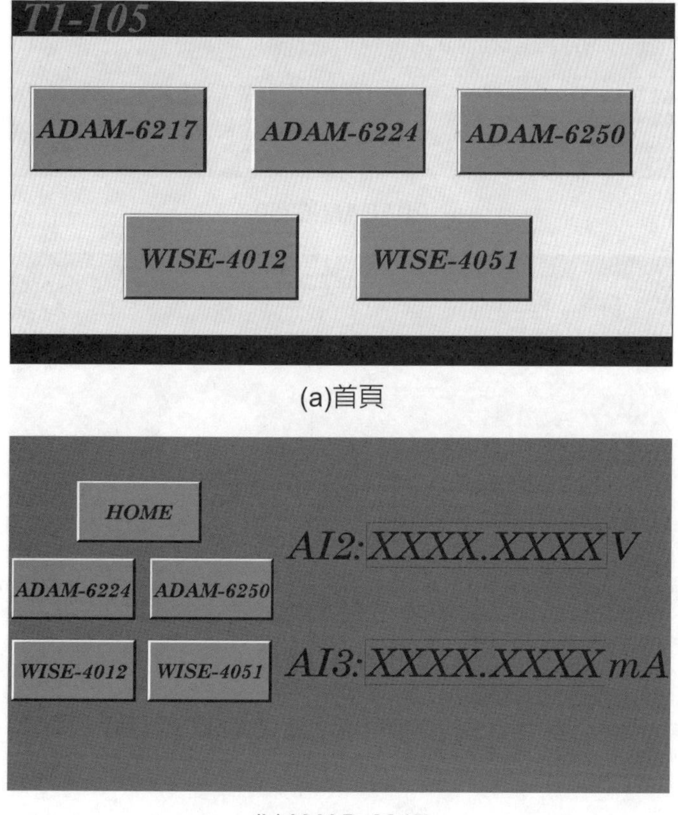

(a)首頁

(b)AMAD-6217

圖 15-159　繪圖 DAQ 建構人機介面

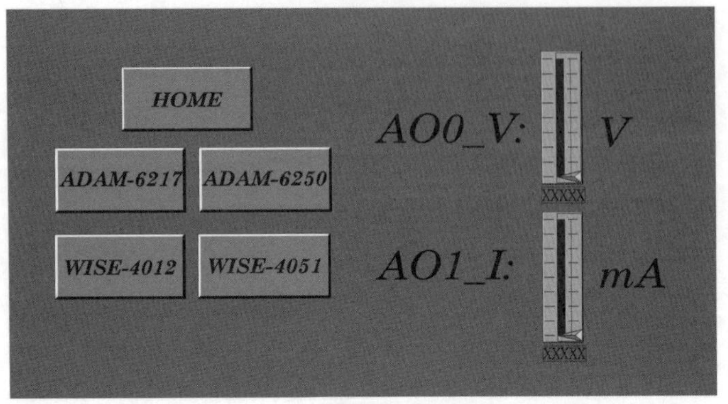

(c)ADAM-6224

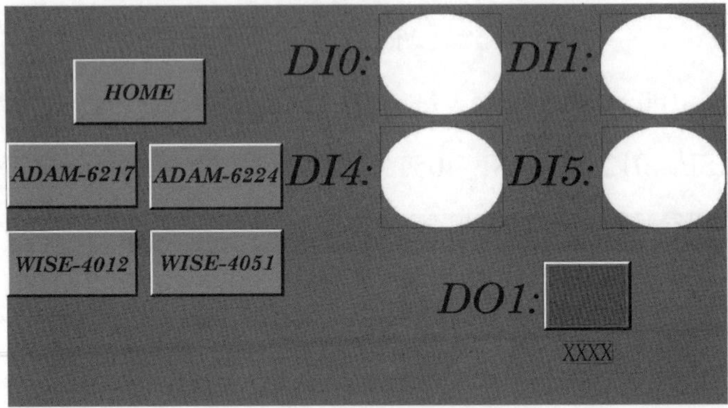

(d)ADAM-6250

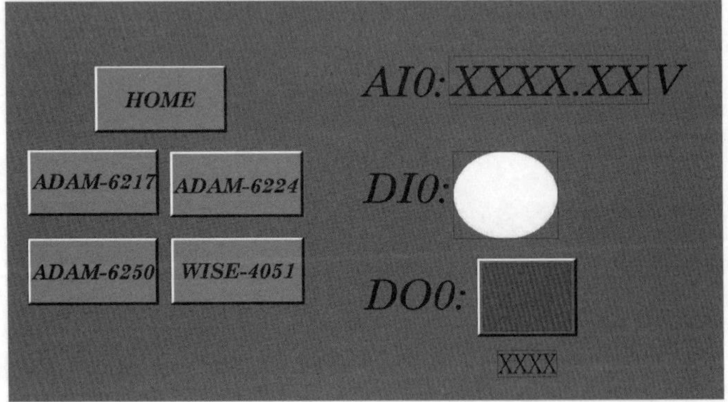

(e)WISE-4012

圖 15-159　繪圖 DAQ 建構人機介面(續)

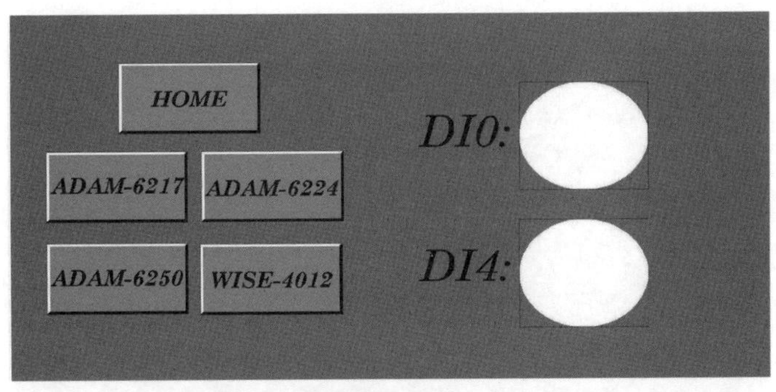

(f)WISE-4051

圖 15-159　繪圖 DAQ 建構人機介面(續)

人機介面連線

當人機介面製作結束後，即可開啓，透過設計的人機介面來監控各個設備蒐集到的資訊，如圖 15-160 所示。

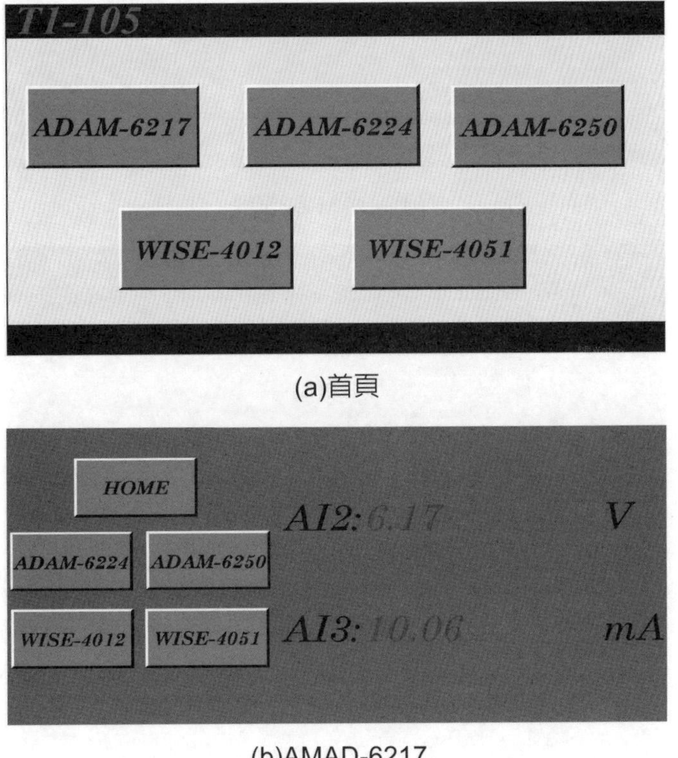

(a)首頁

(b)AMAD-6217

圖 15-160　人機介面運作示意圖

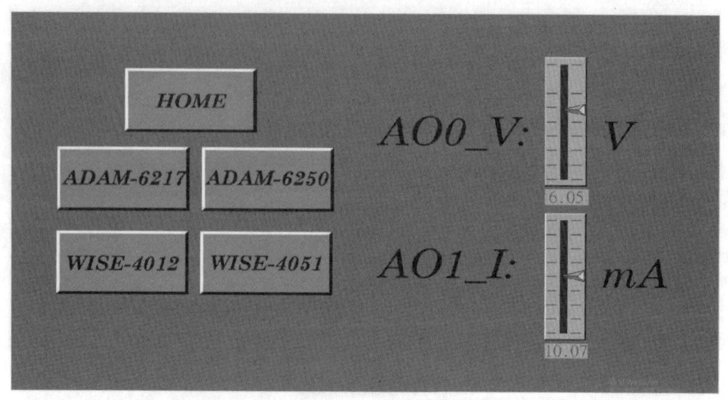

(c)ADAM-6224

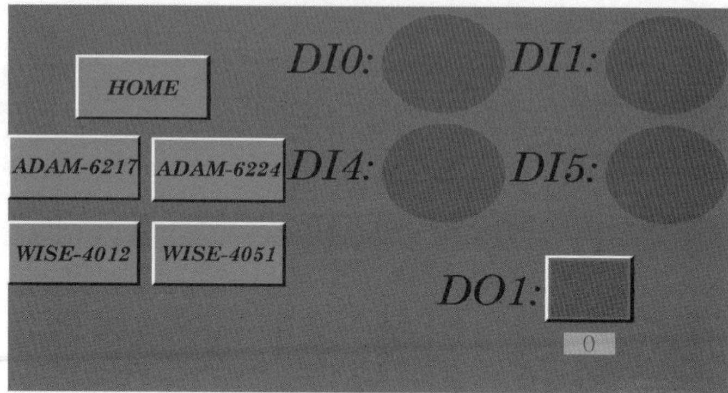

(d)ADAM-6250

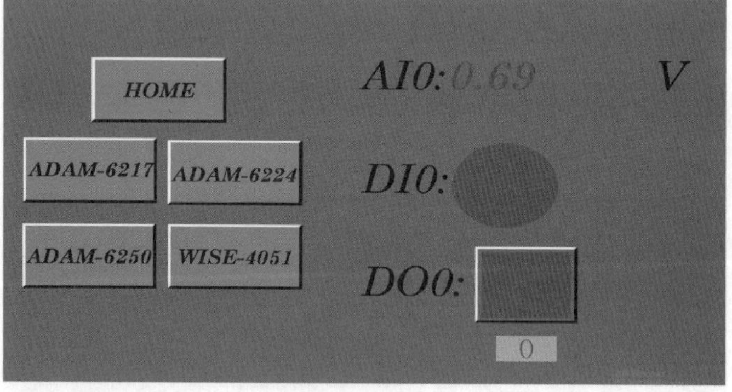

(e)WISE-4012

圖 15-160　人機介面運作示意圖(續)

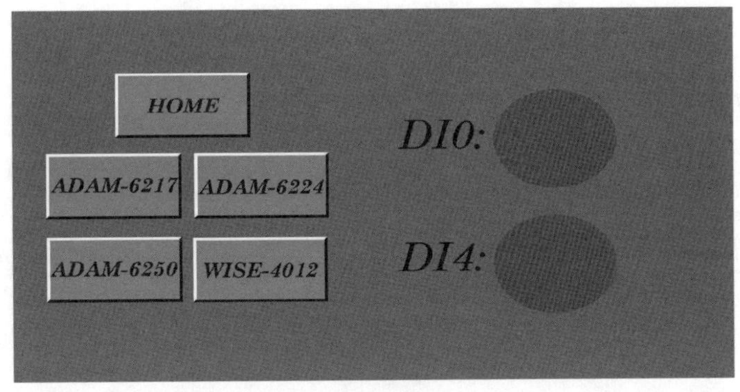

(f)WISE-4051

圖 15-160 人機介面運作示意圖(續)

外部設備連線人機介面

欲使用其他電腦連線此人機介面，則須將電腦連線到路由器上，將連線到路由器的網卡 IP 設定為 192.168.0.3，如圖 15-161 所示。

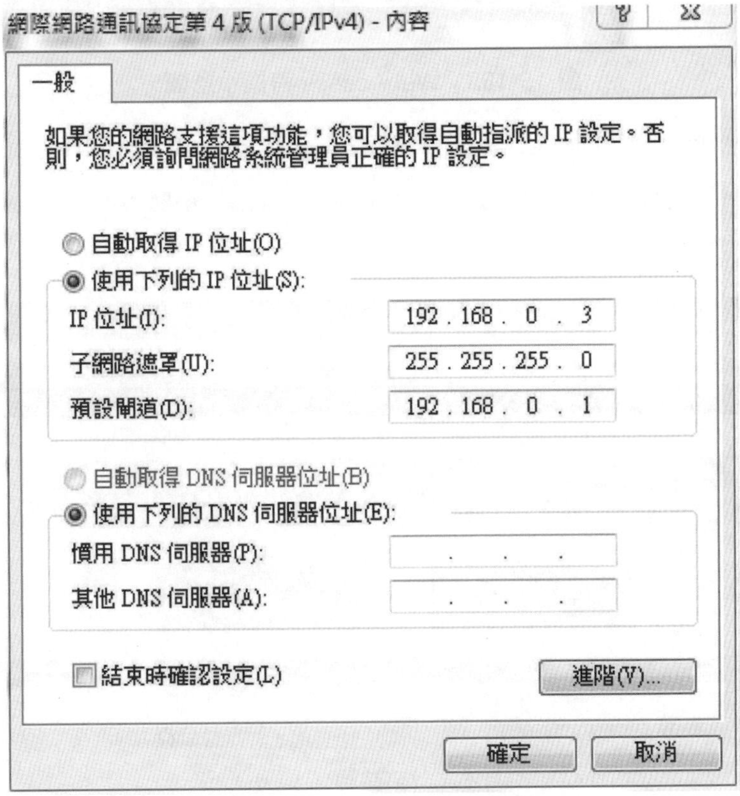

網際網路通訊協定第 4 版 (TCP/IPv4) - 內容

一般

如果您的網路支援這項功能，您可以取得自動指派的 IP 設定。否則，您必須詢問網路系統管理員正確的 IP 設定。

自動取得 IP 位址(O)
使用下列的 IP 位址(S):
IP 位址(I): 192 . 168 . 0 . 3
子網路遮罩(U): 255 . 255 . 255 . 0
預設閘道(D): 192 . 168 . 0 . 1

自動取得 DNS 伺服器位址(B)
使用下列的 DNS 伺服器位址(E):
慣用 DNS 伺服器(P): . . .
其他 DNS 伺服器(A): . . .

結束時確認設定(L)
進階(V)...

確定 取消

圖 15-161 網卡 IP 設定示意圖

接著打開 IE 瀏覽器，在網址區輸入 192.168.0.2，也就是安裝 WebAccess 的電腦的 IP 位址，就會出現以下畫面，如圖 15-162 所示。

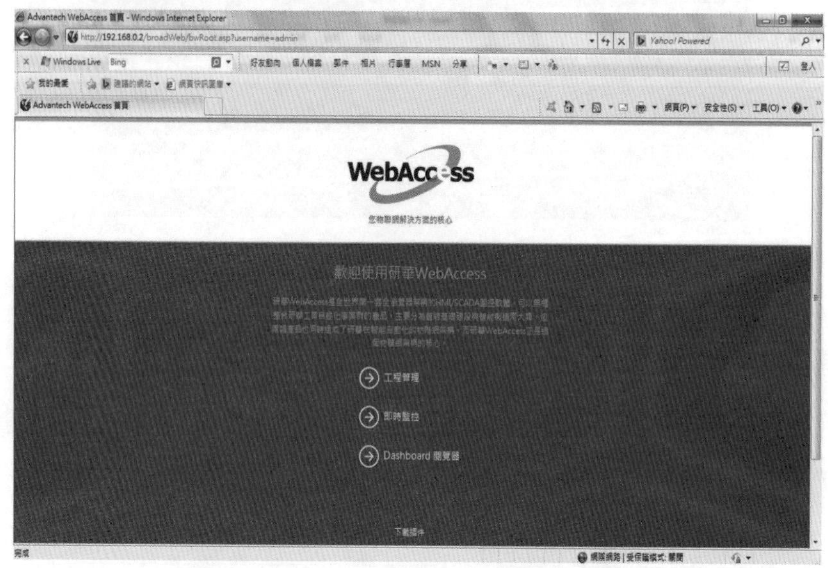

圖 15-162　WebAccess 首頁示意圖

點選即時監控，即可進入先前建構好的人機介面，如圖 15-163 所示。

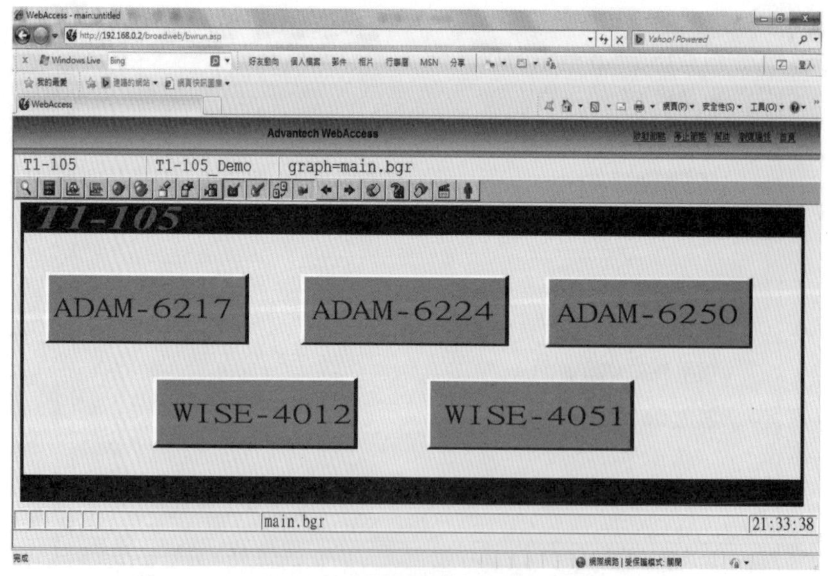

(a)首頁

圖 15-163　遠端連線人機介面運作示意圖

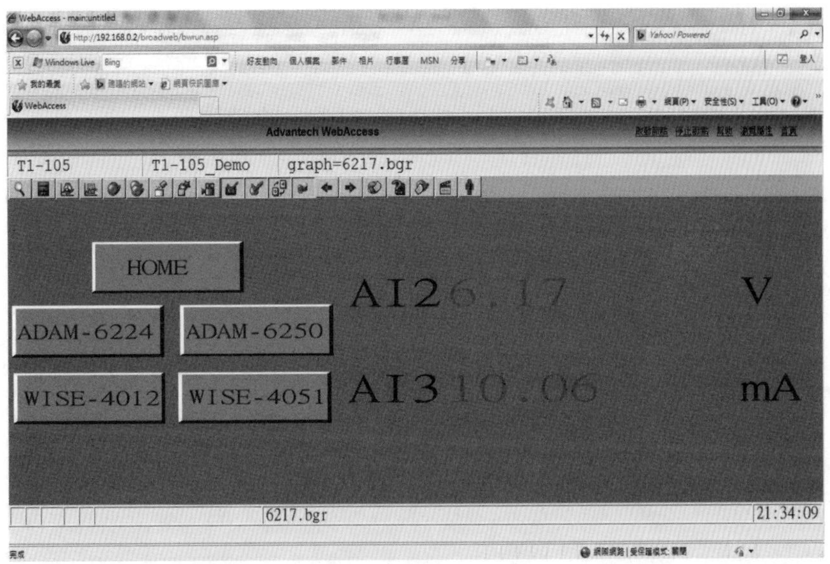

(b)AMAD-6217

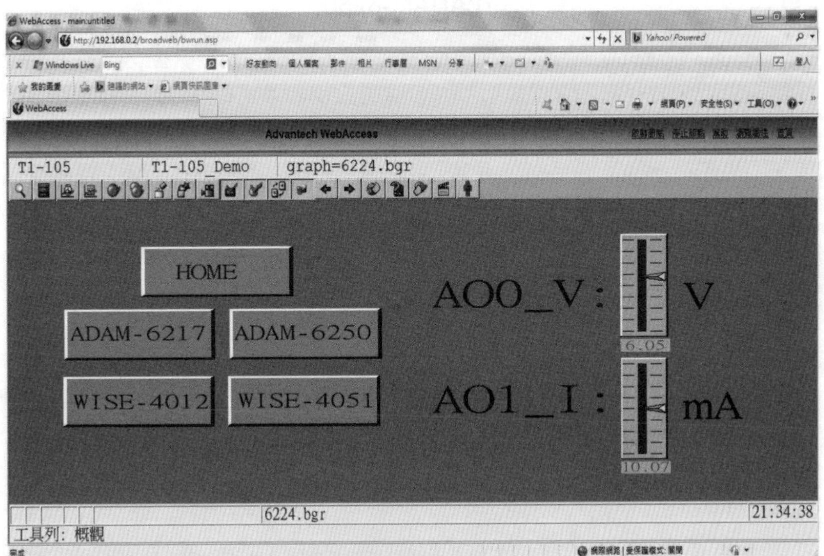

(c)ADAM-6224

圖 15-163 遠端連線人機介面運作示意圖(續)

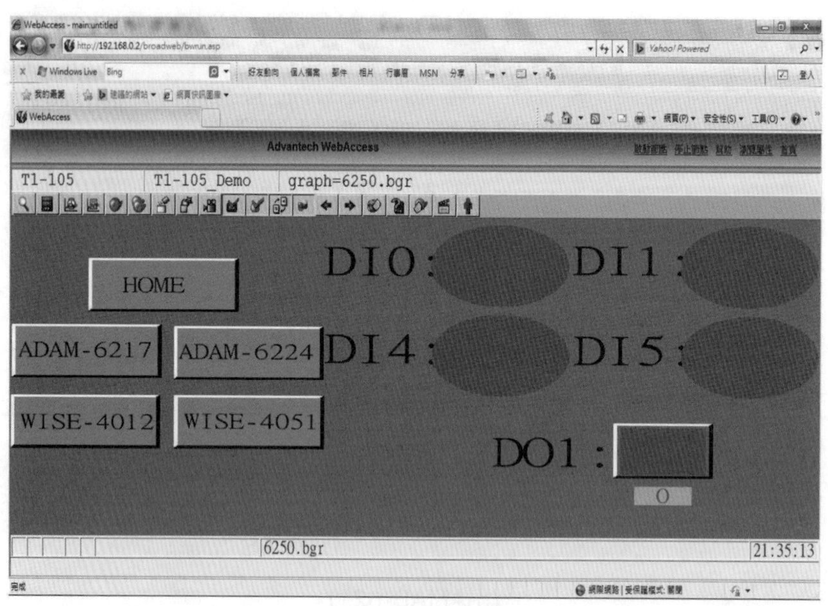

(d)ADAM-6250

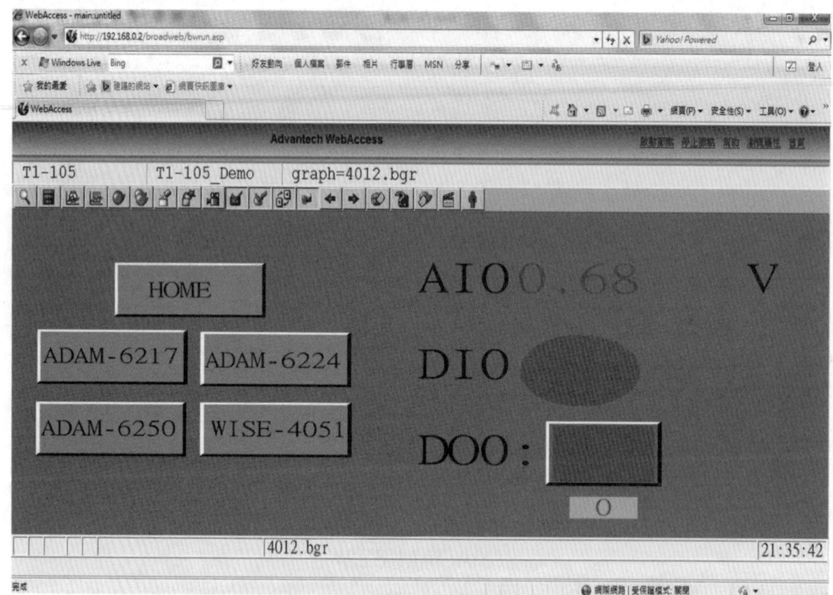

(e)WISE-4012

圖 15-163　遠端連線人機介面運作示意圖(續)

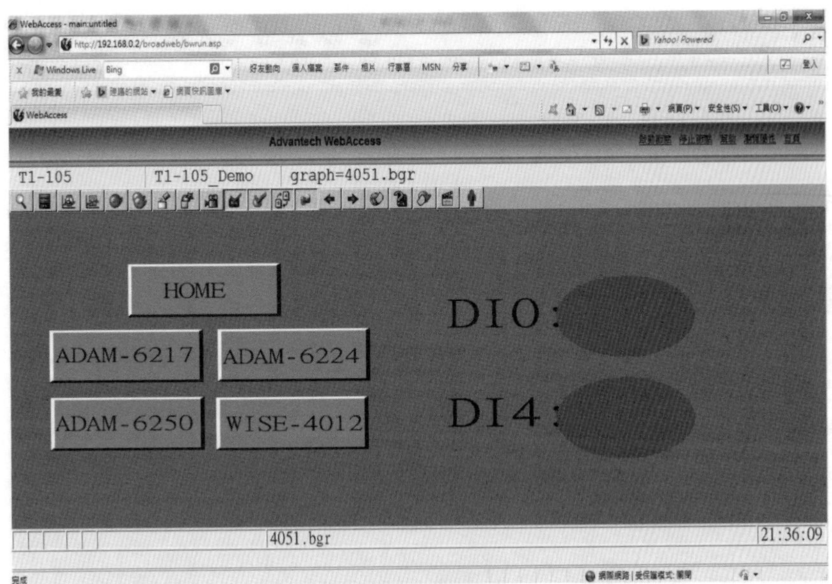

(f)WISE-4051

圖 15-163　遠端連線人機介面運作示意圖(續)

國家圖書館出版品預行編目資料

快速建立物聯網架構與智慧資料擷取應用 / 蔡明忠, 林均翰, 研華股份有限公司編著. -- 初版. -- 新北市 : 全華圖書, 2018.10
面 ; 公分
ISBN 978-986-463-966-3(平裝附光碟片)
1.系統程式 2.電腦程式設計
312.52 107017593

快速建立物聯網架構與智慧資料擷取應用

(附範例光碟)

作者 / 蔡明忠、林均翰、研華股份有限公司
發行人 / 陳本源
執行編輯 / 李孟霞
封面設計 / 蕭暄蓉
出版者 / 全華圖書股份有限公司
郵政帳號 / 0100836-1 號
印刷者 / 宏懋打字印刷股份有限公司
圖書編號 / 06361007
初版一刷 / 2018 年 11 月
定價 / 新台幣 520 元
ISBN / 978-986-463-966-3 (平裝附光碟)
全華圖書 / www.chwa.com.tw
全華網路書店 Open Tech / www.opentech.com.tw
若您對書籍內容、排版印刷有任何問題，歡迎來信指導 book@chwa.com.tw

臺北總公司(北區營業處)
地址：23671 新北市土城區忠義路 21 號
電話：(02) 2262-5666
傳真：(02) 6637-3695、6637-3696

南區營業處
地址：80769 高雄市三民區應安街 12 號
電話：(07) 381-1377
傳真：(07) 862-5562

中區營業處
地址：40256 臺中市南區樹義一巷 26 號
電話：(04) 2261-8485
傳真：(04) 3600-9806

讀者回函卡

填寫日期：　／　／

姓名：＿＿＿＿ 生日：西元＿＿年＿＿月＿＿日 性別：□男 □女

電話：（　）＿＿＿＿ 傳真：（　）＿＿＿＿ 手機：＿＿＿＿

e-mail：（必填）

註：數字零，請用 Φ 表示，數字 1 與英文 L 請另註明並書寫端正，謝謝。

通訊處：□□□□□

學歷：□博士 □碩士 □大學 □專科 □高中・職

職業：□工程師 □教師 □學生 □軍・公 □其他

學校／公司：＿＿＿＿ 科系／部門：＿＿＿＿

・需求書類：

□ A. 電子 □ B. 電機 □ C. 計算機工程 □ D. 資訊 □ E. 機械 □ F. 汽車 □ I. 工管 □ J. 土木

□ K. 化工 □ L. 設計 □ M. 商管 □ N. 日文 □ O. 美容 □ P. 休閒 □ Q. 餐飲 □ B. 其他

・本次購買圖書為：＿＿＿＿ 書號：＿＿＿＿

・您對本書的評價：

封面設計：□非常滿意 □滿意 □尚可 □需改善，請說明

內容表達：□非常滿意 □滿意 □尚可 □需改善，請說明

版面編排：□非常滿意 □滿意 □尚可 □需改善，請說明

印刷品質：□非常滿意 □滿意 □尚可 □需改善，請說明

書籍定價：□非常滿意 □滿意 □尚可 □需改善，請說明

整體評價：請說明

・您在何處購買本書？

□書局 □網路書店 □書展 □團購 □其他

・您購買本書的原因？（可複選）

□個人需要 □幫公司採購 □親友推薦 □老師指定之課本 □其他

・您希望全華以何種方式提供出版訊息及特惠活動？

□電子報 □ DM □廣告（媒體名稱＿＿＿＿）

・您是否上過全華網路書店？（www.opentech.com.tw）

□是 □否 您的建議

・您希望全華出版那方面書籍？

・您希望全華加強那些服務？

～感謝您提供寶貴意見，全華將秉持服務的熱忱，出版更多好書，以饗讀者。

全華網路書店 http://www.opentech.com.tw　　客服信箱 service@chwa.com.tw

2011.03 修訂

親愛的讀者：

感謝您對全華圖書的支持與愛護，雖然我們很慎重的處理每一本書，但恐仍有疏漏之處，若您發現本書有任何錯誤，請填寫於勘誤表內寄回，我們將於再版時修正，您的批評與指教是我們進步的原動力，謝謝！

全華圖書　敬上

勘誤表

書號		書名	作者
頁數	行數	錯誤或不當之詞句	建議修改之詞句

我有話要說：（其它之批評與建議，如封面、編排、內容、印刷品質等・・・）